Burn
Math Class

Jason Wilkes

烧掉
数学书

[美] 杰森·威尔克斯 著

唐璐 译

湖南科学技术出版社

目　录

第二幕

第三幕

前　言

　　好小说的任务就是让不安的人得到安慰，让安逸的人感到不安。

　　　　　　——戴维·福斯特·华莱士与劳瑞·麦卡弗里的谈话

　　小说和写实难以区分。

　　　　　　——扬·马特尔《标本师的魔幻剧本》(*Beatrice and Virgil*)

烧掉数学书

　　好吧，不要真把数学书或教室烧了。也不要做其他过激的事情，纵火是很严重的罪行。我……，我不想这样开始我的书。

　　　　　　（作者思考了一会。）

　　好吧，我想明白了。对不起！

　　　　　　（嗯。）

　　我们应感到生气。一些美好的事物被偷走了，而我们却从未觉得失去过，因为早在我们出生之前就被偷走很久了。假设由于某种历史偶然，使我们认为音乐是沉闷乏味的事情，那么，不到迫不得已不会去碰。假设我们从小上音乐课时，音乐老师就不断用可怕的表演折磨我们，以至于我们都深信音乐只是在葬礼上有用，那么我们可能会认为每个人都应了解一点音乐，但只是出于实用的目的：你需要音乐是因为在（极少的）一些场合可能有用。但大家对音乐的认识更像是工具而不是艺术。

　　当然，这个世界仍然会有许多艺术家，就像现在一样。我说的艺术家不一定是艺术院校的学生，或是职业艺术家，或是那些坐在马桶上创作作品然后放到博物馆去的人。我说的是创造新事物的人；坚持做自己的那些人；用自己的方式反抗现实，让你能用神经末梢真切感受到的人；同世界抗争，以至于容易被淘汰的人。我们会认为，"音乐不适合他们，音乐是为会计师那样的人准备的，我们最好别碰。"这种情形看似荒诞，却正是数学所发生的情形。数学从我们身边被偷走了，现在是时候将它找回来。

　　在这本书中，我将进行思维的纵火。全世界的数学教育都退化到了让人无法忍受的地步，只能烧掉重来。我们要做的就是这个事情。在这本书中，数学不再是已经存在的只需要你去理解的科目。最开始，数学并不存在。我们从头开始自己发明，甩掉历史包袱，不用那些堆砌在每本数学书中的晦涩符号和故作神秘的术语。我们不排斥传统术语，但只是在需要的时候才采用。我们创建的数学世界完全属于我们自己，传统术语只有经过邀请才能进来。

　　在这个过程中无需记忆，鼓励尝试，不要求读者被动接受任何不是我们自己创造的东西，不让名字的花哨掩盖思想的简单。在这里了解数学就像冒险，采取的是聊天的形式，就像读小说一样轻松。我们旅行的目的是寻找快乐而不是为了实用，但幸运的是两者并不矛盾。你将会真正地掌握这个科目，并且学得又多又好。

　　在讲述数学的时候不应要求听众接受已经确立的一些事实，这其实与当前数学教育的一个缺陷有关，这个缺陷即使是正统教育最苛刻的批评者也从没有指出过：

我们在被教授这门科目时是**反着来的**。

　　我用我的经历解释一下这句话的意思。我的初等代数的成绩是 C。我记住的只有对"多项式"这个词的恨。我的三角函数的成绩也是 C。我记住的只有对"正弦""余弦"和"直角斜边"这些词的恨。数学对我来说只是记忆、无聊和专制的权威——而这些都是我最讨厌的。到高中快毕业时，我终于完成了所有那些不得不学的数学课，我快乐的心情无以言表，我宁死也不愿再踏足数学课堂一步。终于自由了。

高中的最后一年，有一次在书店闲逛时——我经常逛书店——我看到了一本微积分的书。我早就听说微积分很难，但我从没上过这门课，以后也不用上了……真轻松。心里没有压力有时候反而会让一本书更有吸引力，因此我把那本书拿到手里翻了一下。我预计自己会看到一些唬人的符号，心想"噢，看起来很难，"然后把书放回去，再也不去碰它。但是当我翻开它时，我发现里面并不是常见的那种垃圾。作者的语言诚恳而平实，类似这样：直的东西比弯曲的东西容易对付，但如果你放得足够大，弯曲的东西的每一小部分看起来都基本是直的。因此如果你有一个弯曲的问题，只需想象不断放大直到看上去像直的，在比较容易的微观层面解决问题，然后再缩小回去。你就把问题解决了。

这样的讲述完全不涉及数学，任何人都能理解。如果你遇到了难题，可以将其分解成一系列比较容易的问题，解决后再组合到一起。这个思想让我感到优雅而自然，我在数学课上从没有过这种感觉。我继续往下读，当我看到作者抱怨数学传统的授课方式时，我知道这个家伙很对我胃口。

因此我把这本书买了回去，没事的时候就拿出来读。我喜欢这个作者的风格。他驱除了我在学校时对数学的厌恶感，让我意识到自己对这门课的认识是错误的。我没有打算学习微积分，我也不记得高中学过的那些预备知识，因此我连微观层面上的那些"简单问题"都解决不了。但没关系，我已经摆脱了正统教育的束缚，做错了也不用担心受惩罚。

就这样我开始了学习微积分的奇异旅程，不懂代数、三角，也不知道"对数"是什么，不知道任何他们说你在学微积分前必须掌握的东西。我买了笔记本做演算。当我遇到不懂的东西时，我就画图，尝试让自己确信这是对的。我其实经常不能成功。

奇怪的是，微积分的概念其实是这本书中最简单的部分。难的反而是那些所谓的微积分"预备知识"：代数、三角等高中课程中的概念。我能理解与缩放有关的东西：导数和积分不仅计算简单，原理也很容易理解。从它们的动机到定义再到计算方法，书中都讲述得条理清晰。但偶尔作者也会用到更"基础"的东西——这些东西我完全不理解，虽然我大致记得在某个乏味的课堂上听老师讲过。我当时不知道那些被认为很简单的事物——比如圆的面积，或一组未经解释的"漂亮等式"——从何而来。

幸运的是，没有人逼我记忆什么，我就这样一点一点学着微积分，代数和三角则一点也没学。我在书中学会了一些微积分知识，也能够理解，但很快就会迷失方向，因为我不记得怎么做分数加法。有时候，盯着那些让人迷惑的步骤看了一会之后，我会恍然大悟，"哦，它们只是乘了两次 1。它们就好像是在**撒谎**，好让问题变得更简单，然后为了不得出错误的答案又**圆回了这个谎**。有意思……"有时候则不那么容易看出来，这类问题继续困扰我。对数、正弦、余弦、二次式、完全平方，这些名词我都不懂，对于它们我只有在学校里学这门课时残留下来的一点负面印象。

学了一些微积分后，我还是不懂那些"预备知识，"但我开始注意到一些有趣的东西。我注意到球的体积的导数就是它的表面积，圆的面积的导数则是它的周长。我还是不懂面积和体积公式是怎么得出来的，但这种奇怪的"放大"操作表明它们有某种关联。这是我第一次意识到数学的一个奇怪现象：我们可能在面临两个不同的问题时束手无策，两者都无法单独推进，然而却能知道它们有**相同**的答案，虽然并不知道答案是什么。这个现象初看上去有点像魔法，其实是所有层面的抽象数学最重要的一个特征。这与我在学校里形成的对这个科目的刻板印象截然不同。

在进入大学时，我做了一个惊人的决定：我决定选微积分课。作为一个每个脑细胞都恨数学的人，由于书店里的这次偶遇，我发现自己喜欢上了微积分Ⅰ。然后又学了微积分Ⅱ。然后教我微积分Ⅱ的教授建议我大二的时候上一门研究生水平的数学课。我提醒他我什么也不懂，他这样做是疯了。不过我还是选了，并且得了最高分。进入高年级后，系里给了我奖励，大意是"祝贺成为数学最好的学生"之类的。我必须强调的是我完全没有数学天赋，读大学之前 13 年的数学教育经历中我没有在这门课中发现任何乐趣。任何教育体系中如果发生了这样的事情，就一定存在可怕的错误。

最后，数学系这个我在中学时最讨厌的地方，成了让我感到最自在的地方。[①] 大学毕业后我去了阿尔伯塔大学攻读数学物理学博士学位。在一年级暑假，我一贯不按常理出牌的行为模式再次发作，我迷上了心理学和神经科学。我申请了攻读这个方向的博士，居然被接受了，就这样我带着硕士学位离开了数学物理专业，现在我在加州圣塔芭芭拉，用数学研究大脑和行为。在心理和脑科学系，我遇到了不计其数的聪明学生，他们和高中时的我一样恐惧数学。每当我看到在谈及高等数学时他们眼中流露出的怯意时，我都想告诉他们，他们对这个学科的感觉是错误的，他们感觉到的困难完全是教学方式导致的，这样的方式我也不喜欢。如果在这本书中有需要你去反复理解，却又无法理解的地方，这是**我**的错，而不是你的。背后的思想极为简单。全部都是如此。我向你保证。

在圣塔芭芭拉的第一年，我意识到，如果做科学研究的每个人都能多懂一些数学，各个领域都将得到有力地推动。我说的"多懂一些数学"不是说"在头脑里记忆更多数学知识"，而是说"更熟练地抽象推理"。就数学"天赋"来说，十个人中肯定有九个人都比我强（不管天赋指的是什么）。我之所以比我的研究生同学懂得多一点点，纯粹是由于在书店中的那次偶遇，让我爱上了这门学科。

我为所有恨数学的人写这本书。不仅仅是年轻人和已经放弃了的人，也包括许多不喜欢数学，只将其视为必备的职业技能的科学家，以及虽然在这方面很努力，但从未感觉到激情、狂热和发自内心的喜爱的人。这将是充满乐趣的旅程，除非我失败了。[②] 然而，我必须强调的是，这并不是又一次"让数学有趣"的尝试，这类尝试往往是流于表面的新瓶装旧

[①] 我在大学里幸运地遇到了很好的老师，我首先要感谢的是里克·科利马和维基·科利马夫妇、埃里克·马兰德和吉夫·希斯特。我遇到过许多好老师，但这几位老师对我帮助尤其大，还经常把我叫到办公室问我一些与课程无关的古怪问题。

[②] （当然）上面这句话是作者写的，一个不应受到信任的人的偏激想法。不过基于同样的原则，前面这句话也不应当信。我们似乎陷入了僵局。你爱怎么想就怎么想吧。

酒。虽然这些尝试相对于标准教科书有那么一丁点改善，这类书籍讲述数学的方式还是没有达到我的期望：明确指出所有任意给定的东西，所有那些看起来天生就是那么回事的东西只是因为曾经有人（有意或无意地）想要是那么回事，将历史的偶然与必然的推理过程分开，承认大部分时间里大部分学生在大部分数学课上感受到的蔑视是因为传统教学方法将乐趣弄丢了，并且更重要的是：**是反着来的**。

现代教育机构教授数学的方式在某种程度上并不适合具有创造性和独立思考能力的人，那些想弥补这个缺陷，用"有趣的函数和它们的奇妙图形"作为章节标题的书并不能减轻大部分学生对这门学科的疏离感。[①]而数学本身，如果剥离不必要的浮夸，尽量展示最真实的一面，将是人类所能发现的最美的事物。它本身就是一种科学的艺术形式，不需要标榜自己"有用"，虽然一旦学会了它就是对你最有用的东西。

在我们旅程的每一处，我都会集中在我认为最重要的思想上，无论它们典型的讲述方式是怎样的。虽然我们是从最基础的层面开始，但最终我们会学到数学专业在大学最后一年才讲授的一些东西。我还从没有看见哪本书从加法和乘法开始一直讲到无穷维空间的微积分。如果你能坚持读下去，我希望你会发现这并不是天方夜谭。

在呈现这些思想之前，我会尽量将概念区分开。很多课程的讲授方式将精髓与历史的偶然混在一起，即使对于注意力最集中的学生，这种混杂也会掩盖背后思想的简单性。我一直希望学术界在写书和讲课**之前**能多花些时间尝试厘清这种混杂。在这本书中我做了这种尝试，比如第4章"论圆和放弃"的前几页，就是这种例子。另外在我们发明微积分后很久，圆才被引入进来。理应如此，如果在前面引入会让人极为困惑。

有一个例子能说明我们的不同之处。"勾股定理"是少数我记得的在高中数学中学过的知识之一，但我不知道它为什么是对的，也不知道我们为什么要学，我不喜欢这个奇怪的词。我们将这样避开这些问题：我

---

① 客观地说，这其实是一本写得很好的书的章节标题。马克·瑞安，希望我们哪天能见个面。你是很棒的老师。

会用"捷径"这个词而不是"直角三角形斜边"，我会用更容易理解的词替代"勾股定理"，我也会给出我所知的它为什么成立的最简单的解释（大概半分钟就能讲清楚），而一旦我们自己发明了它，我们就能简单推演出当你移动的时候时间会变慢的事实。① 这个事实来自爱因斯坦的狭义相对论，但对它的解释无需比"勾股定理"更复杂的数学思想，因此到时候你可以彻底理解它。当然，结论依然很惊人。对于任何具有正常思维的人来说都很惊人，无论你知道它多久了！ 一旦我们发明了关于捷径的公式（也就是所谓的勾股定理），其中的论证就很容易理解了，让人遗憾的是，这样的简单论证不是高中几何必须讲授的内容。他们应当在讲完勾股定理后就马上开始摇铃铛和抛洒彩条，然后向你解释这个现象。但是他们没有。不过没关系，我们来做。②

　　这本书打破了许多传统和规矩，也许太多了。没有哪种学习方式适合所有人，这本书也不是数学教育的万能解药，我也不能保证这本书适合所有人的学习风格。如果这本书不适合你，请停止阅读另找一本。你的时间很宝贵，不应当在一本不对你胃口的书上浪费时间。我写这本书是因为热爱，因为快乐，而不是为了完成工作。你读这本书也应当是出于同样的理由。

　　无论这个实验是否会具有长久的价值，教育都必须进行大刀阔斧的改革。就其目前的状态来说，各层次的教育机构——从小学到研究生到学术期刊的风格偏好——的设计似乎都是为了引发某种反向的斯德哥尔摩综合征，使得我们诅咒本应热爱的学科。从这些机构毕业的学生对脑袋中填满的各种人类所发现的知识深感厌倦。如果他们感到数学、物理、进化生物学、分子生物学、神经科学、计算机科学、心理学、经济学等学科都很乏味无趣，这不是他们的错。这是只擅长压抑创造性的教育体系的错；这个体系只会自欺欺人地教授学生背诵各种名词，而不是教他

---

① 更准确的说法是，当两个物体以不同的速度或朝不同方向运动时，它们的"时钟"运行的速度会变得不一样。但这并不是时钟的特性。这是时间本身的物理属性。宇宙很疯狂。更疯狂的还在后面！
② 你得自己准备铃铛和彩条。不是我不愿意给你提供，只是怕到时候我不在场。

们思考；在这个体系中，自然规律与句子末尾不能用介词之类的专断禁令被同等对待，就好像它们在描述自然现象时具有同样的效力；而我们年轻时的大部分时间都不得不待在这个体系中。这本书是给所有曾经有类似经历的人的一封致歉信。

致专业读者

这一份前言是写给教授，或者数学专家，或者数学背景较强能够理解这一节的学生，或者没有数学背景但有好奇心的学生，或者中学老师，或者喜欢偶尔思考数学的人。

这不是你的数学课本中的那种"引论"。与你见过的大多数书比起来，这里更为浅显，同时也更加深奥，这是一次新的尝试。

什么样的试验？

这本书很容易被误认为是数学课本，当然它与数学课本有很多共性，也的确可以用作课本。为了解释这本书的目的和结构，我必须创造一个新名词：前数学（pre-mathematics）。我所说的前数学不是指代数或微积分的预备知识这类用来折磨无辜学生的让人厌烦的玩意。这个词指的是发明那些数学概念的人头脑里的一整套想法、问题和动机，驱使他们定义和研究新数学对象的东西。

例如，导数的定义以及从中衍生的大量定理都是很重要的数学，在每本微积分教材中都会讲到。但是这个概念**为什么**要这样定义，而不是采用其他各种可行的定义方式，以及人们（在这些东西还没有纳入数学课本之前）为何选择了这个标准定义而不是其他备选定义，这其中的过程没有被给予足够的关注。而前数学一词指的正是这些权衡和推理过程。前数学不仅包括数学概念的其他可行定义（用这些定义能推导出本质上相同的定理），还包括在尝试发明标准的数学定义和定理的过程中各种可能的探索路径，这一点可能更重要。这是从无到有创造一个数学概念必须经历的思维路径。如果数学是香肠，前数学就是香肠的制造过程。

这就是这本书的主题：讨论从模糊和定性到精确和定量的过程，或者说，如何自己发明数学。我所说的"发明"不仅仅是创造新的数学概念，还包括学习如何**重新发明**已被其他人发明了的数学知识，从而更深入地理解这些概念，仅仅阅读标准教科书无法做到这一点。这个过程以前从没有被明确讲授，然而它比任何数学课程都更重要。无论是对于纯数学还是应用数学，学会自己（重新）发明数学都极为重要。其中包括纯数学的问题，例如"数学家是用什么方式定义曲率，从而可以讨论无法描绘的17维空间？"也包括应用数学的问题，例如"根据已知条件，应该怎样给研究对象建模？"这些问题在教科书中也经常见到，但往往是作为思考题，篇幅不多，地位也远不如定理和结论之类的事情重要。

在各层次的数学课程中，从小学到博士后水平，都缺失了重要的一环，就是对模糊和混乱的创造过程的忠实描述，而这个缺失是数学课让最积极的学生也感到厌倦的主要原因之一。如果对数学概念创造过程中的思想之舞没有深刻认识，就无法充分领悟数学的优雅和美丽。这个过程不像看上去那样难，但是需要我们彻底改变讲授数学的方式。我们需要在教科书中至少纳入一些错误的假设、推理和结论，让学习者在接触现代形式的定义之前体验这些。我们需要像讲故事一样写教科书，让书中的角色经常被难住，不知道下一步该往哪里走。这本书就是我描绘前数学的一些核心概念和分析策略的一次不成熟的尝试：职业数学家每天都要用到这些策略，但是在教科书中和课堂上很少拿出来讨论。

这凸显了一个要点。强调前数学需要彻底改变数学的教学方式，但是**并不**需要职业数学家改变他们**思考**数学的方式。前数学是他们的生活必需品。这就是他们用于思考的语言，他们正是这样创造——或者说发现——了这门学科。从这个角度来说，这本书的内容并不新鲜。这本书只不过是将通常隐藏在（"不友善的"课本中的）形式化证明或（"友善的"课本中的）基本未加解释的事实陈述背后的内容呈现到聚光灯下。之前无论是友善的入门教材还是格罗滕迪克式的让人生畏的专著[1]都没有以便于教学的方式呈现过这个创造过程。

对于某个给定的概念，任何一本书都不可能在讲述其中的数学之前穷尽其所有的前数学，这本书也不例外。我的做法是构造一种前数学叙事，从一个概念引出另一个概念，从加和乘开始，很快推进到单变量微积分，然后又回到通常被认为是预备知识的（其实更高深的！）主题，最后进入有穷维和无穷维空间的微积分。在这个过程中会引入大量数学，这也是为什么这本书可以用作课本。一旦某个概念的前数学得到了充分阐释，概念本身就会变得顺理成章，因此我们重点关注前者。这并不是说这本书会穷尽所讨论主题的方方面面。远非如此！这里只是我个人认为缺失的东西，包括信息、动机，以及合理的教学方式。这本书是对概念的蹩脚证明，而不是打磨好的钻石。我希望它能引发讨论，而不是下最后的结论。

另外必须明确我**没有**批评的东西。数学教学的基础不能等同于数学的逻辑基础，虽然它们在大部分教科书中被混为一谈。我并不是在批评这个领域的逻辑基础，所谓的逻辑基础指的是选择一阶谓词演算作为逻辑推理的规则，选择 ZFC、NBG 或某个你喜欢的集合论公理系统作为推理的出发点。[2] 我批评的是用数学的逻辑基础作为数学**教学**的出发点，这是我们绝大多数人要接触的东西。

为什么前数学被忽视？

前数学推理是职业数学家经常使用的思维模式，因此有必要问一问为什么在课本和期刊论文中很少出现。原因很多，但我认为罪魁祸首是**专业性**。虽然前数学对于理解这个领域很重要，但在要求专业性的场合，包括（但不限于）学术期刊上的数学论文，却绝对禁止这样做。为什么？

---

① 格罗滕迪克(Alexander Grothendieck，1928—2014)，犹太裔数学家，代数几何学大师，他的著作被普遍认为艰深难懂。——译者注

② 哥德布拉特(Robert Goldblatt)的《传统主题：逻辑学的范畴分析》(*Topoi：The Categorial Analysis of Logic*)对用集合论作为数学的逻辑基础的标准做法进行了精彩评论。

因为**真正**的前数学**不够**正式。推动严格的数学理论发展的是各种预感、猜测和直觉，而要忠实准确地解释这个不严格的思维过程，就只能用不严格的语言表述不严格的论证：这种语言会向读者准确呈现出我们不是100％确信自己的直觉位于正确轨道上，而且我们（在某种程度上）是在黑暗中摸索。这种不严格的语言**并不**仅仅是为了让傻瓜也能懂。它能准确地描述创造新数学概念过程中的推理链条。如果对数学的创造过程没有深刻的理解，对这个学科的理解就只能停留在如果不这样就会怎样的水平。

需要澄清的是，这并不是批评数学的严格表述或严格证明。但严格的证明并不是一下就蹦出来，直接就成形了，包括其中所依赖的数学概念的严格**定义**也是如此（这一点更重要）。对不严格的思考过程的过于严格的描述会给出**不存在的原理的证据**，从而误导读者，使得他们认为自己没有认识到如何从 A 推出 B 肯定是因为自己的知识有缺陷。而事实上这通常是因为背后的前数学推理本身缺乏精确性。要完整揭示这个过程，我们就需要给出不严格过程的不严格描述。专业性有它本身的目的，但它的主要作用是审查正确性，因此在其中基本没有前数学的位置。

我希望这本书是怎样的，初衷是什么

这本书的目的是尽可能诚实可信地展示数学世界的一部分，确保每一步的秘密都毫无保留。在每一步我都会尽量将必然的推演与历史偶然导致的传统区分开来；我要强调，"方程"和"公式"这些唬人的字眼只不过是"句子"的另一套说辞；我会尽量澄清，所有数学符号都只不过是我们可以用口语表述的事物的缩写；在这个过程中我会尽量请读者参与发明好的缩写；我会对其他课本是如何做的与它们为何这样做加以明确区分；我在呈现事情的渊源时不会用事后的标准形式，这些标准形式都被梳理过，体现不出之前的思维过程，我会展示一些死胡同，我们大多数人在最终得出答案之前都会受诱惑逡巡其中；我会尽我所能深入解释一切，同时保持叙述的连贯性；我发誓宁可把书烧掉，也绝不说"请记住"之类的话。我对这本书还有很多愿景，但首先要做到上面这些。

我也会尝试解释这个领域在结构的必然和条件的随意之间的边界上的奇怪舞蹈。这一点我们实际上从未向学生解释过，因此一旦有机会我就会加以强调。我的意思是这样。一方面存在随意性。我们可以随意选择我们喜欢的公理，甚至是不一致的。定义并推演一套不一致的形式系统并不是**不合法**，只是很**无趣**。例如，"被零除"就并非**不合法**，所有数学教授都知道这一点。我们完全可以定义一个符号★具有如下性质，对于所有 a 都有★$\equiv a/0$，许多数学分析的书正是这样做的，这一节通常被称为"扩展实数系"。[①] 但如果你坚持要定义这个符号，你得到的代数体系就不会是域。如果你坚持说它是域呢？也行，但那样你就只能谈论"一个元素的域"。如果你坚持认为还有其他元素，或者根据你的定义，这个域至少有两个元素呢？也可以，但这样你得到的就是一个不一致的形式系统。你就是想这样？也行。但这会使得任何语句都可证，因此没什么意思。

要强调的是，即便像这样踢到了石板，我们也没做什么**不合法**的事情。我们只是使得讨论变得**无趣**。所有数学家都明白这一点，至少在选择研究对象时，在数学中是没有**律法**的。数学结构只有是不是优雅和有趣。是谁决定什么是优雅和有趣呢？我们。证毕。

另一方面，数学中存在结构。一旦结束了"什么都行"的阶段，决定了所作的假设和探讨的对象，**接下来**我们就会发现我们构想了一个不由我们决定的真理世界，我们对它可能知之甚少，我们的任务是探索它。

显然，如果我们不告诉学生这个关于随意和必然的基本事实，我们就是在误导他们对数学本质的认识。不知为何，我们几乎没有向他们展示过这个随意的创造和必然的推演之间的奇怪关联。我认为正是因为这一点使得许多学生觉得数学是某种极权主义者的荒野，充斥着未经公布的法律，没有人向你解释，你总是担心会不小心犯错。这就是我在中学时的感觉，我在前言中讲的那段经历之前发生的事情。这也是我在这本

---

① 当然这些书中通常是写作∞而不是★，我用★是为了提醒后面论证的问题与"无穷"无关，一旦我们假设加性单位元(0)具有导数，这个无趣的问题就会毁掉我们的数学世界。

书中试图弥补的事情。

这本书决定它还想要这样

虽然我想尽可能多讲一些数学的整体格局，但我还是需要花时间讲一下标准教科书中讲述的那些思想，也许这样才能对学生有实际的助益。为达此目的我需要创建一个故事，让我们能从中得到标准课本上的许多定义，然后才能解释由此衍生的数学论证。不过，基于这本书的目的，我保证不会以标准形式引出这些定义，标准形式通常让人感觉很突兀，顶多稍加解释这样做的动机，可能是思想或历史方面的，然后就猛地一下跨越到数学定义本身。为了避免用这样的方式，我发现自己面临着诸多限制。问题类似这样：

> 假设你除了基本的加和乘，不具备其他任何数学知识。不必知道具体的计算步骤，但是你知道"两倍大"之类的说法是什么意思，你也知道计算的要点。你的世界里没有课本。你如何才能发现哪怕是最简单的那些数学呢？举个例子，你如何才能知道长方形的面积是"长乘宽"？

说面积在测度论中是怎么定义的，或者说什么公理或欧几里得的第五公设，或者说公式 $A = lw$ 在非欧几何中不成立之类的，都是扯淡。这个问题关心的不是严格性，也不是历史，而是要**创造某种东西**。这个问题问的是如果没有人帮助你或替你做，如何从模糊的、定性的、日常的思维过渡到精确的、定量的、数学的思维。

最初是我最好的一个朋友艾琳·霍洛维茨（Erin Horowitz）问我这个问题。在我刚开始写这本书时，我们偶尔会一起聊几个小时的数学。她不是学数学的，但她很好奇，总是想知道事情的缘由。我们会谈论形式语言、泰勒级数、函数空间，等等，内容不拘，随心所欲。有一天她问我上面这个问题，关于数学思想是如何创造出来的。这个问题用这样的方式提出来，用长方形的面积作为测试，并不是很难回答，我给出了我能想到的最简单论证，这就是你将在第 1 章"如何发明数学概念"中看到的关于面积的论证。等我讲完，她又问为什么在学校里从不这样教。她完全理解了这个简短的论证，任何人都能理解。不可思议地是：这个论证涉及解泛函方程。

数学系很少有课程专门讲泛函方程。我不敢说是不是应该有更多，但这其实是一件相当让人困惑的事情。毕竟，每个数学系的本科生肯定都会遇到大量微分方程，他们必然也会遇到积分方程，但研究和求解未知函数的一般表达式的数学领域在很大程度上却被忽视了。虽然这个领域实际上是数学最古老的一部分，我们却没有经常听到它。阿克塞尔（J. Aczél）在他的名著《泛函及其应用讲义》（*Lectures on Functional Equations and Their Applications*）中这样说道："这个领域多年来没有得到应有的重视，虽然它历史悠久，在应用中也很重要。"

此后，我吃惊地发现，只要讲述的方式适当，泛函对于解释即便是最简单的数学概念也很有帮助。① 做法是这样。不用"泛函方程"的说法，如果有可能，连"函数"的说法都不要用。大部分人在数学课上都有糟糕的体验，如果采用太多正统的数学术语，很容易吓到他们，从而压抑他们天生的创造性。你可以这样说：

> 我们有一个模糊的、日常的概念，想把它变成精确的数学概念。没有哪种做法是错误的，因为是我们自己决定我们进行的这个转换有多成功。不过我们想尽可能多地将日常概念都转换成数学概念。我们从说一些关于日常概念的语句开始。然后我们对这些语句进行缩写。② 然后我们从思维中剔除那些不符合要求的可能。如果有必要，我们可以反复厘清，将越来越多的模糊的日常信息转换成缩略形式，然后从思维中抛弃那些不合适的。通过将例子写下来，我们偶尔会逐渐意识到，我们寻找

---

① 不是用阿克塞尔的专著中那些抽象的泛函方程，而是以某种非正式的伪装，类似于在讲授分析之前讲授微积分的方式。

② 这时候他们其实是在写泛函方程，只是自己没意识到。

的精确定义必须具有某种形式。最终我们可能会得到不止一种可能，即便只有一种，我们也不知道这是不是就是唯一的，但这不重要。如果有多个候选定义符合我们的要求，我们可以像数学家没有明说的那样，挑选一个我们认为最漂亮的。什么样的是"最漂亮的"？这取决于我们。

虽然看上去很疯狂，我认为借助于泛函方程的非正式数学论证，不仅提供了一条更好的解释各层次数学中的定义的途径，同时也展示了一种反权威的教学风格，让读者能以在传统课本中闻所未闻的方式参与创造数学概念的过程。常常（虽然不总是）让人吃惊地是，很少讨论的从模糊的定性概念转化到定量的数学概念的前数学实践，居然涉及泛函方程。在第 1 章，我们用这个思想"发明"面积和斜率的概念，不是通过简单的假设，而是从日常的定性概念推演出标准定义。这个简单的例子展示了前数学教学法是怎么回事，但肯定还有改进的空间。在后面，我们还将继续用这种方式"发明"大量数学，有时候用到泛函方程，有时候不用，但都会明确我们想做什么，以及如果不这样还能怎么做。

这样有何作用

强调前数学的教学方式不同于标准方式，我们可以通过一个例子来看看目前的教学实践是如何让自己陷入困境的。我们来看看教师和课本在介绍斜率的概念时所面临的问题。一方面，你需要启发思想。另一方面，你需要最终得出传统定义，$\frac{y_2 - y_1}{x_2 - x_1}$，或者像入门课本中说的那样，"平移的同时爬升。"所有微积分都依赖于这个公式和极限的思想，因此它的重要性毋庸置疑。教师和入门教材的作者面临这样的问题。他们也许能想出一组假设条件，使得"平移的同时爬升"成为满足这组假设条件的唯一定义，但证明过程对于入门阶段的学生显然太过复杂，而且可能会让人更困惑，因此他们只好直接给出"平移的同时爬升"作为斜率的定义，可能还会给出一点动机。考虑到实际情况，这样做似乎完全是合理的。

然而，我认为这种做法实际上会让很多学生感到困惑，并使得他们远离数学。当我第一次在高中学到斜率的定义时，它唯一的作用就是进一步打击我的学习热情。用这样的方式介绍概念，（1）会留下无穷的疑问，（2）会让学生感觉自己是不是遗漏了什么，（3）暗示学生不能理解这个是他们自己的错。学生的确遗漏了一些东西，但这**不**是他们的错；他们之所以遗漏是因为这些被刻意向他们隐瞒了，并且这种隐瞒是出于老师们的好心。就我自己的经验来说，我的感觉就像"我自己无法从源头发明这些定义，肯定是有些东西超出了我的理解范围。"当然在当时我没有这样明确的想法。我的想法就是"我不理解这玩意"。

多年后，当我在给别人讲解数学时，我总是强调我们**可以**将斜率定义为"爬升 3 倍于跑，"或者"爬升是跑的 5 次幂，"甚至"爬升的同时平移"，并且我们可以接着用这些定义发展微积分。我们的公式可能稍有不同（甚至可能差别很大，取决于采用哪种定义），我们也可能用稍有不同甚至认不出来的形式陈述一些熟悉的定理，但本质内容是一样的，无论它看上去多么丑陋和陌生。其他数学概念也是类似的。我在向人们解释这些的时候，他们总是会问为什么课本里和课堂上不这样解释。我不知道。但应当这样。

数学创世记：数学创造的故事

> 我想发表的是什么？伦纳德·萨维奇（L. J. Savage，1962）用这个问题表达他的困惑，无论他选择讨论什么主题，也无论他选择哪种写作风格，他都肯定会被批评没有选择另一种。就这一点来说他并不孤独。我们只能祈求对我们的个人差异能多一点容忍。
>
> ——杰恩斯（E. T. Jaynes），《概率论沉思录》
> （*Probability Theory：The Logic of Science*）

写一本书是一种情感体验。在准备出版这本书的过程中，我幸运地遇到了两位很棒的编辑，凯莱赫和杜琼，他们都给了我很大帮助。在出版过程中我主要和杜琼联系。她以极大的耐心帮我改进这本非常难以编辑的书，虽然我们不能总是达成一致意见，但是她的建议**极大地**改进了这本书。在致谢编辑之后，通常的说法是"书中的错误作者自负"，但这样的说法太过轻描淡写。

即使最终定稿后，这本书还是不可避免会包含大量如下问题：书写错误，过度夸张，用词不当，重复，自相矛盾，太过自负，太过随意，说"我绝不会这样做！"然后立马这样做，说"我绝不会这样做！"然后后面又这样做（但不是立马），放一些谁也找不到或理解不了的彩蛋，无意间疏远或冒犯无辜的读者，尝试用让人分心的媒介，太多前言，太过跑题，太多对话，太少对话，太多形而上，使用神秘的希腊和拉丁文字还嘲笑它们（和使用它们的人）过度显摆，并且至少有一处不可饶恕的错误，很可能是无意间将某一段复制粘贴到书中某个完全不同的地方……数不胜数。

这是我的第一本书。搭建在不完美的脚手架上。我从没想过自己会去写一本书，真的开始时我都被自己惊呆了。2012 年夏天我花了 4 个月写这本书，猛喝咖啡，两眼发涩，每天工作 16 小时，废寝忘食，并且沉醉其中。写作从未如此快乐。当时我 25 岁。从此以后，我感到自己截然不同了。书中一些部分现在都让我不忍卒读。当一本书是以这样的方式写出来，就不可避免会有一些无论怎么编辑或修改都难以隐藏的缺陷。

其中大部分缺陷都是不小心，但也有一些是故意设计的。如果一个错误只是因为失误，改正不会有什么影响。当我们改正语句 N 中的一个书写错误，语句 $N+1$ 不会因此受影响。对于用词不当或不必要的重复也是如此，（虽然书中最终肯定会留下许多失误）这种错误是应当改正的。

但有时候，错误不是缺陷而是阶梯。如果没有它我们就无法到达某个地方。从阶梯上拿掉第 N 级台阶就会影响后面的步伐，无论这个阶梯是叙事还是数学论证。有少数思想需要错误才能适当说明。我的目标是向读者揭示创造过程的奥秘，无论是数学还是书籍本身，而创造过程无法以毫无缺陷的方式准确呈现。如果用一个词总结这本书的所有怪癖，那就是**彻底呈现**。彻底呈现的意思是毫无保留的开放和诚实，不仅仅是数学的创造过程，也包括写书的过程，以及某个人写了很久之后突然回头发现了一些已陷得太深无法消除的缺陷的情感体验。一想到有人愿意花时间阅读这本书我就很开心，愿意向他们毫无保留。我想向他们展示一切。所有的一切，最终的结果就是这本相当不寻常的书。

　　我希望能让你相信，之所以有这么多人从没有爱上或理解数学，是因为我们讲授这门课的方式是完全错误的。**但这并不意味我知道正确的方式！**这本书最终也许会彻底失败，但我可以肯定的是，所有层次的数学都需要更好的讲授方式。这本书是我个人的一次尝试，通过写一本我一直想要读的书来纠正部分错误。想要找一些乐趣吗？我也想。让我们出发吧。

第一幕

第 1 章
从无到有

> 如果你想造船，不要召集人们去伐木，也不要给他们分配任务，只需告诉他们大海的广阔无垠。
>
> ——安东尼·圣艾修伯里（Antoirle de Saint-Exupéry），
>
> 《城堡》（*Citadelle*）

1.1　忘掉数学

1.1.1　你好，世界！

忘掉你所知的关于数学的一切。忘掉要你们背的那些愚蠢公式。让你的头脑里有一片没有数学的纯净空间。就在这里，让我们自己重新创造数学。没有老师和课堂的负担，也不用去管那个代代相传的叫"数学"的东西，不要去管那个出错是最糟糕的事情的荒谬谎言。只有这样我们才能理解一些东西。

这一章叫"从无到有"有两个原因。一是要无视那些所有课程（包括数学）里都有的没用的精致术语。人们喜欢显摆自己聪明，用晦涩的语言（尤其是一门已经死亡的语言）说事，这样会显得比较高大上。其实不用拉丁术语也能描述。二是为了强调在这本书中，数学是我们自己的。这个词说的不再是你在学校里学的那个东西。我们自己创造数学，从无到有。

我假设你熟悉加和乘的语言，能运用自如。我的意思不是说能轻松计算 111111111 的平方或求 12345678987654321 的平方根之类的疯狂事情。通常，数学家并不喜欢处理数字。我的意思是我假设你知道一些基本的事情，比如知道相加的顺序不影响结果。相乘也是一样。用更简略的形式来说就是：

$$(?)+(\sharp)=(\sharp)+(?)$$

和

$$(?)(\sharp)=(\sharp)(?),$$

无论(?)和(♯)是什么数字。

在开始我们的数学之旅时，我们无需浪费时间学习计算 $\frac{1}{7}$ 具体的十进制表示之类的烦人事情。我们只需要知道可笑的符号 $\frac{1}{7}$ 指的是与 7 相乘等于 1 的那个数。如果你看见 $\frac{15}{72}$ 之类的，不要还认为这是你以前学过那个的名叫"除法"的神秘事物。符号 $\frac{15}{72}$ 只不过是 $(15)\left(\frac{1}{72}\right)$ 的缩写，也就是乘法。至于 $(15)\left(\frac{1}{72}\right)$ 指的是哪个数？我不知道，你也不用知道。我们只要知道这个数与 72 相乘等于 15，这就够了。

只要你掌握了基本的加和乘，我们就能开始奇异的数学旅程了。这一章主要学习如何发明你自己的数学概念，接着我们将直接开始创建微积分，然后再用它来创建那些通常被认为是微积分的预备知识的东西。通过这样前后倒置，我们会发现微积分——无穷大和无穷小的艺术——并不是说只有掌握了那些所谓的预备知识之后才能创造出来，而是没有微积分就无法彻底理解那些"预备知识"。

这样也使得我们无需记忆什么。因为我们无需（刻意）接受不是我们自己创造的东西，而且我们可以随时回头看我们已经做了什么，我们会发现数学——经常需要记忆的领域——实际上比其他任何科目都更不需要记忆。对于其他科目记忆也许是必不可少的，但对于数学它却是毒药，任何要你记东西的数学老师都应当向你屈膝道歉，否则就送到失业救济办去背电话号码本。① 数学是美丽的学科，在这里**永远**也不用记任何东西。现在是时候这样教数学了。

我们的旅程最终会抵达一些相当"高级的"主题，一般到本科数学专业高年级才会教。我们会发现这些"高级的"东西与"基础的"东西没有什么不同，只不过每一年级的教科书都会改变写作的方式，就是为了让你迷糊。

我们将去经历一次完美的冒险，那里只有必然的真理，没有什么是偶然的。你可能偶尔会有挫败感（也许是我的问题）。你可能需要回顾一些思想，确定自己理解了。你可能会认为很难，你得很努力地不被（缩略）符号吓倒，但你不用非得相信我，你也不用担心错过了什么，你也不用记什么东西……除非你想这样。现在我们出发吧。

1.1.2　"函数"是很可笑的名词

> 肯尼思·梅（K. O. May）教授告诉我，"函数"一词源自对莱布尼茨的一次用词的误解。不过，它还是成了数学的基本概念。无论怎么称呼它，它都应当得到更好的处理。在数学教育错失的机会中，最典型的例子也许莫过于对函数的处理。
>
> ——普雷斯顿·哈默（Preston C. Hammer），
> 《标准和数学术语》（*Standards and Mathematical Terminology*）

机器能做各种事情。面包机吞进面包的原材料，吐出面包。烤箱吞

---

① **作者**：好吧，这太过分了点。我不是真要这么做。我只是想说记忆并没有什么用。不过写书是让人兴奋的经历，所以我也许会偶尔有失分寸。因此不要把我的话太当真，好吗？这是我的第一本书，我担心我会把控不住方向。我知道，如果我不能享受写作的过程，我就永远无法写完。因此如果不是太过分，请尝试容忍一下我的夸张。我保证只是开玩笑。好吧，让我们继续吧，亲爱的读者。我能叫你读者吗？

读者：没问题。

作者：太好了！你可以叫我作者。叫什么都无所谓，我都会回应，真的，请随意，让我们继续。难以置信我真的在写书！

进各种东西，然后以更热的温度吐出来。将数字加 1 的计算机程序可以认为是一台吞数字的机器，吐出来的是放进去的数字加 1。婴儿是吃东西沾上口水再吐出来的机器。

不知为何，数学家们决定用"函数"这个奇怪的词描述吞数字然后吐出其他数字的机器。更好的名字也许是……什么都行。我们就称它们为"机器，"等我们习惯了这个概念，我们也偶尔会称它们为"函数，"但只是偶尔。① 让我们用我们仅有的工具——加和乘——来发明一些吞数字然后吐出其他数字的机器。

1. 最无聊的机器：如果我们放进去一个数字，它会吐出相同的数字。

2. 加 1 机器：如果我们放进去一个数字，它会把吞进去的数字加 1 然后把结果吐出来。

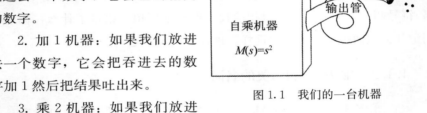

图 1.1　我们的一台机器

3. 乘 2 机器：如果我们放进去一个数字，它会把吞进去的数字乘 2 然后把结果吐出来。

4. 自乘机器：如果我们放进去一个数字，它会让吞进去的数字乘自己然后把结果吐出来。

这些机器的名称挺长，因此我们来发明一些缩写。数学中的一切符号，无论看上去多复杂，都只不过是我们可以用语言描述的事物的缩写，缩写是因为我们太懒了。由于他们通常不告诉你这些，大部分人看到一堆他们不理解的等式时都会被吓住，但如果看到 DARPA 或 UNICEF 或 SCUBA 之类的缩写则没那么害怕。

而数学其实就是许许多多的缩写加上推理。在我们的旅途中我们将

---

① 我们在这本书中会用一些非标准术语，不过我必须强调我没有说我的术语比标准术语"好"，我也没有建议其他书这样用！偶尔发明我们自己的术语是为了提醒我们创造的数学世界完全属于我们自己。这是我们从头开始建造的世界，因此我们可以决定事物怎么称呼。但请不要认为我的目的是让所有人都转用一组新的术语。"函数"一词可能不是最好的，但一旦你习惯了，也没那么糟。

会发明一堆缩写，因此有必要让我们发明的缩写能提醒我们谈论的是什么。例如，如果你想谈论圆（Circle），两个合理的缩写是 C 和〇。正方形（Square）比较好的缩写是 S 和□。这太明显了，你可能会奇怪干嘛还要解释，但当你看到满满一页方程，心想"哎呀！头晕！"的时候，要记得你看到的无非是一堆以高度缩略的形式表示的简单思想。在数学的所有分支中都是如此：解释这些缩写就成功了一大半。

我们想用更简短的词来谈论我们的机器，因此我们需要发明一些好的缩写。什么是好的缩写呢？这由我们决定。我们来看一下可能的选项。我们可以这样来描述乘 2 机器：

如果我们喂它 3，它吐出 6。

如果我们喂它 50，它吐出 100。

如果我们喂它 1.001，它吐出 2.002。

我们可以继续对所有可能的数字都给出这样的描述。但这太浪费时间了，而且我们永远也做不完。我们可以一次性说出这个有无穷个句子的袋子，只需说"如果我们喂它（某个东西），它吐出 2·（某个东西），"在其中我们将具体的（某个东西）设为未知。我们可以把它进一步缩写为**某个东西↦2·某个东西**。

就这样，通过让输入机器的数字保持为未知，我们把无穷长的语句列表浓缩成了一句话。我们可以总是这样做吗？也许不能。我们不知道。不过现在我们只考虑只需用加和乘就能完整描述的机器，这一点确保了我们可以将无穷多的一系列语句总结成一句话。其余的那些机器也可以缩写成这种方式：

1. 最无聊的机器：**某个东西↦某个东西**；

2. 加 1 机器：**某个东西↦某个东西＋1**；

3. 乘 2 机器：**某个东西↦2·某个东西**；

4. 自乘机器[①]：**某个东西↦（某个东西）^{2}**。

---

① 我们将（**某个东西**）·（**某个东西**）缩写为（**某个东西**）^{2}。更一般地，我们将"（**某个东西**）乘自己多少次得到的某个数"缩写为（**某个东西**）^{次数}。你不要说"我不懂幂"，不需要你懂。这里只不过是乘的缩写。

如果觉得不明白，可以看一些例子：

1. 最无聊的机器：

$3 \longmapsto 3$

$1234 \longmapsto 1234$

2. 加 1 机器：

$3 \longmapsto 4$

$1234 \longmapsto 1235$

3. 乘 2 机器：

$3 \longmapsto 6$

$1000 \longmapsto 2000$

4. 自乘机器：

$2 \longmapsto 4$

$3 \longmapsto 9$

$10 \longmapsto 100$

我们继续尽可能地缩写这些机器，同时不要做过头。我说"做过头"的意思是"丢失信息"。例如我们可以将莎士比亚的所有作品缩写为符号♣，但这没什么用，因为我们无法从中提取被缩写的信息。

我们需要哪些缩写才能**完整**描述我们的机器呢？我们需要给出以下内容的名称：(1)机器本身，(2)我们放进去的东西，以及(3)我们拿出来的东西。此外我们还要做一件事情：(4)我们需要描述机器如何工作。

我们可以将机器(Machine)命名为字母 M，这样我们就不会忘记它指的是什么。我们可能想同时谈论多种机器，因此我们可以给字母 M 戴上不同的帽子(M，$\hat{M}$，$\ddot{M}$，$\bar{M}$，等等)来代表不同的机器。我们前面用**某个东西**来指称放入机器的一切，我们可以进一步将**某个东西**(Stuff)缩写成 s。这样我们就有两个缩写了，我们可以**用前两个缩写来构造第 3 个缩写**。这是个很巧妙的想法，我从未听谁承认过自己是这样做的，这个做法很怪异，也是"函数"最让人混淆的地方。

我说我们可以用前两个缩写来构造第 3 个缩写是什么意思呢？我们应当发明什么名称来谈论"如果给机器 M 喂某个东西 s，机器吐出来的东西"？如果我们可以用缩写 M 和 s 来构造这个名称，我们就不需要引入新的缩写，这样我们就可以尽可能少用一些符号。我们可以称之为 $M(s)$。$M(s)$ 就是"如果给机器 M 喂某个东西 s，机器吐出来的东西"的缩写。

我们要给 3 个事物命名，但实际我们只命名了 2 个，然后就停下来了，四处看看有没有人，然后偷偷用前两个名称作为"字母"组成第三个名称。这个想法很古怪，但一旦习惯了就能带来很大帮助。如果你以前对"函数"很迷糊，不要担心。它只不过就是与机器和缩写有关的简单玩意。他们只是没有告诉你这个。

这样我们就有了 3 个名称，但我们还没有用刚刚发明的缩写语言描述任何具体的机器。我们重新描述一下前面那 4 台机器。我没有按原来的顺序，看你能不能说出哪台机器是哪台（例如，哪台是加 1 机器，哪台是自乘机器，等等。）

1. $M(s)=s^2$；

2. $\dot{M}(s)=2s$；

3. $\ddot{M}(s)=s$；

4. $\bar{M}(s)=s+1$。

这种高度缩略的形式让人糊涂，因为一方面我们只描述了输出，或机器吐出的东西。像 $M(s)=s^2$ 这样的等式[①]语句的两边谈论的都是机器 M 吐出来的东西。另一方面，这个语句又同时谈了所有 3 个东西：机器本身、我们放进去的东西以及我们拿出来的东西。再来看看这个疯狂的缩写：

$$M(s)=s^2,$$

我们在两边谈论的都是输出。但我们对输出的缩写 $M(s)$ 是用另外两个缩写——机器本身的缩写 M 和我们放进去的东西的缩写 s——构造的怪异

---

①　"等式"这个词让很多人感到不舒服，这种感觉夹杂着害怕和厌烦。那么什么是"等式"呢？我们曾说过数学符号只不过是可以用词语描述的各种东西的缩写。同样，"等式"也就是语句，缩写的语句。一旦认识到这一点，"等式"这个词就没那么糟糕了。我们在整本书中都用到这些词。

组合。因此在语句 $M(s)=s^2$ 的左边就有 **3 个缩写**。这还不是全部，我们还要描述机器的运作。语句的右边，s^2，是基于输入写的对机器输出的描述。

我们用两种方式说了相同的东西：左边的 $M(s)$ 是我们给输出起的**名称**，右边的 s^2 则是对输出的**描述**。由于我们用两种方式说的是相同的东西，因此在中间放个等号，这样我们就描述了这台特定的机器，用很少的符号就表达了无穷多不同的语句。之所以说它表达了无穷多不同的语句是因为它告诉我们：如果你将 2 放入机器 M，它会吐出 4。如果你将 3 放入机器 M，它会吐出 9。如果你将 4.976 放入机器 M，它会吐出 $(4.976) \cdot (4.976)$，等等。

1.1.3 我们很少听说的事情

这些机器的思想很简单。前面说了，它们通常被称为"函数"，这是个很怪异的名字，并不能很好地表达其中的思想。不仅"函数"这个词让人困惑，用来谈论函数的常规缩写对于初学者来说也很违反直觉。一个简单的思想变得如此让人困惑，有以下原因：

1. 他们并不总是会解释说我们谈论的是机器。

2. 他们并不总是会解释说我们谈论的关于这些机器的一切**也可以用**词语表达，只不过我们很懒（好的那种懒！），因此我们采用高度缩写的形式。

3. 他们并不总是会解释说我们尽可能用最短的缩写，以及我们是如何用另外两个缩写构造怪异的组合缩写。

4. 他们并不总是会对机器的名称 M 和输出的名称 $M(s)$ 加以区分。有时候课本上会说"函数 $f(x)$"，这个表述其实不准确。当然，有时候像这样不准确地使用语言也有好处（毕竟这是**我们**的语言，因此我们可以这样做），但在对其中的思想变得很熟悉之前我们最好不要这样做。

我们很少听到这些。大部分课本和讲义都只会说函数是"对一个数赋予另一个数的规则"，然后就是画图，左摇右摆的曲线，然后就开始写一大堆 $f(x)=x^2$ 之类的东西。对一些人来说（包括初次接触这个思想的我），这是相当让人困惑的思维跳跃。

我想提醒你注意前面那句话中让人困惑的地方。为什么他们要用 x？我们用 s 而不是**东西**是因为我们觉得把整个词写出来太麻烦。但 x 到底是什么的缩写呢？也许不是什么的缩写。并没有什么规定说我们给事物起的所有名称都要有缩写。也许 x 就像哈里·S. 杜鲁门的中间名：看着像个缩写，但其实不是！也许这个字母本身就是名称。不过字母 x 的确**是**缩写。什么？让我们细说一下。

图 1.2　一般来说，人们很难改变。

1.1.4　人类传统中让人难以忍受的惰性

为什么课本中总是用 x？答案很可笑。[①] 这其实是源自对阿拉伯语的一个低劣翻译。在古代的某个时候，一些阿拉伯数学家也产生了与我们类似的想法，他们决定用"**某个东西**"这个词，就好像我们用"**东西**"一样。很合理。在选择缩写时一般都会选择与缩写的内容有关联的东西，这样便于记忆。到目前为止，一切都还正常。他们也遇到了这个问题。阿拉伯语中"**某个东西**"这个词的首字母发音类似英语中的"sh"音。但在西班牙语中没有"sh"音，因此当阿拉伯语数学著作被翻译成西班牙语时，翻译的人就选择了他们觉得最接近的东西，就是希腊字母"chi"，发"ch"音（巴赫的"赫"）。字母"chi"是这个样子：

$$\chi$$

很眼熟吧？后来，就像你猜到的，字母 χ 又变成了拉丁字母表中很相似的字母 x，并且在我们的课本中作为**某个东西**的最常见的缩写沿用至今。

那些阿拉伯数学家都很聪明，他们选择的缩写也没错。他们这样做是因为他们遇到的问题与我们基本一样：在一个没有多少数学的世界中，自由发明。同他们一样，我们也可以随心所欲地缩写。例如，考虑下面这两个问题。不要不耐烦，花不了多久时间。

1. 对机器 f 的描述如下：

$f(x)=x^2-(5\cdot x)+17$，

如果我们放进去数字 1，机器 f 会吐出来什么呢？

2. 对机器 ↻ 的描述如下：

↻（※）＝※^{2}－（5・※）＋17，

如果我们放进去数字 1，机器 ↻ 会吐出来什么呢？

我们不用逐个去解这些问题就能看出它们的答案是一样的（答案是 13，但这不是重点）。我们描述的是相同的机器，在两个问题中放进去的数也是

---

① 这个解释来自一个叫特瑞·摩尔（Terry Moore）的家伙，他有一句很棒的话"为什么 x 是未知数？"因此功劳归他。

一样的，因此不用算我们也能知道答案是一样的。所有人都知道我们可以随心所欲地缩写。但是当我给别人讲解数学时，如果我改变缩写以便我们可以记住在谈论什么，我经常听到的一句话是"哦！我不知道还可以这样做！"学会改变缩写很重要，因为有许多数学思想在用某种缩写时显得很吓人很复杂，但如果换一种就会显得很简单。后面我们会看到一些有趣的例子。

1.1.5　等号的不同面貌

在标准的数学标记法中还有一个很普遍的问题也会导致许多初学者产生不必要的困惑，需要用不同的等号来提醒我们为什么事情是对的。

当我们在这本书中用常规的等号＝时，我们的意思与其他数学书是一样的：$A＝B$ 的意思是 A 和 B 指的是同一个东西，虽然它们看上去也许不同。因此＝号只是告诉你某件事情是对的，但并没有告诉你为什么对。有时候用不同的符号更合适。在书的后面部分，这三个符号

$$\equiv \qquad \overset{\text{须}}{=} \qquad \overset{(2.17)}{=}$$

的意思相同。它们都是在说"我两边的东西是一样的，"但它们的不同提醒了我们**为什么**这两个东西一样。

我们在后面最常用到的版本是≡，它的意思是两边相等是因为我们采用的一些缩写。举几个例子解释一下。一是当我们定义某个东西时就会用到符号≡。例如在前面的讨论中我们说 $M(s)＝s^2$，完全就可以写成 $M(s)\equiv s^2$。我用了＝是因为我们还没有引入≡。这个语句中的符号≡是说"$M(s)$ 和 s^2 是同一回事，你并没有遗漏什么数学知识，我们就是用 $M(s)$ 作为 s^2 的缩写，除非以后另作他用。"

在定义时使用符号≡并不是这本书特有的做法。许多书都这样用。[①]为了让我们的标记法更容易理解，我们会以更广义的方式使用这个符号。如果一个等式成立是因为我们在用某种缩写，而不是因为你遗漏了某些数学知识，我们就用≡。举一个完全构想出来的无目的的例子，我可能

---

① 讽刺地是，在高等级教材中似乎比初级教材中更常见，而其实初级教材更需要这样做。

这样说：根据 $M(s)\equiv s^2$ 可得

$$1+5\left(9-\frac{72}{M(s)}\right)^{1234}\equiv 1+5\left(9-\frac{72}{s^2}\right)^{1234}。$$

就算你从没听说过加、乘或数，你也应当能理解上面这堆符号！因为用到了 $\equiv$，它实际上是说左边等于右边是因为我们在用某种缩写，而不是因为你遗漏了某些数学知识。因此，当你看到这种等号，不用再害怕。没什么好怕的，因为 $\equiv$ 等式其实啥也没说。不过我们在书中会看到，在不同的缩写之间变来变去其实可以起很大的作用，因此有必要用一种特殊的"等号"提醒我们是在这样干。

另一个使用等号的场合是我们迫使某件事情为真，然后看会导致什么结果的时候。这种版本的等号就是人们在说"设什么什么为零"之类的话时所使用的。这个概念有些奇怪，因此有必要举个简单的例子。如果某本课本要你"求 x 使得 $x=x^2$"，有时不容易理解是什么意思。在这里等号的用法显得很奇怪。首先，语句 $x=x^2$ 甚至都不对，至少一般情况下不对。如果语句 $x=x^2$ 是对的，那 2 就会等于 4，10 就会等于 100。而其实是这么回事：

> **他们所说的**：求 x 使得 $x=x^2$。
>
> **他们的意思**：找到有哪些特定的**某个东西**能使得语句（**某个东西**）＝（**某个东西**）·（**某个东西**）为真。忽略那些不能让它成立的**某个东西**。

由于这种等号的意义与 $\equiv$ 完全不同，因此我们的写法也不一样。就像这样：

$$x\overset{须}{=}x^2。$$

重申一遍，所有这些不同版本的"等号"的意思都与常规的"＝"号是一样的。新的等号只是提醒我们为什么某个事情为真。虽然区分这些不同的等号现在似乎不是必须的，但我们很快就会看到这会让一些事情变得容易很多。

　　读者注意！这很重要！无论你做什么，请不要对学习正确选用等号的类型不耐烦！如果有老师读到这些，出于对数学的爱，也请**不要**留作业让学生判断在等式中应当用＝还是≡还是$\overset{须}{=}$。这不是我们在故弄玄虚过度关注无关紧要的细节。这是用来提醒我们为什么某件事情为真的简单易行的方法。出于同样的理由，我偶尔也会在等号上面放一个数，类似这样：

$$啪啦\overset{(3)}{=\!=\!=\!=}噼哩，$$

意思是"**啪啦**＝**噼哩**是因为等式（3）。"这样每个等式都很容易检查，如果有需要还可以检验自己是不是理解了其中的思想。也就是说你可以自己去找出为什么某件事情为真，但如果你不想自己找，等号也能告诉你在哪里找得到为什么的答案。我一直希望有更多课本能这样做。关于标记法就讲这么多，下面是创造的时间！

1.2　如何发明数学概念

> 我不能创造的东西，我就没有理解。
>
> ——理查德·费曼（Richard Feynman），
>
> 写在他去世时的黑板上

在发明微积分之前，我们首先需要知道如何发明，尤其是如何发明数学概念。我们将用两个简单的例子演示创造过程：长方形的面积和直线的斜率。[①] 无论你是不是已经知道计算这些都没有关系，所有人都能从对这些问题的讨论中有所收获，无论是对概念的理解还是对教学，因为一般很少讨论发明的过程。

当我们从零开始发明数学，总是从直觉的、日常的人类思维开始。发明数学概念的过程就是尝试将模糊的定性思维变成精确的定量概念。没有人能**真正**看到 5 维、17 维或无穷维空间的事物，那么数学家是怎么

---

① 后面我们会发现这两个概念是微积分的基础。后一个概念是"导数"的基础，前一个则是"积分"的基础。这些概念是相互对应的，所谓的"微积分基本定理"描述的就是它们的对应关系。

定义"曲率"之类的事物，从而可以谈论高维对象的曲率呢？这些定义通常都极为抽象，要"看清"真相，似乎需要超人的高维直觉能力，数学家是如何得出他们的定义的呢？

这个创造过程看似神秘，其实就是从定性转变成定量的过程。所有层次的数学课，无论是小学还是博士后，都应当增加对创造过程的讲解，减少对加、乘、线、面、圆、对数、西罗群、分形和混沌、哈恩-巴拿赫定理、德拉姆上同调、层、概形、阿蒂亚-辛格指标定理、米田嵌入、托普斯理论、超不可达基数、反推数学、可构造全集等内容的讲解，因为对创造过程的认识**重要得多**。

1.2.1　发掘我们的思维：发明面积

这一节我们通过面积的概念来展示如何发明数学概念。面积最简单的形式是长方形的面积。你肯定知道长为 l 宽为 w 的长方形面积为 lw，不过请先忘掉它。假设我们不知道长方形的面积是长乘宽。

假设我们大致知道"面积"在非数学的意义上是什么意思。也就是说，我们知道这个词描述的是一个二维物体有多大，但我们不知道如何将这个概念与数学联系起来。我们可以用 A 作为面积（Area）的缩写，然后写出 $A=?$ 之类的，但其他的就不知道了。不过，根据我们的日常经验，我们还是知道一些东西：

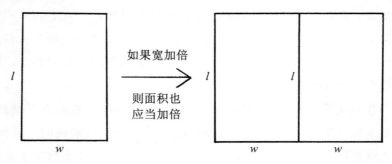

图 1.3　无论"面积"如何定义，如果长方形的宽加倍长不变，则面积也应当加倍。

> **日常经验告诉我们的第一件事情**
>
> 无论长方形的面积如何定义，肯定多少取决于长方形的长和宽。如果有人将"面积"定义为与长和宽无关，则与我们所说的"面积"不是一回事。

我们可以将上面这句话高度浓缩，写成

$$A(l,\ w) = ?$$

取代前面的简写 $A = ?$。括号里的新玩意的意思是"这**多少**取决于长和宽，我将其缩写成 l 和 w。其他的我就不知道了。"

请注意这个缩写与前面对机器的缩写很相似。你可以说"我不是在谈论机器，只是在缩写，"也可以将其与机器的缩写联系起来，"如果我们得出了面积的精确描述，应当可以构造一台机器，如果喂给它长方形的长和宽，它就会吐出长方形的面积。我们称这台机器为 A。"这两种认识都能让我们达到同样的目的，因此你可以选你喜欢的然后继续。

由于我们是从日常的直观经验开始构建面积的精确数学概念，因此在开始的时候我们没有数字。如果不能从定量的东西开始，就只能从定性的东西开始。虽然没有规则告诉我们该如何做，但我们可以要求精确的概念符合我们的日常认识。基于此，我们可以写下另一个日常认识：

> **日常经验告诉我们的第二件事情**
>
> 无论长方形的"面积"如何定义，如果我们将宽加倍，让长保持不变，我们就会得到原来的长方形的两份拷贝，因此面积也应当加倍。如果有人对"面积"的定义没有这样的性质，则不是我们所说的"面积"。

如果不理解，可以参见图 1.3。我们对面积的模糊的、直观的、非数学的认识不足以告诉我们长方形的面积是长乘宽，但可以告诉我们如果宽加倍（同时长不变），则面积也应当加倍。我们可以将这个认识缩写为：

$$A(l,\ 2w) = 2A(l,\ w)。$$

基于同样的理由，如果长加倍而宽不变，则面积也应当加倍。我们可以将其缩写为

$$A(2l, w) = 2A(l, w)。$$

不仅如此，语句中的"加倍"这个词也可以一般化。如果我们将宽增大为 3 倍，则会有 3 份原来的拷贝，因此面积也应当是原来的 3 倍。长也是一样。4 倍，或者更多整数倍都是如此。如果不是整数倍呢？例如我们可以将长从 l 变成"$1\frac{1}{2}l$"（宽不变），则会得到 $1\frac{1}{2}$ 份原来的拷贝，因此面积也应当是原来的 $1\frac{1}{2}$ 倍。显然，无论面积如何定义，这些语句都抓住了我们的直观认识，无论放大倍数是多少。我们可以将这无穷多条语句缩写为

$$A(\#l, w) = \#A(l, w) \tag{1.1}$$

和

$$A(l, \#w) = \#A(l, w)， \tag{1.2}$$

$\#$ 可以是任何数。但如果是这样，我们就可以利用数学技巧来得出长方形的面积，将 l 写为 $l \cdot 1$，然后——

（远处传来一阵声音。）

诶！什么声音?!……是你吗？

读者：嗯……不是我。我觉得是你那边传来的。

作者：你确定？

读者：是的，肯定是。

作者：嗯……好吧，我们说到哪了？对了，等式（1.1）和（1.2）告诉我们可以将数字提取到面积机器的外面，无论是什么数。但如果是这样，我们就可以利用一个技巧，将长和宽本身也提取出来！因为它们也是数字。既然 l 与 $l \cdot 1$ 是一样的，w 也与 $w \cdot 1$ 是一样的，我们就可以巧妙地将等式（1.1）和（1.2）作用于 l 和 w 本身，就像这样：

$$A(l, w) \stackrel{(1.1)}{=\!=\!=} lA(1, w) \stackrel{(1.2)}{=\!=\!=} lwA(1,1)。 \tag{1.3}$$

也就是说长方形的面积是长乘以宽……乘以另一个东西？这个 $A(1, 1)$

到底是什么呢?

其实等式(1.3)告诉我们的是单位的概念。它说的是我们可以得出**任意**长方形的面积,但首先要明确单位长方形的面积,也就是长和宽都为 1 的长方形(或者其他任何长方形)。如果我们以光年为长度单位,则 $A(1, 1)$ 就是 1 平方光年的面积。如果长度单位是纳米,则 $A(1,1)$ 就是 1 平方纳米的面积。

我们可以令 $A(1, 1)$ 为 1,但只是为了方便。如果需要,我们也**可以**令 $A(1, 1)$ 为 27,这样式子就为 $A(l, w)=27lw$。也许看上去有点奇怪,但并没有错。除了令 $A(1, 1)$ 为 1 或其他的数,我们也可以将等式(1.3)写为如下形式:

$$\frac{A(l, w)}{A(1, 1)}=lw。$$

这样我们就可以不用关心单位[也就是说不用决定 $A(1, 1)$ 是多少],但同时也就不能谈论面积本身。这个等式告诉我们**某个东西**等于长乘宽,但不是面积,而是面积的比,即你可以在 $A(l, w)$ 中放多少个 $A(1, 1)$。

发明这些之后,我们可以看到数学的确比我们聪明——不仅告诉了我们单位的概念,还告诉了我们如何将一种单位的面积转换成另一种单位的面积(比如从纳米转换为光年)。在自己发明数学概念的过程中我们还会遇到很多这样的例子,即便是我们很熟悉的简单概念,也能给我们带来更深刻的认识。

不仅如此,我们不难看出,同样的论证对于任意维度都成立。假设我们有一个 3 维的盒子之类的东西,长、宽、高分别缩写为 l、w、h。与面积一样,如果我们将(比如)高度加倍,长和宽保持不变,则我们将得到原来的盒子的两份拷贝,因此体积应当加倍。同前面一样,"加倍"这个词可以一般化,放大任意倍数这个想法依然成立。长和宽也是一样。因此对于 3 维,对于任意的数 ♯,以下 3 个等式都成立,并且 3 个语句中不用取相同的数:

$$V(\sharp l, w, h)=\sharp V(l, w, h),$$
$$V(l, \sharp w, h)=\sharp V(l, w, h),$$

$$V(l,\ w,\ \#h)=\#V(l,\ w,\ h)。$$

与前面一样，我们可以将这 3 个等式作用于 l、w 和 h 本身，得到

$$V(l,\ w,\ h)=lwh\cdot V(1,\ 1,\ 1)。$$

现在我们可以做更加奇怪而且有趣的事情：我们可以讨论更高维的空间。如果 n 很大，我们就无法画出 n 维空间中的事物。谁也做不到。我们甚至不知道"n 维空间"是什么意思。但是没关系！我们完全可以说"无论 n 维空间如何定义，也无论 n 维版的长方形盒子如何定义，它们最好与它们的 2 维和 3 维表兄弟有相似的性质，我们也可以进行相似的论证。如果不是这样，那就不是我所说的 n 维空间。"有了这些，我们就有把握写出

$$V(l_1,\ l_2,\ \cdots,\ l_n)=l_1l_2\cdots l_n\cdot V(1,\ 1,\ \cdots,\ 1)，$$

其中 V 指的是"n 维空间中的体积，"并且我们决定不再像 2 维和 3 维那样给不同的方向起不同的名称。可以将它们都缩写为 l，然后用不同的数字下缀区分它们($l_1,\ l_2,\ \cdots,\ l_n$)。

虽然我们无法画出谈论的东西，但还是可以对其进行推断。例如，如果 n 维盒子形状的东西的所有边的长度都相同(记为 l)，则这个东西是一个 n 维立方体。如果我们令 $V(1,\ 1,\ \cdots,\ 1)$ 为 1(只是为了方便)，则可以推断这个高维盒子的"体积"为 $V=l^n$。我们可以掌握这个"n 维体积"的性质，即便我们无法将其画成图形。

总的来说，通过思考我们对面积的日常认识，并对我们的认识进行缩写，将无穷多个模糊的语句用一句话表达，我们的认识就可以转化成长方形的面积必须为 $lwA(1,\ 1)$。结果我们不仅发现了熟悉的"长乘宽"公式，数学还提醒了我们忽略的东西：单位的概念。

下面我们用简单的发明来帮助我们理解和图形化一些所谓的"代数法则"，以后不用再去死记硬背。继续前进！

1.2.2　如何把所有的事情做错：愚蠢的记忆说教

多年以后我才明白科学教师的职责是什么。教育的目的不应当是向学生灌输老师现在知道的一些事实；而是教学生如何

思维，让他们在今后用一年就能学会老师两年才能学会的东西。只有这样我们才能一代一代不断进步。当我意识到这些后，我的教学风格从教他们大量一知半解的孤立知识，转变为以足够的深度分析少数问题。

——杰恩斯，《回望未来》

(*A Backward Look to the Future*)

初等数学课程最糟糕的事情之一是教师们似乎都认为数学课的目的是教授数学知识（至少我上的那些课是这样）。这一点我极为反对。你可能会奇怪，数学课不教数学那该教什么。这个问题很重要，因此让我们一次说清楚，并且用方框强调：[①]

> **独立宣言**
> 数学课的目的不是培养懂得数学的学生。
> 数学课的目的是培养懂得思考的学生。

在数学的世界中没有什么是偶然的，在这里思维可以得到深入和精确的训练，其他科目是无法比拟的。而且，在训练思维的过程中，你偶尔会发现数学正好能描述现实世界中的各种事物。它极为有用，但这其实是思维训练的副产品。这一点很重要，值得用方框强调一下，在别的地方从未告诉过你这些：

[①] 为什么用方框标注时用这么大的标题？问得好！开诚布公地说清楚：当你写一本书的时候（我就是从写这本书开始体会到这一点），向你崇敬的事情致敬是很有意思的事情。这本书就是向我最喜欢的课本致敬：杰恩斯身后发表的名著《概率论沉思录》。也许是因为他去世的时候还没有写完——同时也因为他是一个富有激情的家伙——书中有许多杰恩斯古怪而热情的个人感想，以及各种在其他课本中很少看到的东西。一个例子就是附录 B 中有一个名为《解放黑奴宣言》的方框。我一直很喜欢这一节。现在我自己写书了，因此可以向杰恩斯致以他应得的敬意。

> **数学不是关于**
>
> 线、面、函数、圆等这些你在数学课中学到的东西。
>
> **数学是关于**
>
> 类似这样的语句：
>
> "如果这个成立，则那个也成立。"

一旦我们认识到这些，我们就能马上明白两件事情。第一，很显然这样的思维训练很有用，无论你做什么。第二，很显然数学课关注的事情是错的。

让我们来看一个做错事的例子。在代数课中，在教室昏昏欲睡的学生被告知要记住一些公式。例如：

$$(a+b)^2 = a^2 + 2ab + b^2,$$

或者更一般的形式，

$$(a+b)(c+d) = ac + ad + bc + bd,$$

但老师教你的只是记忆这些数学知识，而不是教你在需要的时候如何重新发明这些知识。而如果我们能自己发明这些知识，我们就再也不需要记忆这些。

拿一张纸在上面画图，无论是画一栋房子还是一条龙，都不会改变纸的面积。假设我们在思考的过程中，遇到了类似 $(a+b)^2$ 这样的东西。我们可以将其视为一个正方形的面积。哪个正方形？

如果一个正方形的边长为**啪啦**，则面积可以缩写为 (**啪啦**)^2。因此我们可以将 $(a+b)^2$ 视为边长为 $a+b$ 的正方形面积。我们可以将这个正方形画出来，就是图 1.4。图中间很像一个画歪了的十号，其实是两条直线，分别将两条边分成长为 a 和 b 的两段。这样我们就有了研究同一个事物的另一种方式。因为画这些线不会改变正方形的面积，所以

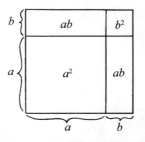

图 1.4　这基本就是要记忆的那些知识。

$$(a+b)^2 = a^2 + 2ab + b^2。$$

以后你永远都不用再去记这些公式了。我们再来看一下类似的论证能不能让我们发明更复杂的语句：

$$(a+b)(c+d)=ac+ad+bc+bd$$

只要是两个数相乘，即出现了（**啪啦**）·（**噼哩**）这样的形式，就可以视为一条边长为（**啪啦**）另一条边长为（**噼哩**）的长方形的面积。我们可以将其画成图，其中（**啪啦**）是 $(a+b)$，（**噼哩**）是 $(c+d)$，就是图 1.5。从图中可以看出大长方形的面积正好是那些小长方形的面积之和。因此这幅图的要点可以缩写为语句

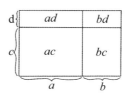

图 1.5　这就是要记忆的公式所说的。

$$(a+b)(c+d)=ac+ad+bc+bd$$

今后你再也不用记忆这个公式了。如果你忘记了，随时可以发明出来。你甚至不用去尝试记忆这些公式。事实上你可以尽量忘记这些！所有数学课都应当将这个刻在黑板上：

数学教育的首要戒条

数学老师不应当催促学生去记忆，而是应当忘记。

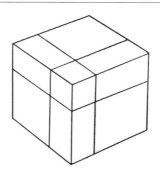

图 1.6　这幅图能帮助我们发明等式(1.3)。

因为这里的目的是让你可以自己推理出这些，因此你不应当去记忆这些论证步骤，而是尽量理解这些论证，这样如果你忘记了这些公式（你**应当忘记**），你也能很快重新发明出来。当你这样做时，你会发现你"记住"了

它们正是因为你理解了它们。

要检查你是否掌握了这个具有禅意的"不记就是记"的过程，可以试一下能不能将同样的推理应用到新的地方。如果你能在你从未遇到过的场合应用同样的推理，你就不可能是仅仅记住了这些知识本身。新的场合会像筛子一样滤掉记忆的知识点。不幸的是，在急功近利的惩罚失败的环境中（例如学校），在新的场合进行尝试带来的是焦虑，而不是本应当带来的心智愉悦。让我们无视这些，大胆去尝试。

发明东西

1. 如果只是记忆而不是理解，我们将不得不记忆无穷多种"方法"。例如

$$(a+b+c)^2 = a^2+b^2+c^2+2ab+2bc+2ac，$$

这条语句很丑陋，正常人不会想去记忆它。如果我们以记忆为目的，而不是学习通用的推理策略，我们就无法走得更远。而如果我们利用前面同样的策略（画画然后观察），就能自己发明出这个丑陋的公式。提示：画一个正方形，将每条边分成 3 段而不是 2 段。

2. 我们来看 3 维的情形，试一试前面的思维方式是否还能用得上。我们真的不想去记忆这样丑陋的语句

$$(a+b)^3 = a^3+3a^2b+3b^2a+b^3。$$

与其记忆，不如像上面一样发明出来：画画然后观察。提示：画一个立方体，然后将每条边分成两份。观察图 1.6 也许就能明白。当然，你可以先验证一下上面的公式，毕竟这个问题的图形化要难一些，如果卡住了，就很容易变得沮丧，认为自己理解不了这个思想，虽然其实你可以理解。

虽然我们能利用这种推理发明别人要我们记忆的东西，但还是有两件事情不完美。首先，它没有做到尽量简化（很快我们就会明白这是什么意思）。其次，它没法处理 $(a+b)^4$ 或 $(a+b)^{100}$ 之类的东西，因为人类思维很难可视化维数超过 3 的东西。不过这些都有办法补救。

前面的思维方法是将 $(a+b)^4$ 之类的东西分成小片，下面我们来看看更简单的方法。用更简单的方法解决更难的问题可能显得有些怪异，但

其实这个策略对于所有数学都有用。它是真正解决问题的利器！下面就来看看这个更简单的方法。

假设我们有一张纸，想象随意将它撕成两片。无论我们是否知道两片的面积具体有多大，很显然最初的那张纸的面积就是撕开后的两片的面积之和。通过一遍又一遍应用这个撕开的思想，我们就可以重新发明出那些需要记忆的知识，以及任意维的更复杂的知识（无论我们是否能将其图形化）。我们可以将撕纸的思想写成缩略形式。

假设我们在发明的过程中得到了类似（某个东西）·$(a+b)$或$(a+b)$·（某个东西）的东西。它们是一回事，因此论证对两者都有效。与前面类似，我们可以画一个长方形，一条边长为（某个东西），另一条边长为$(a+b)$。如果我们沿着图 1.7 中间的线将长方形撕开，就会得到两片，一片面积为a·（某个东西），另一片面积为b·（某个东西）。撕开并不会改变总面积（因为没有扔掉什么），因此可以得到

$$(a+b)\cdot（某个东西）=a\cdot（某个东西）+b\cdot（某个东西）。$$

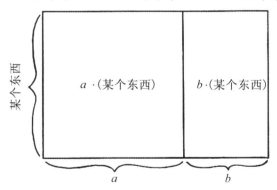

图 1.7 撕东西显然律：如果你将什么东西撕成两片，则原来的面积为撕开后两片的面积之和。写成缩写形式就是：$(a+b)\cdot$（某个东西）$=a\cdot$（某个东西）$+b\cdot$（某个东西）。课本上通常称之为"分配律"。

我将这个称为撕东西显然律，不过名字不重要。你可以随便怎么叫。课本上称之为"分配律"，似乎有点自以为是，不过也很好理解。在后面这几段之后，我们就不再需要这个思想的名称了。

与这个显然律类似，所有那些所谓的"代数律"都可以视为简单的图

形化思想的缩写。例如乘法可以交换$(a \cdot b = b \cdot a)$其实是说长方形旋转之后的面积保持不变。这个思想其实很简单，他们称它为"乘法交换律"来吓唬你。但其实只不过是说我们可以随意交换相乘的顺序。比如说，如果（**某个东西**）在$(a+b)$的右边，我们可以应用这个将它换到左边。

如果我们想和课本一样，在写显然律时可以用c替代（**某个东西**）。这是一样的，但我还是写成（**某个东西**），这样可以提醒我们无论（**某个东西**）是什么样，这个定律都成立。如果（**某个东西**）正好是两个东西加到一起（或者我们故意这样做），我们就可以将（**某个东西**）写成类似$(c+d)$的形式，将撕东西显然律写成这样：

$$(a+b) \cdot (c+d) = a \cdot (c+d) + b \cdot (c+d)。$$

然后（对右边的各部分）再次应用撕东西显然律，就可以得到

$$(a+b) \cdot (c+d) = ac + ad + bc + bd，$$

这正好就是我们在前面通过画图发明的公式，也就是前面要记忆的语句。但既然我们用撕东西显然律将其发明出来了，我们就再也不用记忆了。现在将它永远忘记！

撕东西显然律看似平常，却提供了一个观察高维的窗口。$(a+b)^3$的图形化方法需要我们画一个3维对象（立方体），而且我们很快发现这个方法对$(a+b)^4$或更高次幂不再有效，因为我们无法将4维对象图形化。但是！虽然我们可能对$(a+b)^4$冗长的代数展开式不感兴趣，我们却对更深刻的问题感兴趣，比如如何沿3维"面"切割一个4维立方体，由于人类大脑的局限性，我们无法将这些画出来。但虽然我们这样的灵长类无法将其画出来，撕东西显然律却没有这样的局限。因此只要愿意，我们可以将撕东西显然律反复应用于$(a+b)^4$之类的东西，而一旦我们彻底解开了它，得到的表达式（也许很长）就能给我们带来对4维几何的一些洞察。例如，如果我们沿3维面进行分割，得出的表达式的组成部分的数量将等于4维立方体被分割成的部分的数量。我不知道这个如何画，但我知道这是对的！它应当是这样。只需利用这个将长方形撕成两半的平凡事实，我们就能诱使数学告诉我们远远超出人类图形化能力的一些知识。

1.2.3　不学除法/忘掉分数

前面我们看到，我们发明这一点数学已经足以重新发明许多所谓的"代数律"。下面继续从我们已经发明的东西得出另外两条定律。理解了这些"定律"的来源，我们就不用再记忆奇怪的名词"分数"以及与之相应的奇怪动词"除"。

以前老师可能告诉过你说我们能（警告：前方行话）"消去分数中分子和分母的公因数"。也就是说，$\dfrac{ac}{bc}=\dfrac{a}{b}$。但是，在我们发明的世界中，到目前还没有出现"除"这种东西：符号 $\dfrac{5}{9}$ 只不过是 $(5)\left(\dfrac{1}{9}\right)$ 的缩写，也是两个数相乘。这感觉有点自欺欺人，因为符号 $\dfrac{1}{9}$ 好像还是与除有关。但除是从我们的世界之外引入的概念。我们只不过是用符号 $\dfrac{1}{9}$ 作为一个数的缩写，这个数如果与 9 相乘会得 1。从另一个角度看，我们是用它们的**性质**来定义 $\dfrac{1}{9}$ 这样的符号，将它们可能具有的数值视为思维的副产品，不作为关注的重点。通过用性质来定义这些对象，也更容易看出像 $\dfrac{ac}{bc}=\dfrac{a}{b}$ 这样的语句是对的，原因如下。

我们已经知道，乘的顺序无关紧要，我们还知道，对任何数 ♯，$(♯)\left(\dfrac{1}{♯}\right)\equiv 1$。只需这两点就可以论证语句 $\dfrac{ac}{bc}=\dfrac{a}{b}$ 是对的。注意下面的等号都是用的 ≡，只有一个例外。这个例外的等号两边交换了乘的顺序。由于这可以认为是旋转了长方形（长和宽互换不会改变面积），我在这个等号上面标了个"转"字。推理如下：

$$\frac{ac}{bc}\equiv(a)(c)\left(\frac{1}{b}\right)\left(\frac{1}{c}\right)\overset{\text{转}}{=}(a)(c)\left(\frac{1}{c}\right)\left(\frac{1}{b}\right)\equiv(a)\left(\frac{1}{b}\right)\equiv\frac{a}{b}。$$

因此这个看上去不错的"定律"——"消除""分数"中"分子"和"分母"的"公因数"——其实根本不是一条定律。也许它是，也许"定律"这个词本身就没什么意义。无论怎样，它都只不过是以下事实的推论：（1）乘的顺序无关紧要；（2）我们用 $\dfrac{1}{某个东西}$ 作为与**某个东西**相乘得 1 的那个数的缩写。

还有一个很简单的论证。老师可能教过我们可以"将分数分开"。也就是说，有人告诉我们说语句 $\dfrac{a+b}{c}=\dfrac{a}{c}+\dfrac{b}{c}$ 是对的，却没有说为什么。其实，这就是伪装了的撕东西显然律。我们来看看为什么。同样，下面的所有等号都是用的 $\equiv$，只有一个例外。这个例外的地方用的是撕东西显然律，所以我在等号上面标了个"撕"。推理如下：

$$\frac{a+b}{c}\equiv(a+b)\left(\frac{1}{c}\right)\overset{撕}{=}(a)\left(\frac{1}{c}\right)+(b)\left(\frac{1}{c}\right)\equiv\frac{a}{c}+\frac{b}{c}。$$

因此分式分解不是什么特殊的分数"律"，与分数完全无关，其实就是撕东西显然律的另一种形式。

重点：遇到包含许多除式的可怕语句时，可以用乘的语言重写。这个简单的变换经常能让事情变简单，我们也不用去记忆分式的各种怪异属性。

好了！我们的发明技巧还不够熟练，因此我们再看一个发明数学概念的例子，然后在结束这一章之前总结一下这个从定性到定量的神秘过程的普遍原则。

1.2.4 任意和必然：发明斜率

> 对课堂讲授的一个古老定义：老师的课本上的内容转移到学生的笔记本上的过程，没有经过双方的大脑。
>
> ——达莱尔·哈夫（Darrell Huff），
> 《统计陷阱》（*How to Lie with Statistics*）

当我们第一次听到数学中"斜率"的概念时，他们通常告诉我们说它是"平移的同时爬升"，简单介绍一下后，就开始举一些例子。我从没有听到谁解释说为什么不是"爬升的同时平移"或"平移 98 爬升 52"，你可能也没这样做过。想知道**为什么**他们不告诉我们吗？那是因为我们**可以**将斜率定义成"爬升的同时平移"或"平移 38 爬升 76"或其他任何疯狂的东西！这完全取决于我们想将多少模糊的关于"陡峭"的日常经验改造成数学概念，我们选择怎样做，以及我们认为怎样是合理的。不仅如此，我们对形式化定义的选择往往取决于我们对美的主观偏好，而且依赖程度高于人们的想象。

这一节的目的是通过发明陡峭度（或更常用的"斜率"）的概念来展示为何是这样。这个过程要比发明面积复杂，不过不用担心。无论哪种，发明的过程本质上都遵循相同的模式。

我们知道"陡峭"一词日常的非数学的意义，我们想用这个日常观念构建精确的数学概念。为了让事情简单一点，我们先关注直线，然后到第二章发明微积分时再来处理弯曲的东西（其实也就是通过放大让它们看起来像是直的）。因此在这一节，当我谈论"山"或"陡峭的东西"时，我说的都是直线。

我们可以将陡峭（Steepness）缩写成字母 S，但我们还不知道关于它的任何数学，因此我们写不出任何东西，除了

$$S = ?$$

那么我们的日常观念到底是说的什么呢？它有什么属性？当我们用非数学的"陡峭"概念进行推理时，我们隐含地赋予了它什么性质？在决定如何将日常观念转化为数学之前，我们需要了解一下其中的细节。

假设你在另一个大陆醒来。周围没有人。你不知道自己所处的经纬度和海拔，没有一点概念。你看见远处有一座山，你决定过去看看山的另一边有什么。在你爬山的时候，你发现这座山很陡峭，因此你想是不是回头试试别的方向。

上面这段揭示了我们对日常观念的一些直观认识，太过显然以至于我们通常不会费力去提及它，但是明确这些认识将对从定性到定量的转化有很大帮助。也就是说，你在爬山时虽然不知道自己在哪里，但还是知道山很陡峭。无论我们走路还是坐飞机爬山，都不会改变它的陡峭程度。

这个思想的另一种表述方式是陡峭不**单独**取决于你的垂直或水平位置。山的陡峭程度不是它所处的水平或垂直位置的内在属性。它是我们在爬山时垂直位置**变化**的属性。但它不**仅仅**是垂直位置变化的属性。如果你沿一条不陡峭的路走 10 公里，你到达的位置可能会比你出发位置的海拔高 100 米，但如果要你在水平 1 米的距离内爬升 100 米就几乎是不可能的。因此，根据我们模糊的、定性的、前数学的陡峭概念，我们知道：

日常经验告诉我们的第一件事情

陡峭度只取决于垂直位置的**变化**和水平位置的**变化**，而不是位置本身。

下面我们可以给出一些缩写。我们可以将上面的语句缩写为

$$S(h，v)=?$$

陡峭仍然缩写为 S，新的缩写符号 h 和 v 分别表示水平（Horizonal）和垂直（Vertical）位置的变化。例如，如果在地面走 6 米然后爬到 3 米高的树上，h 就是 6 米，v 则为 3 米。注意 h 和 v 只有决定了起点和终点这**两点**之后才有意义。那么当我们写下 $S(h，v)=?$ 时是在谈论哪两个点呢？我们没有说。现在我们还只是在玩缩写游戏，只知道语句 $S(h，v)=?$ 说的是陡峭的概念只取决于垂直位置的**变化**（v）和水平位置的**变化**（h），而不是位置本身。

现在，既然 h 和 v 都是比较两个点得到的量，我们在谈论山的陡峭程度时就得选择两个点，因此（就我们目前所知）一条线的陡峭程度可能随着选择哪两个点而变化。但这似乎也不太对，因为直线是直的。至少就日常经验来说，一条直线只有一个陡峭度。它不应当取决于我们选择什么点。我们可以尝试把这个直观认识写成数学：

日常经验告诉我们的第二件事情

不管我们说的"陡峭度"如何定义，一条直线应当处处都有相同的陡峭度。如果有谁定义的"陡峭度"会使得直线在中间改变陡峭度，就肯定不是我们说的"陡峭度"。

很好！在我们关于陡峭度的日常经验中有一些**绝对**成立的东西，我们要迫使陡峭度的数学概念也有这样的性质。

图 1.8 将这个思想画了出来。由于陡峭度与差异有关，因此我们需要用两个点来计算它。假设我们在直线上取了两个点，水平距离为 h，垂直距离为 v。图 1.8 左下角的小三角形对应了这样的两个点。现在如果我们在同一条直线上另选一对点，得到的陡峭度应当是一样的。例如，假设我们在这条直线上选取水平距离为 $2h$ 的两个点（水平距离正好是前面那两个点的两倍）。因为是直线，很显然垂直距离也应当是两倍，即 $2v$。（请确定自己明白这为什么是对的。图 1.8 会有助于理解。）但是根据"日常经验告诉我们的第二件事情，"无论选取哪两个点，陡峭度都应当是一样的。我们可以用下面的语句将这个直觉转化为数学：

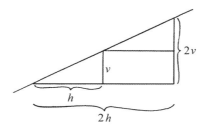

图 1.8　图中展示了日常经验告诉我们的关于陡峭度的第二件事情。无论"陡峭度"意味着什么，直线的陡峭度应当处处都一样。当两个点的水平距离加倍，垂直距离也加倍，陡峭度应当保持不变。可以缩写为 $S(h，v)=S(2h，2v)$。

$$S(h，v)=S(2h，2v)。$$

然后我们注意到这里的数字 2 并没有什么特别。如果我们将 h 增大到 3 倍，v 也会增大到 3 倍，陡峭度还是应当保持不变，因为我们谈论的仍然是同一条直线。对于任何整数这个论断都应当成立，从而得到 $S(h，v)=S(\sharp h，\sharp v)$，其中 $\sharp$ 是任意整数。

不仅如此，当 $\sharp$ 不为整数时这个论证也同样成立。例如，如果将 h 减半，则 v 也应当减半，因此 $S(h，v)=S\left(\dfrac{1}{2}h，\dfrac{1}{2}v\right)$。这是对我们关于陡峭度的直觉认识的扩展，我们离精确定义又近了一步。我们可以一次性写出来：

$$S(h，v)=S(\sharp h，\sharp v)。 \tag{1.4}$$

其中 $\sharp$ 可以不是整数。这个式子很干净，它告诉我们关于"陡峭度"的许多事情。例如陡峭度不能定义成 $S(h，v)=h$，因为 $h=\sharp h$ 不成立！同样也不能定义成 $S(h，v)=hv$、$S(h，v)=h+v$、或 $S(h，v)=33h^{42}v^{99}$ 之类的形式。

事实上，我们越琢磨这个等式（1.4），越感觉到它有用。似乎两边的 $\sharp$ 被"抵消"了。我们可以尝试各种想法，列出能够成立的（也就是能够推出等式（1.4）的）。下面列举了一些。（注：在下面的式子中，符号 $\overset{?}{=}$ 表示"这些是**可供**选择的定义，但我们还没有选定。"）

1. $S(h，v)\overset{?}{=}\dfrac{v}{h}$ 成立。这是"平移的同时爬升"。

2. $S(h，v)\overset{?}{=}\dfrac{h}{v}$ 也成立。这是"爬升的同时平移"。

3. $S(h，v)\overset{?}{=}\left(\dfrac{v}{h}\right)^2$ 成立。这是"平移的同时爬升"的平方。

4. $S(h，v)\overset{?}{=}3\left(\dfrac{v}{h}\right)+14\left(\dfrac{v}{h}\right)^2+\left(\dfrac{h}{v}\right)^{79}$ 成立。这个太疯狂了。

琢磨一会儿，就会发现所有只依赖于 (h/v) 或 (v/h) 的机器都能成立。[①] 也就是说，只要在对机器的描述中 h 或 v 不单独出现，而是以 (h/v) 或 (v/h) 的形式同时出现，就能成立。为什么需要这样？因为如果不这样就很难知道如何把等式（1.4）中的数"抵消"掉。也许能找到其他抵消的办法，但我们不想费那个劲！

1.2.5　不是你想的那种无政府主义

　　科学是一种本质上属于无政府主义的事业：理论上的无政府主义与它的反面——即讲究理论上的法则和秩序——比起来，更符合人本主义，也更能鼓励进步……唯一不禁止进步的原则

---

①　由于 $h/v=(v/h)^{-1}$，我们也可以说"所有只依赖于量 (v/h) 的机器"，但我们还没有提到负指数，因此不能拿来用。在我们的世界里，还没有它们。

便是：怎么都行。

——保罗·费耶阿本德(Paul Feyerabend)，

《反对方法》(*Against Method*)

我们先停下脚步，反思一下我们到底想做什么。我们要不要不断深入挖掘我们的直觉认识，找出限制条件，排除所有候选，直到只剩一种？没有必要！选择"我们到底想做什么"完全取决于我们自己。

通过不断将我们关于陡峭度的日常观念转变成缩略形式，我们发现陡峭度的数学概念必须(a)只依赖于位置的变化 v 和 h，而不是位置本身，并且(b)只依赖于 $\frac{v}{h}$ 或 $\frac{h}{v}$。但这还是没有告诉我们为什么课本上都选择"平移的同时爬升"$\left(\text{即} \frac{v}{h}\right)$ 而不是其他形式，例如 $3\frac{v}{h}$ 或 $\frac{17}{92}\frac{v}{h}$。是否以及何时该在其中选择一个，并放弃其他选择，这是我们不得不面对的一个哲学问题，只要我们想发明数学概念，这个问题就会出现。这时有两种策略：

1. **坚持法**。我们可以通过以下方法不断排除候选定义：(a)分析陡峭度概念的性质，(b)进行缩写，(c)抛弃不能成立的，(d)不断重复这个过程直到留下唯一的可能定义。当然，就算最终只会有一个留下来，我们单凭观察各种限制条件也不一定看得出来，因此我们只能说服自己相信最后的确只会留下一个候选。能这样当然很好，这样我们就能从最根本的细节上搞清楚定义的由来。

2. **放弃法**。我们可能会对不断挖掘思维，直到榨干最后一点直觉的过程感到厌倦。也许我们的日常观念不足以锁定独一无二的定义。因此我们干脆放弃。我们可以说，"我只想要**一些**能满足我的要求的陡峭度定义，我有几个选择，只要挑一个就行。"是谁决定我们挑**哪**一个呢？当然，是我们自己。我们只需在余下的候选中挑一个我们认为"最漂亮"或最优雅的就行，标准取决于我们自己。事实上在数学中这种事情比我们想象的要多。东西是我们自己发明的。我们想怎么做都行。我们可以无中生有，然后给它们命名赋予它们生命。如果存在无政府主义，这就是！

好吧，等一下。最后这句话可能会让你觉得我认为没有"数学真理"

这回事,因为都是我们自己构造的。我绝不是这个意思。无政府主义通常是指没有人为的法律,而不是没有物理定律。

在无政府状态下,没有"法律",但你仍然不能飞,因为有"重力"定律。两者是截然不同的概念。不受教室束缚的数学是第一种意义上的无政府主义:我们可以做自己想做的,但我们不能让一切都为真。

我们可以选择定义事物的方式,我们也可以选择想要研究的对象,但一旦我们对谈论的内容达成了一致,就会发现对于我们新发明的研究对象,已经有一些先天存在的事实,我们要做的是去发现这些事实。[①]

总结一下,现在我们可以放弃其他的,选择"平移的同时爬升"作为我们认为最漂亮的定义,然后继续往下发明微积分。不过,必须强调的是,我们**也**可以选择"爬升的同时平移"(倒过来的版本)或"42 乘以(平移的同时爬升)的立方"作为我们认为最漂亮的定义!如果我们用这些非标准定义去发展微积分,所有的公式都会与标准教科书稍有不同,但它们本质上说的还是一回事。

1.2.6　向前!只为快乐

> 数学的精髓全在于自由。
>
> ——格奥尔格·康托尔(Georg Cantor),
> 《论文集》(*Gesammelte Abhandlungen*)

我们讨论了在数学中什么是任意,什么是必然,接下来我们来看看,要构造标准的斜率定义,并成为唯一的可能,还需要哪些假设。

让我们进一步挖掘关于陡峭度的日常观念,看一看我们的数学定义必须具备哪些性质。到目前为止,我们还没有理由认为 $\frac{v}{h}$(平移的同时爬升)要比 $\frac{h}{v}$(爬升的同时平移)好。不过虽然后面这个完全也可以用来度量

---

① 对于那些知道"柏拉图主义"和"形式主义"的人,以及认为这一段是为这些观点辩护的人,要强调一下:不是。

陡峭度，却有一个奇怪的特性。

根据"爬升的同时平移"的定义，水平物体的陡峭度为无穷大，完全垂直的物体的陡峭度则为 0。也就是说，如果两点之间的垂直距离为 $0(v=0)$，则 $\frac{h}{v}$ 就变成 $\frac{h}{0}$，无穷大（至少可以说接近无穷，因为 $\frac{1}{很小}=$ 很大，而且随着很小变得更小，很大也变得更大）。同样，如果两点间的水平距离为 $0(h=0)$，则"爬升的同时平移"的距离为 0。这不能说是错误，但不符合我们的习惯。毕竟我们是这个世界的主宰，因此我们可以合理地要求平直的事物陡峭度为 0。让我们正式写下来：

日常经验告诉我们的第三件事情

无论"陡峭度"如何定义，水平直线的陡峭度应当为 0。

这排除了许多选项。例如，$S(h,v)=\left(\frac{h}{v}\right)$ 排除了，$S(h,v)=3\left(\frac{h}{v}\right)^2$ 排除了，$S(h,v)=\left(\frac{h}{v}\right)^{72}-9\left(\frac{v}{h}\right)^{12}$ 排除了，只要是水平事物（$v=0$）的陡峭度不等于 0 的都排除了。这很好！我们把幸存的选项列出来：

1. $S(h,v)\overset{?}{=}\frac{v}{h}$ 仍然成立，这是"平移的同时爬升"。

2. $S(h,v)\overset{?}{=}\left(\frac{v}{h}\right)^2$ 仍然成立，这是"平移的同时爬升"的平方。

3. $S(h,v)\overset{?}{=}3\left(\frac{v}{h}\right)+14\left(\frac{v}{h}\right)^2-\left(\frac{v}{h}\right)^{999}$ 仍然成立。这个太疯狂了。

仍然有无穷多种候选定义，但其中许多都很怪异。我们完全可以选择自己喜欢的然后结束，不过我们再坚持一下，看看要得出标准定义还需要哪些假设。

我们还没有说过不同的斜坡之间如何关联。例如，说一个斜坡比另一个"陡峭两倍"是什么意思？我们还没有认真想过，因此目前还没有正确答案。但我们想要让我们发明的概念**对我们**有用，因此让我们想一下当我们说"陡峭两倍"时的意思是什么。假设我们有两个点，高一些的点在右边，两点连起来就像一个斜坡。然后假设我们抬升较高的那个点，让垂直距离加倍而水平距离保持不变。也就是说，将斜坡的高度加倍，水平宽度保持不变。现在在一定程度上我们可以说，如果两个斜坡的水平宽度相等，而其中一个的高度是另一个的两倍，则陡峭度也应当是另一个的两倍。同样，这里也没什么理由要求我们必须这样想，但其他想法似乎更糟：例如，说垂直距离加倍陡峭度应当乘以 72 似乎没什么道理，因为说不清楚为什么这个比其他无穷多种选择更好。而认为高度加倍陡峭度也应当加倍则具有一定的简单性和优雅性。让我们正式写下来：

> **日常经验告诉我们的第四件事情**
> 无论"陡峭度"如何定义，如果斜坡的水平距离保持不变而高度加倍，则"陡峭度"也应当加倍。

应当如何缩写这个思想呢？v 加倍而 h 保持不变，陡峭度应当加倍，因此我们可以缩写成这样：

$$S(h，2v)=2S(h，v)。$$

这里我们再一次尝试将定性转化为定量。同前面一样，这里面的 2 没有什么特别的。我们想要表达的思想要比这个更具一般性。例如，基于同样的理由，如果不改变水平距离，而垂直距离增大到 3 倍，则陡峭度也应当是原来的 3 倍。因此我们可以将无穷多条语句缩写为一条语句，就跟前面一样：

$$S(h，\sharp v)=\sharp S(h，v)，$$

很好。现在又可以排除一些候选定义。还有哪些候选符合这个要求呢？我们来试一下。对于候选定义 $S(h，v)\equiv\left(\frac{v}{h}\right)^2$ 如果将 v 加倍，则得到

$$S(h，2v)\equiv\left(\frac{2v}{h}\right)^2=\frac{2\cdot2\cdot v\cdot v}{h\cdot h}=4\left(\frac{v}{h}\right)^2\equiv4S(h，v)，$$

可见如果垂直距离加倍，陡峭度将增大到原来的 **4 倍**。因此我们可以将它排除，它不符合日常经验告诉我们的第四件事情。好吧，我们刚才检验了 $\left(\frac{v}{h}\right)^\sharp$ 当 $\sharp$ 等于 2 的情形，那么如果 $\sharp$ 等于 3、5 或 119 呢？我们不用逐项检验这些指数（那将需要无穷长时间），可以让指数保持未知来一次性检验。与前面的论证类似：

$$S(h, 2v) \equiv \left(\frac{2v}{h}\right)^{\#} = 2^{\#}\left(\frac{v}{h}\right)^{\#} \equiv 2^{\#}S(h, v),$$

而所有这些都必须等于 $2S(h, v)$，否则就违反了日常经验告诉我们的第四件事情。因此当高度加倍时要让陡峭度也加倍，$2^{\#}$ 就必须刚好等于 2。而这只有当 $\#$ 等于 1 时才成立，因此几乎排除了所有可能！我们将幸存的列出来：

1. $S(h, v) \overset{???}{=\!=\!=} \dfrac{v}{h}$ 仍然成立，这是"平移的同时爬升"。

2. $S(h, v) \overset{???}{=\!=\!=} 3\dfrac{v}{h}$ 仍然成立，这是"3 乘以平移的同时爬升"。

3. $S(h, v) \overset{???}{=\!=\!=} 974\dfrac{v}{h}$ 仍然成立，这是"974 乘以平移的同时爬升"。

除了"某个数乘以平移的同时爬升，"其他的基本上都被前面列出的某项要求排除了。可见在教科书讲"斜率是平移的同时爬升"时掩盖了多少推理过程。留下来的所有定义都可以视为 $S(h, v) \equiv (\textbf{某个东西})\left(\dfrac{v}{h}\right)$，因此我们来看看直觉思维对（**某个东西**）是多少有何想法。

　　假设重力改变一点方向。则以前水平的东西都将有一些倾斜。如果重力方向改变 90 度，则原来水平的东西将变成垂直。现在，如果"往上"的方向改变 90 度，则一切的陡峭度都将改变……除了一种情形：刚好位于垂直和水平中间的斜坡。也就是说，如果重力倾倒，水平距离与垂直距离相等的斜坡（$h = v$）将是**唯一**陡峭度不变的东西。形为 $S(h, v) \equiv (\textbf{某个东西})\left(\dfrac{v}{h}\right)$ 的陡峭度定义都会将这个特殊斜坡的陡峭度赋值为（**某个东西**），因为这个特殊的斜坡具有 $v = h$ 的特性。因此认为（**某个东西**）是多少就等同于认为这个特殊斜坡的陡峭度是多少。

　　我们来考虑一些可能性。假设我们让（**某个东西**）等于 5。则这个特殊的斜坡在重力倾倒前后的陡峭度都是 5，但其他斜坡就会很怪异。$v = 3$ 和 $h = 1$ 的斜坡的陡峭度是 15，重力倾倒后的陡峭度则是 $\dfrac{5}{3}$。这没有错，但是显得相当随意，重力倾倒前后的陡峭度之间没有以一种好看的方式关联起来。如果纯粹出于美学原因将特殊山坡的陡峭度定为 1，则**其他斜**

坡的表现会好得多。这样陡峭度为 3 的斜坡在重力倾倒后的陡峭度就为 $\frac{1}{3}$。陡峭度为 $\frac{22}{33}$ 的斜坡就变为 $\frac{33}{22}$。这看起来简单多了。如果我们纯粹出于美学动机这样选择，就会得到

$$S(h，v)=\frac{v}{h}=\frac{爬升}{平移}=标准定义 \qquad (1.5)$$

作为唯一的可能。我们可以写下来：

日常经验"告诉"我们的第五件事情（不是非得如此）

重力方向改变 90 度（即交换 v 和 h 时）只有一个斜坡的陡峭度保持不变。出于优雅和简单的原因，我们给这个斜坡的陡峭度赋值为 1。这样在重力倾倒时**其他**所有斜坡的表现都很好。

现在你知道了在学校里他们**到底**有多少东西没有告诉你。在发明数学概念时都是这样，我们最终得到的定义是源自各种变换和美学的奇怪混合：我们的定义具有的一些性质是因为我们希望它符合我们的日常观念，还有一些是因为我们希望得出的定义能尽可能的优雅简单，而衡量优雅和简单的标准则来自我们自己。

1.2.7 用言语总结发明的过程

我们在前面详细展现了发明的过程，因为有必要给出一些简单的例子，完整呈现数学概念的发明过程，澄清每一步骤，以及这些步骤的必然结果和每一步的原因。理解发明的过程非常重要，因此我们来总结一下做了哪些事情，首先用言语表述，然后一次性列出我们发明的所有数学。为了节省空间，我们将短语"否则就不是一个好的定义"缩写为ONGT。所有数学概念都是这样发明的：

1. 你从想要概括的日常概念开始。[①]

---

① 一旦我们发明了一些数学，用来作为创造过程的原材料的"日常概念"将把之前已经发明的更简单的**数学**概念也包括进来。例如，在将第 2 章发明的微积分的基本概念推广为无穷维空间中的相关概念时，在书最后的第 N 章将对此进行讨论。随着我们对数学世界的探索越来越深入，日常概念与数学概念之间的界限也会变得越来越模糊。

2. 通常你会对概念应用的简单、熟悉的场景有一些想法。当面临不那么熟悉的场景时，你以这些简单情形为基础决定你的新概念有怎样的**性质**。**例**：无论"面积"如何定义，当你将矩形的边长加倍时，面积也应当加倍，ONGT。无论"陡峭度"如何定义，直线的陡峭度应当处处相等，ONGT。还有一个我们还没做的：无论"曲率"如何定义，圆或球的曲率应当处处相等，直线或平面的曲率应当为 0，ONGT。

3. 你要求你的数学概念在简单情形中表现的性质类似你的直观概念，有时候对这些简单情形的直接推广也这样要求。

例：我画不出 5 维的立方体，但它的"5 维体积"应当是 $l_1 l_2 l_3 l_4 l_5$，ONGT。我画不出 10 维的球面，但它的曲率应当处处相等，ONGT。我画不出 52 维的"直线"或"平面"或管他什么东西，但它的曲率应当为 0，ONGT。

4. 有时候你发现你所有模糊的、定性的要求，一旦缩写为符号语言，就完全锁定了一个精确的数学概念。

5. 有时候，你施加的所有直觉要求可能不足以分离出唯一的数学定义。没关系！这时候，数学家通常是看看有哪些候选定义符合他们所有的要求，然后选出最漂亮或最优雅的那个。你对那些定义不清的美学概念进入数学可能会感到吃惊。不用奇怪。

1.2.8　用缩写总结发明的过程

最后，让我们用符号形式总结发明的过程，回顾我们做了什么。

发明面积

根据我们对面积的日常观念，我们要求相应的数学概念具有以下两个性质，以矩形为例：

1. 对任意数 ♯，$A(l, ♯w) \overset{须}{=\!=} ♯A(l, w)$。

2. 对任意数 ♯，$A(♯l, w) \overset{须}{=\!=} ♯A(l, w)$。

3. $A(1, 1) \overset{须}{=\!=} 1$。

然后我们发现这使得矩形的面积为

$$A(l, w) = lw,$$

这正是他们在数学课上扔给我们的公式。

发明陡峭度

根据我们对陡峭度的日常观念，我们要求相应的数学概念具有以下 5 个性质，以直线为例：

1. 陡峭度只取决于垂直位置的**变化**和水平位置的**变化**，而不是位置本身。

2. 对任意数 ♯，$S(h, v) \overset{须}{=} S(♯h, ♯v)$。

3. 我们要求水平直线的陡峭度为 0，即 $S(h, 0) \overset{须}{=} 0$。

4. 如果将垂直距离加倍，不改变水平距离，则陡峭度也应当加倍。同样，不仅仅是两倍，对于任意的放大倍数，这个属性都应当成立，因此对任意数 ♯，$S(h, ♯v) \overset{须}{=} ♯S(h, v)$。

5. 当 $h = v$，纯粹出于美学动机，我们令 $S(h, v) \overset{须}{=} 1$。

然后我们发现这 5 条要求一起**迫使**直线的陡峭度为

$$S(h, v) = \frac{v}{h} = \frac{爬升}{平移},$$

这正是他们在数学课上扔给我们的公式。

1.2.9 用我们的发明作为跳板

上面的讨论可能会让你觉得数学只不过是一个很大的发明，我们并不是在发现什么东西。在"不是你想的那种无政府主义"一节，我曾解释过为什么不是这样，下面我们来看一个具体的例子。前面我们对"斜率"进行了定义。下面我们将发现，这样做之后，我们就造出了一个不由我们掌控的真理世界。这个世界包含我们没有明确"放进去"的真理，它们对于我们可能不是很显然，但的确是源自我们的设定。

可能有人曾告诉过你直线的"公式"是 $f(x) = ax + b$，就好像这件事情太简单了，可以不证自明。请注意在前面的讨论中我们从没用过这个公式，虽然我们一直在谈论直线。至少对我来说，无论是说形如 $f(x)=ax+b$ 的机器正是我们画的那些直线，还是说所有直线（除了垂直的那条）都可以用这种形式的机器表示，都不是那么显而易见。

如果不想被动接受这个关于直线的论断，我们也可以自己发明。我们已经发明了陡峭度的概念，现在我们来看看我们发明的这个定义是如何**迫使**直线是由 $f(x)=ax+b$ 这样的机器描述。

假设直线可以由某种机器 $M(x)$ 描述，但我们不想假设它就是 $ax+b$，因为这个对于我们不明显。我们只要求我们用"直线"这个词描述的对象的陡峭度为常数。在前面发明陡峭度的过程中我们已经作了这个假设，也就是"日常经验告诉我们的第二件事情"。让我们用数学来表述这个假设。设 x 和 $\tilde{x}$ 是任意的两个数。无论 x 和 $\tilde{x}$ 是多少，如果机器 M 描述了一条直线，则我们要求以下为真

$$\frac{（一个点的垂直位置）-（另一个点的垂直位置）}{（一个点的水平位置）-（另一个点的水平位置）}$$

$$\equiv \frac{爬升}{平移} \underbrace{\frac{M(x)-M(\tilde{x})}{x-\tilde{x}}}_{只是另一种缩写} \overset{须}{=} \sharp,$$

其中符号 $\sharp$ 表示"某个不依赖于 x 或 $\tilde{x}$ 的不变的数"。好吧，符号太多了。我们这样做是为了不一次跨越太多步骤，其实上面这些东西的主要意思只不过是：

$$\frac{M(x)-M(\tilde{x})}{x-\tilde{x}} \overset{须}{=} \sharp. \qquad (1.6)$$

我们要求陡峭度处处都是一个不变的数 $\sharp$，因为我们是在谈论直线，而等式 (1.6) 就是我们的"数学表述"方式。但是现在，由于我们要求等式 (1.6) 对任意 x 和 $\tilde{x}$ 都成立，因此当 $\tilde{x}=0$ 时也必须成立。$\tilde{x}=0$ 并无特别之处，$\tilde{x}$ 和 x 可以是任何数。我们这样做只是为了好玩，并且当 $\tilde{x}$ 为 0 时，等式 (1.6) 会更简单一些。如果 $\tilde{x}$ 正好为 0，等式 (1.6) 说的是：对任意的数 x，

$$\frac{M(x)-M(0)}{x} = \sharp. \qquad (1.7)$$

由于我们让 x 保持未知，因此等式(1.7)左上角的 $M(x)$ 就是我们的机器的完整描述！如果我们将其分离出来，就能成功地从直线的陡峭度应当处处相等的模糊定性的观念(前面我们发明的陡峭度定义的一部分)转变成用符号精确描述的直线概念！让我们将隐藏在左上角的这个机器的描述分离出来。既然等式(1.7)的两边相等，如果我们将两边乘相同的数，两边仍应保持相等。因此如果我们将等式(1.7)两边乘 x，我们会发现等式(1.7)等同于语句 $M(x)-M(0)=\sharp x$。而这其实就是

$$M(x)=\sharp x+M(0)。 \tag{1.8}$$

喜欢说行话的人将数 $M(0)$ 称为"y 轴截距"，但我们只需知道它是当我们将 0 放进机器 M 后得到的数就可以了。符号 $\sharp$ 和 $M(0)$ 都是我们不知道的数(或者说我们选择保持未知的某个值)的缩写，因此我们可以将这个语句写成如下形式：

$$M(x)=ax+b， \tag{1.9}$$

这就是课本上的直线方程。我们自己发明出来了，因此从现在起，它属于我们。

这一章我们做了很多事情！让我们回顾一下做了哪些。我猜下一节可以叫作"总结"。不过我们自己的世界值得有自己的名词。我们是将我们创造的一切都放到一起，那就叫……

(作者想了一会。)

1.3 整合

好吧，在这一章，我们忘掉了我们知道的关于数学的一切，除了加和乘，然后开始创造我们自己的数学世界。偶尔我们会打开这个世界，将我们创造的东西与外面世界的对应概念进行比较。我们知道了：

1. 为什么课本上用 x 作为**某个东西**的缩写(因为西班牙语中没有"sh"音，也因为人类在改变不合时宜的东西时很懒)。

2. 不知为何，课本上将我们的机器称为"函数"。

3. 课本上将缩写称为"符号"，将语句称为"等式"或"公式"。这些词

要比它们所表述的思想更有想象力一些，不过我们偶尔会随意使用，尽量让自己习惯它们。

4. 描述机器的标准方式是使用 $f(x) = 5x + 3$ 之类的超级缩写语句。这些语句在等号左边包含了 **3 种不同的缩写**：(1)机器的名称 f，(2)我们放进去的某个数的名称 x，以及(3)当我们将 x 放进去，f 吐出来的那个数 $f(x)$。因此左边是将 3 个名称裹到了一起。语句的右边则是描述机器如何运作。

5. 通过使用不同的等号，比如 $\equiv$、$\overset{须}{=\!=}$、和 $\overset{(1.3)}{=\!=\!=}$，我们在说两个东西相等的时候，还能提醒我们自己为什么相等。如果这让你困惑，就当作 $=$ 好了。

6. 撕东西显然律很显然，让我们不用去死记硬背一些公式。我们在需要的时候可以随时推演出来。

7. $\dfrac{1}{\textbf{某个东西}}$ 代表"当与**某个东西**相乘时得 1 的数"，只需这个思想，我们就能自己发明许多所谓的"代数定律"，从此再也不用去记忆它们。

8. 数学概念是这样发明的：我们从想要变得更精确或更一般化的日常概念开始。方法并不唯一。我们通常在头脑里有一些关于我们的数学定义应当有怎样的性质的想法，但经常会有许多候选定义。如果我们的定性想法不足以锁定唯一的定义，数学家往往挑选一个他们认为最漂亮或最优雅的定义。学生们很少知道这些，因此他们经常会认为自己没有很好地理解这些定义。

9. 如果我们像 1.2 节那样**发明**陡峭度的概念，如果我们**假设**某个机器处处都有相同的陡峭度，我们就会**发现**类似 $M(x) = ax + b$ 的机器。所以这个并不显而易见的式子是我们的直觉——日常观念——的直接推论。

插曲 1：
变慢的时间

[我不会]在我的大脑里存储太多这类知识，因为书上已经有了……大学教育的价值不在于学一大堆知识，而在于思维的训练。

——爱因斯坦回答"爱迪生测试"中的一个问题，为什么他不知道声速，引自 1921 年 5 月 18 日的《纽约时报》。

有许多事情你从未见过，而且你不知道你没见过，因为你没见过。你得先看见，才能知道自己没见过，然后你才看见了说："嘿，我从没见过这个。"太晚了，你已经看见了！

——乔治·卡林(George Carlin)，

《再做一次》(*Doin' It Again*)

你从未见过的事情

有许多事情你从未见过，这个插曲就是讲其中的一些。我们都知道爱因斯坦。这里我们来看一下如何自己发明他的著名成果之一——对时间本性的数学描述，用到的数学非常简单，以至于你会奇怪为什么他们当初没告诉你。在我看来，这么简短的数学论证，居然没有在教育的早期阶段教给学生，是学校教育本末倒置的明证之一。这个插曲后面部分给出的简单推导漂亮地揭示了宇宙的奇怪和让人兴奋之处，你会发现它飘荡在数学和物理系，像通俗歌谣和叙事诗一样在朋友间流传，却从未成为教给每一位社会成员的标准知识的一部分。虽然多年来我们一直在向学生讲授理解这个论证所需的一切知识，偏偏就是不讲这个论证，为什么？因为狭义相对论是"高级"主题，不"属于"入门物理课程，也因为它似乎不属于欧氏几何课程，虽然在这门课中学生们已经学习了理解这个论证所需的数学。这个论证无家可归。因此在核心课程中没有这个美丽的粉碎直觉的论证的合适位置，我们用钟摆、抛物线和小球滚下斜坡的数学描述来启发学生探索物理世界之谜。好了，评论够多了。开心时间到了！

首先，在了解时间到底如何运作之前，我们来看一个极其简短的论证，为什么捷径公式——通常称为"勾股定理（毕达哥拉斯定理）"——是对的。然后，我们将看到，这将是你理解爱因斯坦狭义相对论的一个主要思想——当你运动时时间会变慢——所需的最复杂的数学思想。我们用"当你运动时时间会变慢"这个短语作为缩略描述，但这不是十分准确。更准确的说法是，如果两个物体（包括人）不以同样的速度沿同样的方向运动，他们会观察到对方的"时间"流逝的速度不一样。[①] 虽然这听上去不可能，它却不仅仅是一个理论，也不仅仅是关于人类或时钟的一个事实。它是时空结构的本性，而且得到的实验验证可以说远超其他一切科学。在这个插曲的最后，你将透彻理解这个证明"时间变慢"现象存在的数学论证。不过，你可能会希望自己不要理解它，因为这个论证的结论"永远都是"那么惊人，无论你多么熟悉这个论证。因此既然人类大脑理解这个概念都有困难，数学就更应该彻底澄清，否则就是我的错。准备好了吗？开始吧。

---

① 很难用一个简洁的动词描述这个思想，因此如果你不理解，不要着急。在我们了解一些背景后会变得越来越清晰。

捷径

不是所有东西都是水平或垂直的。东西可以向任何方向倾斜，这很不幸，因为我们得到的信息经常是以两个"相互垂直的"方向的形式出现，这两个方向（在模糊的意义上）可以被认为是水平和垂直的。例如，"往东3 个街区往北 4 个街区"，或"大约 100 米高 200 米长"。假设这两个距离就是我们所拥有的全部信息：我们把一个称为水平，另一个称为垂直。我们可以画一个有垂直边和水平边的三角形来讨论这个问题。三角形不是重点，只是用来帮助我们抽象地讨论问题，从而无需关注不重要的细节。我们将这个三角形的边命名为 a、b 和 c（图 1.9），并假设 a 和 b 为已知。只利用这些信息，我们能求出"捷径" c 的长度吗？

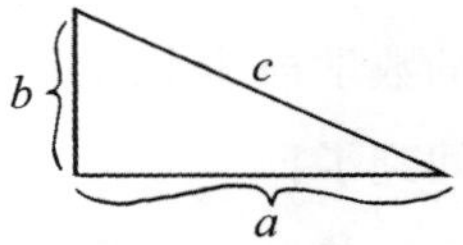

图 1.9　这不是标题。

对于如何根据 a 和 b 求出长度 c 的问题，我们目前还毫无头绪。既然无法推进，唯一的希望就是看能否将困难的问题转变成我们熟悉的东西。我们还没有发明太多数学，因此也没有太多熟悉的东西，不过我们知道矩形的面积。因此用这个三角形的几份拷贝组成一个矩形也许是个不错的主意，这样我们说不定能取得一点进展（也许不能，但值得尝试一下）。顺着这条思路，我个人能想到的第一件事情是用两个相同的三角形，将它们粘到一起，这样我们就得到了一个宽为 a 高为 b 的矩形。可是盯着这个矩形看了一会之后，我们还是很糊涂，这个最简单的构成矩形的方式似乎没有告诉我们太多关于捷径的东西。不过另一种简单的组合方式很有用，就像图 1.10 那样。

我们用 4 份原来的三角形构造了一个大正方形，同时捷径又在中间组成了一个正方形的空白区域。与我们在第 1 章发明撕东西显然律类似，在纸上画图不会改变面积，从这一点可以挤出许多知识。在这个例子中，我们实际上是在一个大正方形中画了一个倾斜的正方形。正方形的面积是我们目前知道的少数知识之一，因此这个技巧让我们可以用还十分有

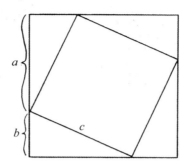

图 1.10　用 4 个相同的三角形和一些空白，构造一个正方形中的另一个正方形。这样就能用我们熟悉的东西（正方形的面积）来谈论我们不熟悉的东西（捷径）。

限的词汇表组成关于捷径的语句。用两种方式谈论整个图形的面积就可以得出这样的语句。结果如图 1.11 所示。

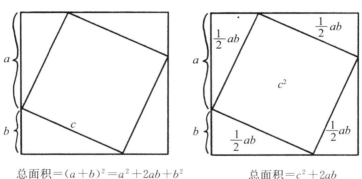

总面积＝$(a+b)^2＝a^2+2ab+b^2$　　　　总面积＝c^2+2ab

图 1.11　将总面积写成不同的形式，我们就可以发明出捷径的公式，在教科书中也称为"勾股定理（毕达哥拉斯定理）"。

　　一方面，我们画了一个大正方形，边长是 $a+b$，因此面积是$(a+b)^2$。在第 1 章，我们通过画图知道了$(a+b)^2＝a^2+2ab+b^2$。这样就有了一种描述这幅图的面积的方式，但我们还可以用另一种方式描述。整个图形的面积正好就是空白区域的面积（c^2）加上所有三角形的面积。我们不知道如何求三角形的面积，但我们可以将两个相同的三角形挨着放到一起（就像第一次的失败尝试那样），这样就能得到一个面积为 ab 的矩形。我们有 4 个三角形，因此可以拼出两个矩形。通过这种分割方式，我们可以得到整个图形的面积为 c^2+2ab。我们用两种方式描述了同一个事物，因此可以在两种描述之间放个等号，就像这样：$a^2+2ab+b^2=c^2+2ab$。

下面这一部分极为重要，请仔细阅读。上面的数学语句说的是一个事物等于另一个事物。如果两个事物真的相等（或一样），并且我们以完全相同的方式改变两者，则（虽然两者都改变了）它们**在改变之后仍然应当相等**。如果两个盒子里装有相同的东西，在我们对两者做相同的事情之后，则两个盒子里的东西应该还是一样的。无论做的什么事情（例如"拿掉所有的石头"，或"添加 7 块大理石"，或"数一下有多少顶帽子，然后将数量加倍"），只要所做的事情是一样的，这个结论都应当成立。这就是为什么我们现在可以（用标准行话）说"从上面的等式两边减去 $2ab$ 项"。请确定你自己理解了这个。这不是数学或等式的特性，也不是什么神秘的"代数律"。这就是我们关于两个事物相同的日常观念：对相同的两个事物做相同的改变，必然会导致相同的结果。[①] 如果不是这样，肯定是我们对"相同"一词的使用有误。因此，这样改变后，我们就得到了这个语句：

$$a^2+b^2=c^2 。$$

这个语句告诉了我们如何用水平和垂直量谈论捷径，因此我们可以称它为"捷径公式"。教科书上通常称之为"勾股定理"，这个名字听起来有些古怪，好像某些很不干净的地方。

不存在的绝对时间

> 例如……哥白尼革命……这类事件和进步之所以能够发生，是因为一些思想家决定摆脱某种"明显的"方法论法则的束缚，或者是因为他们无意中突破了这些法则。
>
> ——保罗·费耶阿本德，《反对方法》

[①] 对这个简单事实及其推论的理解将让我们可以跳过典型的代数入门课程的一大部分。

几行推理就能改变我们对世界的认识。

——斯蒂芬·兰兹伯格（Steven E. Landsburg），
《扶手椅中的经济学家》（*The Armchair Economist*）

请买一桶爆米花，然后坐好，亲爱的读者，接下来你将看到在所有科学中最漂亮的论证之一。这个结论对于我们这样的灵长类动物的大脑来说很难接受，因此你理解起来肯定不轻松。没有人能轻松。即便是我们目前发明的这些简单数学也已经能让我们突破灵长类大脑的某种内在局限。这一节的节奏会比前面快一点，但不用担心。下面的推理与书的其他部分没有逻辑关联，因此即使你无法理解这部分的某些东西，也不会影响你继续在第 2 章发明微积分。下面请安心坐好尽情享受吧。我们将需要 3 个东西帮助我们到达目的地：

1. 你走了多远＝（你走多快）·（走了多久），只要沿途的速度不变。我们从直观上就能认识这一点，但如果写成抽象形式我们会容易忘记。这其实是说：(a)如果你以 50 千米的速度行进 3 小时，你将行进 150 千米，以及(b)我们在(a)中用到的数字没有什么特别。我们可以将"（距离）等于（速度）乘（时间）"写成 $d = st$。

2. 我们在前面发明的捷径公式（即"勾股定理"）。

3. 关于光的一个奇怪事实。

关于光的奇怪事实不是数学事实，而是物理事实，它听起来十分荒谬。这个事实与我们日常的认识差别很大。首先，我们都知道：如果你以每小时 100 千米的速度扔出网球，然后(以某种超能力)马上以每小时 99 千米的速度在后面追，则看上去网球是以每小时 1 千米的速度远离你，至少在它掉到地上之前是这样。这没有什么神秘的。

而关于光的看似不可能的事实是：如果你"扔出"一些光（例如站着不动用手电射出一些光子），然后马上以 99% 的光速在后面追，则光不会以 1% 的光速远离你。事实上，光仍然会以光速远离你——与你站着不动时光远离你的速度一样。

如果你觉得这不可能，很好！表明你注意听了。与其在尝试理解这个事实时担心这如何可能，不如来玩爱因斯坦 1905 年提出的一个游戏。我们说："好吧，这看起来不可能，不过有证据表明这是真的，因此我们不如这样问自己：**如果这是真的，会导致什么?**"

我们先想象一台奇怪的机器，我称之为"光时钟"。要建造光时钟，只需想象相对的两面镜子。由于镜子会反射光，这台奇怪的设备将俘获光，在镜子之间来回反射。我们知道可以选择各种单位度量时间，例如秒、小时、天之类的，因此我们也可以这样定义时间单位：光从一面镜子反射到另一面镜子所需的时间。我们可以给这个时间量一个名字，比如"镜秒"之类的，不过我们不想这样做。

再给出一些缩写。出于历史原因，人们通常用字母 c 作为光速的缩写。c 实际上是拉丁文"迅速"的首字母，光速也的确是我们的宇宙中所能达到的最快速度，因此这个缩写虽然来自拉丁文，倒还妥帖。

所以我们用 c 作为光速。用 h 作为两面镜子之间的距离，用 $t_{静止}$ 作为光从一面镜子到另一面镜子所需的时间（很快我们就会看到为什么用 $t_{静止}$ 而不是直接用 t）。图 1.12 画出了光时钟。

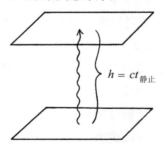

$$h = ct_{静止}$$

图 1.12　我们想象的光时钟由两面镜子组成，镜子之间的距离为 h，光子在镜子之间来回反射。

在这一节开始的时候，我们已经明确，只要速度不变，你走了多远＝（你走多快）·（走了多久）。因此用刚才定义的缩写，我们可以得到 $h=ct_{静止}$，或者写为另一种形式：

$$t_{静止} = \frac{h}{c}。 \tag{1.10}$$

现在假设有两个人在观察同一个光时钟。其中一人坐在火箭上水平运动，手里拿着光时钟。另一个人则在地上，看着火箭和光时钟以某个速度飞过，我们将火箭速度缩写为 s。如图 1.13 所示。

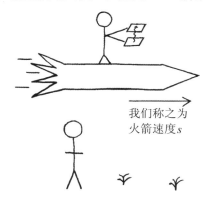

我们称之为
火箭速度 s

图 1.13　我们的光时钟在火箭上，以速度 s 经过地面的观察者。

我们在上面写下的关于 $h = ct_{静止}$ 的论证应当能描述火箭上的人所看见的。你可能会奇怪为什么我们用**静止**来谈论这种情形，因为毕竟火箭上的人在"运动"。之所以这样描述是因为火箭上的人**相对于光时钟**没有"运动"，他把它拿在手里，因此相对于他是"静止"。后面我们还会讨论，"运动"只有在相对于什么时才有意义。好吧，那地面上的人会看到什么呢？对于他来说，光时钟中的光子仍然会上下反射，但同时也会水平运动经过他，因此光子看上去是在沿锯齿状的对角线反射，如图 1.14 所示。

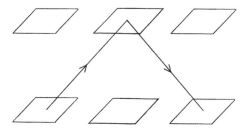

图 1.14　地面观察者看到的光在光时钟中来回运动的 3 个片段。从他的视角
　　　　　看，光沿对角运动，因为光子在镜子之间来回反射，同时光时钟从
　　　　　左往右经过他。当他看着火箭经过时，光子的轨迹形成锯齿状。

前面的论证中（结论为 $h = ct_{静止}$），我们考虑的是光从一面镜子反射到另一面镜子所花的时间。现在再来论证一次，不过这次是从地面观察者的角度。我们可以用 $t_{运动}$ 作为地面的人观察到的光从一面镜子反射到另一面镜子所花的时间。下标"运动"提醒我们这个人看到光时钟在运动。你可能会奇怪为什么要用两个不同的名称表示这个时间量。它们显然是一回事。不要太自信！我们已经见识了光的奇怪行为，因此值得认真考虑一下时间不一样的可能。现在让我们暂且先给它们不同的名字。后面我们会搞清楚它们到底是不是一样的。

现在，只关注图 1.14 中的光路，我们可以算出，从地面的人的角度来看，光在一个"时钟单位"走过的距离，如图 1.15 所示。镜子之间的垂直距离仍然是 h，光走过的水平距离是 $st_{运动}$，因为火箭的速度是 s，而我们考虑的时间长度是 $t_{运动}$。

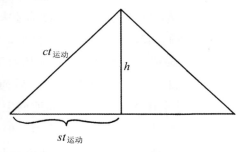

图 1.15　各种距离。我们从地面的人的角度来思考一下光从底部到顶部所花的时间。镜子的垂直距离是 h。水平移动的距离是 $st_{运动}$，沿对角线移动的距离是 $ct_{运动}$，这是基于前面说过的光的奇怪事实。

下面我们利用关于光的奇怪事实：无论你移动的速度多快，光速不变。因此，两个人看到的光的速度都是 c。但地面上的人看到光沿对角线运动，光沿对角线运动的时间长度是 $t_{运动}$，运动的距离仍然应当是"速度乘时间"，也就是 $ct_{运动}$。这很怪异。如果是平常的物体在镜子之间来回反弹，则地面的人看到的物体沿对角线运动的速度应当比火箭上的人看到的物体沿垂直方向运动的速度要**快**。但我们已经假设了光速不变，我们来看看从这个会推出些什么。

在这里可以用捷径公式了。既然"水平"和"垂直"相互垂直，根据图

1.15 可以得到：

$$h^2 + (st_{运动})^2 = (ct_{运动})^2。$$

我们想比较时间 $t_{静止}$ 和 $t_{运动}$，前面我们已经得出了关于 $t_{静止}$ 的等式，因此我们可以从上面的等式中分离出 $t_{运动}$，然后也许就能看出两个时间是不是一样的。如果我们想分离出 $t_{运动}$，可以尝试将包含 $t_{运动}$ 的部分都放到一边，就像这样：

$$h^2 = (ct_{运动})^2 - (st_{运动})^2。$$

乘法的顺序并不重要，无论 a 和 b 是多少，都有 $(ab)^2 \equiv abab = aabb = a^2 b^2$。为了分离出 $t_{运动}$，我们可以将上面的等式写成这样：

$$h^2 = c^2 t_{运动}^2 - s^2 t_{运动}^2，$$

右边的每部分都有 $t_{运动}$，因此可以变成：

$$h^2 = (c^2 - s^2)(t_{运动})^2，$$

或者写成这样：

$$\frac{h^2}{(c^2 - s^2)} = (t_{运动})^2。 \tag{1.11}$$

记得前面我们发现了 $t_{静止} = \dfrac{h}{c}$ 等，上面等式的左边与 $\dfrac{h}{c}$ **几乎**一样。麻烦在于让人讨厌的 $-s^2$。如果没有这个，左边就等于 $\dfrac{h^2}{c^2}$，正好就是 $t_{静止}^2$，两个时间就可以相等。但 $-s^2$ 挡了我们的路。因此我们来玩一个狡猾的数学把戏：撒谎，然后改正谎言。思路是这样。我们想比较时间 $t_{静止}$ 和 $t_{运动}$，因为我们强烈地感觉到它们应当相等。如果它们不相等，就意味着日常意义的"时间"不存在——让人不安的想法！只要没有 $-s^2$ 我们就可以比较这两个时间。我们无法摆脱 $-s^2$，因为那是撒谎，会让我们的结论不正确。不过如果我们撒谎，然后又改正谎言，我们就能有正确的答案，所以我们可以这样做。我们想重写等式(1.11)，让它看起来像这样：

$$\frac{h^2}{(c^2 - s^2)} = \frac{h^2}{c^2(\clubsuit - \spadesuit)} = (t_{运动})^2，$$

现在我们对符号 ♣ 和 ♠ 一无所知！我们的任务是搞清楚它们应当是什么，好让语句成立。为什么要这样做？因为如果我们可以找出 ♣ 和 ♠ 取什么值能让语句成立，我们就能利用等式(1.10)将上面等式中的 h^2/c^2 变成

$t^2_{静止}$，这样我们就能比较时间，从而就能知道时间到底如何运作。我们的目标是让这个语句

$$c^2(\clubsuit - \spadesuit) = (c^2 - s^2)$$

成立。如果将问题变成这样，就没那么难了。我们想让符号$\clubsuit$在和c^2相乘后能变成c^2，只需让$\clubsuit$等于1就行。我们想让$\spadesuit$在和c^2相乘后能变成s^2，可以选择让$\spadesuit$等于s^2/c^2，这样下面的c^2就能与上面的c^2抵消。

大部分数学书会避免使用$\clubsuit$和$\spadesuit$之类的东西，而是说"消除因子c^2。"等我们习惯这种做法后，也会这样做。不过，现在我们不想花时间去学"因式分解"，所以我们不用。虽然整个过程最后的效果可以被描述为"因式分解"，但这并不是对我们的思维过程的合适描述。实际发生的是我们**想让**某件事情成立（比如，我们想让底下是c^2），因此为了让它成立，我们**撒谎**（例如，我们可以将c^2写在所希望的地方），然后我们**改正谎言**，这样我们仍然能够得到正确的答案。

更重要地是，"消除c^2"这个短语听起来让人感觉里面已经有了c^2。并没有！如果我们忽略"因式分解"的概念，想象撒谎和改正，就能更明确我们能从任何东西中提取出任何东西；我们能从$(a+b)$中提取出c，而c并不存在于其中。为什么？与上面$\clubsuit$和$\spadesuit$的逻辑一样。如果我们想从$(a+b)$提取出c，只需遵循同样的逻辑，最后你可以将其重写为$c \cdot \left(\dfrac{a}{c} + \dfrac{b}{c} \right)$。好了，抱歉啰嗦了，不过这段话并不是跑题。这个东西十分重要，而且我认为现在是讲述这个的最好时机。无论怎样，现在我们得到了

$$\frac{h^2}{c^2 \left(1 - \dfrac{s^2}{c^2}\right)} = (t_{运动})^2 。$$

两边取平方根[1]，然后根据$t_{静止} = h/c$，可以得到

---

[1]　我们还没有深入讨论平方根，后面我们会看到，通过让一个原来内容待定的缩写获得新生，成为一个真正的思想，从中就会出现平方根。如果你不理解两边取平方根的步骤，不用担心。很快我们就会讨论它。现在我们只是用符号$\sqrt{某个数}$代表与自己相乘会得到**某个数**的某个（正）数。也就是说，$\sqrt{某个数}$代表能让$(?)^2 = 某个数$成立的数$(?)$。你完全不用操心如何计算某个特定的数的平方根。现在只需要知道大体思路就够了。

$$t_{运动} = \frac{t_{静止}}{\sqrt{1 - \dfrac{s^2}{c^2}}} \, 。$$

(1.12)

等式(1.12)好像挺复杂，但让我们先无视大部分的复杂性，只关心最重要的部分：除非 s 为 0，否则时间 $t_{静止}$ 和 $t_{运动}$ 不会相等！也就是说，如果两个物体以不同的速度运动，它们的光时钟就不会同步，而是以不同的速率流逝。我们可以将等式(1.12)中与时间有关的东西放到同一侧（即两边同时除以 $t_{静止}$）。我们这样做的唯一原因是这样右边就会只取决于速度 s。当然也还取决于光速 c，但 c 是常数（就是前面说的关于光的奇怪事实）。而速度 s 是我们能改变的东西。这更便于我们将奇怪的时间变慢现象图形化，也就是图 1.16。这幅图告诉我们，当我们改变火箭的速度 s 时，量 $t_{运动}/t_{静止}$ 会如何变化。我们可以将这个量看作 $t_{运动}$ 比 $t_{静止}$ 大多少倍。这个量越大，我们对时间的日常观念就越站不住脚。

实际上，等式(1.12)不仅仅关系到光时钟，甚至也不仅限于一般意义的时钟。它与时空的基本结构有关，并且自从爱因斯坦在 1905 年发现之后，已经被实验验证了许多次。为什么我们在日常生活中感觉不到？那是因为，如果你和我一起聚会，然后我开车出去买了点东西回来，我们不会去想我们度过的时间其实不一样长。图 1.16 告诉我们，如果我们以相同的速度运动，我们体验到的时间是一样的，当我们的相对速度与光速相比很小时，它们会基本相等。

但即便是这一点点差别，虽然对我们的日常生活毫无影响，也需要我们彻底改变对宇宙的认识。我们过去所认为的有一个单一绝对时间的世界，只不过是一个近似：一个碰巧很有用的错觉，只要我们与周围物体的相对速度不是太快就不会穿帮。虽然我们关于时间的日常观念很有用，却不是对实在本性的正确描述。

更糟糕地是，我们在 $t_{运动}$ 和 $t_{静止}$ 所使用的下标运动和静止也不完全正确。深入思考一下这个问题就会发现，当两人都以某个不变的速度和方向运动时（即两人都不加减速或改变方向），我们就无法说哪个人是"静止的"。我们习惯使用"运动"和"静止"之类的词，是因为我们住在覆盖着空气的一块巨大岩石上，当我们身处地球表面或附近时，总是有一个特定

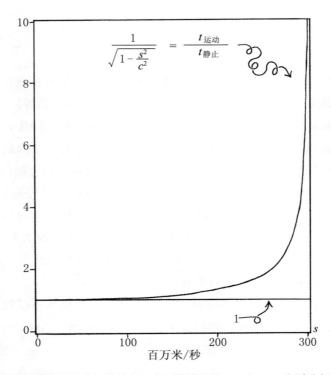

图 1.16　时间延缓的图形化。横轴是速度，纵轴是量 $t_{运动}/t_{静止}$，告诉我们 $t_{运动}$ 比 $t_{静止}$
大多少（即我们对时间的日常观念崩塌了多少）。在我们的日常生活中，我们
感觉时间是统一的，也就是说我们认为 $t_{运动} = t_{静止}$，或 $t_{运动}/t_{静止} = 1$。这就是
图中的水平线。曲线是现实：当你相对某人在运动时，他们的时间似乎走得
慢些。如果速度相对于光速很小，我们对时间的日常观念就非常接近于正
确，相对速度越接近光速（约为每秒 30 万千米），日常观念就越站不住脚。

的参照系**似乎**是"没动的"——即相对于地球保持静止。然而，无论从宇
宙的哪个角度来看，这个参照系都谈不上真正"静止"，并且当我们考虑
在外太空相互漂离的两个人时，这个问题更为明显。每个人都可以认为
对方在运动，而自己保持不动。他们也可以认为两人都在运动。这些想
法都是既对也不对。

　　我们越是深入思考刚才的论证，就越认识到说我的实际速度是多少
多少毫无意义。只有说我们相对于某个我们定义为"静止"的物体的速度
是多少多少才有意义。因此，上面论证的结论要比最初看上去的更加不

可思议。在光时钟的例子中，并不是说甲观察到乙的时间慢一些，乙观察到甲的时间快一些，因此大家都能达成一致。实在要远比这个奇怪。他们**都**会观察到对方的时间慢一些——只要两人都不改变速度或方向——并且两人都没错！你想不想知道，如果双胞胎中的一个人坐接近光速的火箭离开地球，另一个留在家中，当他们最终回来相遇比较时钟时，谁会老一些？很好！搜索双生子佯谬。宇宙很疯狂。我们应该多了解一点。

第 2 章
无穷放大镜的无穷力量

微积分是迄今为止人类智慧发明的最有力的思维武器。

——威廉·本杰明·史密斯(W. B. Smith),

《无穷小分析》(*Infinitesimal Analysis*)

2.1 化繁为简

2.1.1 噢,我倒了!

先说一个关于数学家的笑话。这个笑话不是我说的,但我也不知道是谁说的。准备,开始:

在一次心理学实验中,一位数学家被安排在一个房间里,房间里有水池、烧水壶和火炉。数学家被要求烧一壶水。他拿起空水壶,在水池里接满水,放到火炉上,把火打开。然后他进入另一个房间,房间里有水池、**装满水**的水壶和火炉。他再次被要求烧一壶水。他拿起水壶,将水倒进水池里,然后宣布:"我已经将这个问题转化为了之前已经解决的问题。"

虽然数学家的行为很蠢,这个笑话还是突出了一个重点。它告诉我们解决问题——不仅是数学问题,也包括我们想解决的任何问题——的方法有两种:

1. 直接解决问题。

2. 解决一小部分问题，然后发现余下的问题类似于某个答案已知的问题。然后照做。

换句话说，问题只有在我们不知道如何解决时才难。一旦我们知道如何做了，我们就可以开启自动驾驶模式，然后坐等问题解决。比如，假设我们在某个不熟悉的地方迷路了，想要回家。怎么才能回家呢？通常你不会突然被绊倒摔进你家后院，然后说："噢，到家了。"也就是说，你无法一下解决迷路的问题。更有可能的是你遇到某个你熟悉的地方。你说："噢！那是美沙酮门诊，窗户玻璃是彩色的！我知道从这里怎样去我奶奶家。"到达一个熟悉的地方后，你就能将问题转化为你以前解决过的问题，剩下的事情就简单了。数学就是这样！要深刻理解这一点，最好的方式之一就是发明微积分。现在我们就来尝试一下。

2.2　发明微积分

2.2.1　问题：弯曲的东西让人困惑

在第 1 章我们锻炼了我们的发明技巧，发明了（矩形的）面积和（直线的）陡峭度的概念。显然，直线是直的，矩形也是直线构成的。这些都不是"弯曲的"。不过虽然不弯曲，我们还是能讨论一些相当深入和有趣的东西。例如，在发明面积的概念时，我们可以有把握谈论 n 维物体，也能够确信一个" n 维立方体"的" n 维体积"是 l^n，其中 l 是边长（虽然我们无法画出 3 维以上的物体）。

弯曲的东西呢？比如圆。画圆要比画 n 维立方体容易得多！但是谁敢说自己一眼就能凭直觉"看出"圆的面积公式是什么？**没人敢**。你可能**学过**圆的面积。曾经有人告诉过你，半径为 r 的圆的面积是 πr^2，其中 π 是某个比 3 大一点的神奇的数。但是请忘掉这个。我们还没有发明这个，而且从直觉上也不明显。甚至有一本很畅销的书说 π 等于 3，这本书的名字叫《圣经》，看来就连神也觉得弯曲的东西很难。[①] 这也是为什么我们要

---

① 列王记上，第 7 章，23 节："他又铸一个铜海，样式是圆的，高五肘，径十肘，围三十肘。"

反其道而行，在预备知识之前发明微积分：因为大部分预备知识都或多或少涉及弯曲的东西，而在我们发明微积分之前（尤其是学会如何发明东西之前），几乎无法处理弯曲的东西。因此虽然我们已经做了很多，对于如何处理弯曲的东西还是没有一点线索，让我们一劳永逸地解决它。

2.2.2 尴尬的真相

下面是所有的微积分背后最核心的洞察。它简单得让人尴尬。

所有的微积分

如果放大弯曲的东西，它会显得越来越直。

不仅如此，如果"无穷"放大（管他什么意思），任何弯曲的东西都会显得完全就是直的。而我们知道如何处理直的东西！至少知道一点。如果我们能够掌握无穷放大的思想——如果能发明一个"无穷放大镜"——就能将任何涉及弯曲的东西的问题（难问题）转化为直的东西的问题（简单问题）。如果我们能这样做，也许就能回过头来重新发明那些在高中学到的未经解释的事实。然后我们就不再需要记忆这些，因为随时可以重新发明。

（亲爱的读者，

请停下来深呼吸一下。

这才是数学开始变得有趣的地方。）

2.2.3 无穷放大镜

> 数学的精髓不是将简单的事情变复杂，而是让复杂的事情变简单。
>
> ——斯坦·古德尔（Stan Gudder）

在发明直线的陡峭度的概念时，我们需要选取两个点，这样才能比较它们的水平和垂直位置。具体是**哪**两个点并不重要，只是得选两个。但对于弯曲的东西，随机选两个点似乎行不通，因为如果陡峭度在不断变化(弯曲的东西就是这样)，得出的答案就会取决于选的是哪两个点。那样给出的定义会很难看。不仅如此，我们的大脑似乎对一个点上的陡峭度有直观的认识。如果我们忘掉数学，盯着一个弯曲的东西看(例如这个弯弯扭扭的～～～)，很显然一些地方要比另一些地方更陡峭，虽然我们不知道如何用数字表达到底有多陡峭。有没有办法搞清楚某个一般性的弯曲的东西的**某一个点**上的陡峭度是什么意思？如果我们有一个无穷放大镜，就能将弯曲的东西放大到像是直的，从而将难题变成简单问题。

我们的问题

　　如果我们有一个弯曲的东西(例如，图形不是直线的某台机器 M)，有没有办法说这个弯曲的东西在某个点 x 的"陡峭度"是多少?

有人交给我们一台机器 M 和一个数 x，我们需要搞清楚这个点的"陡峭度"的概念。嗯，想法是这样。让我们观察 M 在 x 附近的图形。也就是说，如果将 x 视为横轴上的某个数，将 $M(x)$ 视为纵轴上的某个数，则横坐标为 x 纵坐标为 $M(x)$ 的点就是机器 M 的图形。我们可以将这个点表示为 $(x，M(x))$。现在来仔细看看这个点。如果我们有一个无穷放大镜，就可以将 M 的这部分图形无限放大。这样我们就会看到直线。而我们已经发明了直线的陡峭度的概念，因此只需将原来的概念应用到彼此无限靠近的两个点就可以了。两个点彼此无限靠近是什么意思？我不知道！我们来自己决定。

我们用**微小量**代表一个无穷小的数。它不是 0，但是小于任何正数。如果你对这个思想感到不安，我们在脚注里细说一下。[①] 下面是一些缩写。放大的点的横坐标为 x，纵坐标为 $M(x)$，无限接近的点横坐标为 $x+$**微小量**，纵坐标为 $M(x+$**微小量**$)$。用另一种方式描述:

---

　　① 你感到不安是对的！这个无穷小的数的思想不清楚，如果我们感到担心，可以将**微小量**想象为 0.00(……)001，在小数点和 1 之间可能有 100 或 1 000 或 10 000 个 0。然后不用无穷放大镜，而是极其强大的放大镜。这样放大后，弯曲的东西不会完全变直，但会很接近直线，如果我们把它当作直的，得出的答案会很接近，几乎注意不到差别。事实上，所有微积分都可以这样处理，因此在用"无穷放大镜"处理问题时，总是有这个不那么优雅但更安全的方法作为后盾，我们可以放心推进这个不那么确定的想法。

$$M \text{ 在 } x \text{ 的陡峭度}$$

$$\equiv \frac{\text{微小爬升}}{\text{微小平移}} \equiv \frac{\text{垂直距离}}{\text{水平距离}} \equiv \frac{M(x+\text{微小量})-M(x)}{(x+\text{微小量})-x} 。$$

所有这些都是同一个思想的不同缩写，但最右边的最重要。请注意最右边底下的$(x+\text{微小量})-x$。两个 x 可以相互抵消，因此我们可以将其重写为：

$$M \text{ 在 } x \text{ 的陡峭度} \equiv \frac{M(x+\text{微小量})-M(x)}{\text{微小量}} 。$$

图 2.1 表现了这个思想。

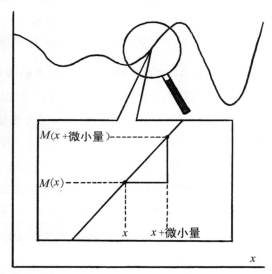

图 2.1　在弯曲的东西上取任意一点并无穷放大。放大后就可以当作直线处理。例如，我们可以将放大点处的"陡峭度"定义为无限接近的两点之间的"平移的同时爬升。"

2.2.4　我们的想法有用吗？用一些简单例子验证一下

这里变得有一点抽象，我们先停下来验证一下，确保想法没有脱轨。当我们发明新概念的时候，可以用一些简单的例子验证一下结果是否符合我们的预期。

无穷小的数让我们可以谈论弯曲的东西的陡峭度，但我们不知道它是否真的有用。至少它应当能印证关于直线的已知结论。如果不行，要么新概念不能成立，要么我们发明的就不是我们想要的东西。让我们看看它是否能给出我们预期的结果。

用最简单的机器试一下

首先用最简单的机器验证一下：$M(x) \equiv 7$。无论放进去什么，这台机器吐出来的都是 7。如果将这台机器"画出来"，将是一条水平线，因此陡峭度为 0。既然我们知道预期的输出是什么，让我们用无穷小的数算一下陡峭度，看看是否等于 0。我们仍然用**微小量**作为很小的数的缩写，可以是无穷小，也可以是"要多小有多小"，随各人喜好。由于 M 总是吐出 7，因此有：

$$M \text{ 在 } x \text{ 的陡峭度}$$

$$\equiv \frac{M(x + \text{微小量}) - M(x)}{\text{微小量}} = \frac{7 - 7}{\text{微小量}} \equiv \frac{0}{\text{微小量}} \equiv 0 \left(\frac{1}{\text{微小量}} \right) = 0 \text{。}$$

然后注意到上面的论证没有用到任何与数字 7 有关的特性，因此对于放进去任何数字总是吐出相同数字的机器来说，上面的论证都能成立。对所有形为 $M(x) \equiv \#$ 的机器，无穷小的数的思想给出的结果都符合我们的预期。继续！

用直线试一下

我们再用另一种简单机器——直线——验证一下我们的思想。在第 1 章，我们发现直线可以用形为 $M(x) \equiv ax + b$ 的机器描述。我们来看看它们的陡峭度如果用无穷小的数来计算是否符合我们的预期（a）。

$$M \text{ 在 } x \text{ 的陡峭度} \equiv \frac{M(x + \text{微小量}) - M(x)}{\text{微小量}}$$

$$\equiv \frac{[a \cdot (x + \text{微小量}) + b] - [ax + b]}{\text{微小量}} = \frac{a \cdot (\text{微小量})}{\text{微小量}} = a \text{。}$$

没错！我们的奇怪想法没有让我们失望。我们再来看看对我们不熟悉的场合是否有效。

用真正弯曲的东西试一下

我们试一下放不放大确实有影响的东西：自乘机器。也就是我们在第 1 章谈论的机器 $M(x)=x^2$。无论放进去什么数，它都会用这个数乘自己然后把结果吐出来。我们来看看用无穷小的数计算点 x 处的陡峭度会怎么样，我们让 x 的具体取值保持未知。

$$M \text{ 在 } x \text{ 的陡峭度} = \frac{M(x+\textbf{微小量})-M(x)}{\textbf{微小量}} = \frac{(x+\textbf{微小量})^2-x^2}{\textbf{微小量}},$$

我们可以用第 1 章的撕东西显然律将 $(x+\textbf{微小量})^2$ 展开为 $x^2+2x(\textbf{微小量})+(\textbf{微小量})^2$。这样上面的语句就变成了

$$M \text{ 在 } x \text{ 的陡峭度} = \frac{\overbrace{x^2+2x(\textbf{微小量})+(\textbf{微小量})^2-x^2}^{\text{两个}x^2\text{项相互抵消}}}{\textbf{微小量}}$$

$$= \frac{\overbrace{2x(\textbf{微小量})+(\textbf{微小量})^2}^{\text{上下同时消除}(\textbf{微小量})}}{\textbf{微小量}}$$

$$= 2x+\textbf{微小量}。$$

我们得到的结果是 $2x+\textbf{微小量}$，由于**微小量**表示无穷小的数，因此答案无限接近 $2x$。如果我们可以接受这种奇怪的推理方式，就可以说：

无穷放大的结果

如果 M 是自乘机器，$M(x)=x^2$，

则 M 在 x 处的陡峭度为 $2x$。

2.2.5　发生了什么？无穷小和极限

现在全世界在教授微积分时都是把它当作对极限过程的研究，而不是其本原：无穷小分析。作为一个大部分时间都以教微积分为生的人，我可以告诉你试图解释复杂而无聊的极限理论有多么让人厌倦。

——鲁迪·拉克（Rudy Rucker），

《无穷和心智》（*Infinity and the Mind*）

有时候知道你的 0 有多大会很有用。

——无名氏

如果无穷小的数的思想让你有点吓到了，你并不孤独！在牛顿发明微积分之后，为了搞清楚类似这样的论证如何才能得出正确答案，人们折腾了一个多世纪。毕竟，它们显得如此荒谬。**微小量**要么是 0 要么不是 0！你不能一会当它不是 0，过了一会又当它是 0？

多年来，人们发明了各种复杂的数学装置，用来将微积分"形式化"，以帮助他们搞清楚微积分到底是怎么回事。这很好！可以佐证我们发明的疯狂思想确实成立，人们这样做我们应当感到高兴。但无穷小的数的思想是如此美丽，而且的确能起作用，不应当被掩盖在各种复杂的数学装置下面。事实上，物理学家在直接使用无穷小的数的概念时胆子更大。他们在计算时就像我们一样，他们得到的答案与数学家一样，但往往更容易。① 现在，一些数学装置严肃地处理无穷小的数的思想，另一些则试图避开这个思想。后面这一种要常见得多，因此我会先介绍前一种，只是出于好奇。

其中一种用来形式化无穷小思想的装置是所谓的"超滤器"。超滤器相当复杂，从不在入门教材中讲授。虽然我们不会去讨论它，但最好还是能知道它的存在，因为这表明至少还是有一种处理微积分的严格方法认真对待了无穷小的思想。

不过，你在所有标准入门课本中看到的装置都是所谓的"极限"，它要简单得多，但目的是一样的：它让数学家们能得到使用无穷小的好处，却又不承认无穷小思想的作用。

"极限"装置的基本思想是这样。不再将**微小量**视为无穷小的数，而是一个要多小有多小的数。也就是说，不把它写成一个具体的数，比如**微小量**＝0.000 01，而是让它的值在同样的计算过程中保持未知。可以想象成在**微小量**上装了一个旋钮，可以调整到想要的大小，只要不完全等

---

① 在这本书中我们会看到，当我们进入更高级的主题时，这个差别更加明显。

于 0。但是请注意整个推理的基础是 M 在 x 处的陡峭度可以通过自认为它是完美的直线求出。而这只有当**微小量**被降到 0（即无穷放大）时才能成立。因此与我们的写法不一样，你会在标准课本中看到类似这样的写法。请先熟悉一下这些奇怪的新贵，然后我会向你解释这和我们做的其实本质上是一样的。

$$M'(x) \equiv \lim_{h \to 0} \left[\frac{M(x+h) - M(x)}{h} \right]$$

$$= \lim_{h \to 0} \left[\frac{(x+h)^2 - x^2}{h} \right] = \lim_{h \to 0} \left[\frac{2xh + h^2}{h} \right] = \lim_{h \to 0} [2x + h] = 2x.$$

这是什么意思？让我们翻译一下。

首先，他们使用的是字母 h 而不是**微小量**。我不知道为什么他们用 h，我怀疑是"水平（Horizontal）"的缩写，因为 x 的微小改变会导致水平轴上的微小变化。其次，课本上不是像我们一样用"M 在 x 处的陡峭度"，而是缩写为 $M'(x)$。这也可以，写起来还快些。[①] 第三，在左边有很古怪的东西：

$$\lim_{h \to 0}$$

这个装置让我们可以避免思考无穷小，如果我们想这样做的话。上面的符号读作"当 h 趋近 0 时……的极限"，意思大概是这样：

缩写 $\lim_{h \to 0}[\cdots]$ 的意思

将 h 视为常规的数，而不是无穷小，计算括号里面的东西。然后，当我们将分母里的 h 都消除后（这样我们就不用担心除以 0）我们将 h 的旋钮调得越来越小。例如当 h 越来越趋近 0 时，$3 + h$ 会越来越趋近 3，更复杂的像 $79x^{999} + 200x^2h + h^5$ 会越来越趋近 $79x^{999}$。

当我们想象无穷放大时，这是做同一件事情的另一种很棒的方式，但如果不解释清楚为什么这样做，会让人很困惑。一方面它让事情变得更简单了，因为我们不用担心无穷小的意义。但从另一方面来说它又让事情变得更难了，因为学生不总是能明白为什么要学"极限"这个奇怪的

---

① 撇号缩写的意思是"放大 $M(x)$，像直线一样计算其斜率。"

东西，尤其是学习极限往往是在前面，后面才会知道将弯曲的问题变成直的问题的思想，以及通过放大来定义弯曲的东西的斜率。也就是说，他们教我们学习极限时，我们不知道为什么要学，他们在告诉我们原因之前就先把极限发明出来了。人们觉得微积分让人困惑也就不足为奇了。

　　如果想避免为无穷小的意义担心的话，有几种（可选的！）装置可以做到这一点，极限只是其中之一。在这本书中，我们偶尔会用到极限，也偶尔会用到无穷小，这样你对两者都会习惯。幸运地是，用任何一种方法都能得到同样的答案，因此你可以想用哪种就用哪种。

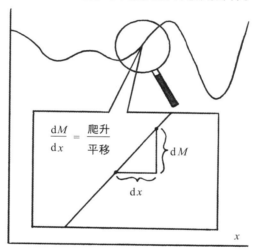

图 2.2　机器 M 的陡峭度（或"导数"）有时候也缩写为 $\dfrac{\mathrm{d}M}{\mathrm{d}x}$。这里解释了原因。

2.2.6　理清缩写

　　在前一节我们用"M 在 x 处的陡峭度"作为将弯曲的东西放大并将其视为直线计算陡峭度的过程。这太长了一点。有几种缩写这个思想的常用方式，无论哪种的意义都是一样的：

1. M 在 x 处的陡峭度。

2. M 在 x 处的导数。

这是这个概念最常见的名字。它是名词，对应的动词是"求导"，意思是

"求出导数"。

3. $M'(x)$。

这个缩写强调我们可以将陡峭度本身也视为机器。$M'(x)$ 表示这样的机器：如果我们放进去数 x，机器 $M'(x)$ 将吐出原来的机器 M 在点 x 处的**斜率**。

4. $\dfrac{\mathrm{d}M}{\mathrm{d}x}$。

虽然我经常抱怨课本上的缩写，这个缩写与其他的比起来还算是相当不错的。

我们暂且用机器 V 代表"垂直"，用 H 而不是 x 代表机器吞进去的东西。因此我们用 $V(H)$ 而不是 $M(x)$，但只是这几段是这样。这样做是因为我们想画机器的图形，这样它的输出就画在垂直方向上，输入则画在水平方向上。在第 1 章，我们用 h 和 v 代表两点在水平和垂直方向上的距离。在标准课本中 h 和 v 一般被称为 ΔH 和 ΔV，其中 Δ **某个东西**表示"两个位置之间在**某个东西**上的差距"。这也是为什么（当机器 V 刚好是直线时）你有时候会看到斜率被写成这样：

$$\frac{\Delta V}{\Delta H}。$$

这就是第 1 章中的"平移的同时爬升"，或 $\dfrac{v}{h}$。Δ 是希腊字母 d（我觉得更像 D），因此可以将 Δ 作为两个东西之间的"差异"，或两点之间的"距离"的缩写，就像课本中那样：ΔV 表示两点之间的垂直距离，ΔH 表示两点之间的水平距离。因此当机器 V 是直线时，下面这些都是 V 的陡峭度的不同缩写形式：

$$V \text{ 的陡峭度} \equiv \frac{\text{爬升}}{\text{平移}} \equiv \frac{V \text{ 的变化}}{H \text{ 的变化}} \equiv \frac{\Delta V}{\Delta H}。$$

Δ **某个东西**表示两点之间在**某个东西**上的变化，但它基本指的是常规数字的常规变化，而不是涉及无穷小数字的无穷小变化。但现在我们要发明微积分，我们突然发现我们希望区分（没有放大的）常规变化和（放大了的）无穷小变化。这是标准标记法少有的做得很好的地方之一：从涉及常规数字的表示转变为涉及无穷小的表示，只需要从希腊字母转换为拉丁字母(例如，将 Δ 换成 d)。因此当我们使用缩写 d(**某个东西**)表示两个无限接近的点在**某个东西**上的无穷小变化时，就可以写类似上面的一串等式，但现在它们也可以应用于 $V(h)=H^2$ 这类弯曲的东西，而不仅限于直线：

$$V \text{ 的陡峭度} \equiv \frac{\text{微小爬升}}{\text{微小平移}} \equiv \frac{V \text{ 的无穷小变化}}{H \text{ 的无穷小变化}} \equiv \frac{\mathrm{d}V}{\mathrm{d}H} \text{。}$$

这就是为什么你经常会看到机器 M 的导数被表示为 $\frac{\mathrm{d}M}{\mathrm{d}x}$。类似地，后面我们会看到，当课本从字母 Σ[希腊字母 S，表示"求和(sum)"]转变为对应的拉丁字母 S 时(实际是写成∫，看起来像 S)，他们是在玩同样的把戏。在这两个例子中，从希腊字母到对应的拉丁字母的转变表明从普通的涉及常规数字的表达式转变为涉及无穷小的数的表达式。当然，数学中的希腊字母并不总是有这么好的解释。它们被用于各种场合。但至少在这两个例子中(与我们在后面将见到的例子不同)，标准标注法的设计非常棒。

总的来说，上面的缩写指的都是同一个思想，因此我们需要的似乎已经足够了。但很快我们就会看到，在不同的缩写方式之间来回转换具有将复杂的事情变简单(或者反过来)的惊人力量。

2.3　理解放大镜

这一节我们来进一步熟悉无穷放大镜。虽然是我们自己发明的，但我们并不完全清楚自己发明了什么以及它有什么特点。虽然我们发明了这个**思想**，但对这台特殊的机器还没有太多使用经验。这一节我们用各种例子来练习使用它。我们只知道那些能够完全用加和乘描述的机器，因此我们现在还只能摆弄这类机器。

2.3.1　再会自乘机器

我们在 $M(x) \equiv \#$ 这类机器上验证了无穷放大镜的思想，得到了 $M'(x)=0$。我们还在 $M(x) \equiv ax+b$ 这样的机器上进行了验证，得到了

$M'(x) = a$。到此为止我们都只是重新发现我们已经发现了的常规斜率公式，并且没有无穷放大。

然后我们又第一次用弯曲的东西——自乘机器 $M(x) \equiv x^2$——检验了我们的无穷放大镜，并得到了 $M'(x) = 2x$。在继续其他例子之前，让我们用两种不同的方式来解读一下，以确定自己理解了这些。

2.3.2 常规解读：机器的图形是弯曲的

首先是常规方式："画出"$M(x) \equiv x^2$ 并看出图形是弯曲的。这就是我们在图 2.3 中所做的事情。

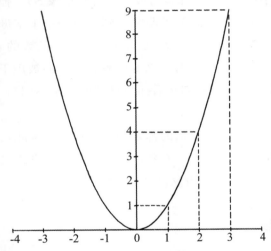

图 2.3 将自乘机器 $M(x) \equiv x^2$ 画成图形。水平方向上的数字是我们放进机器的东西，垂直方向上的数字（高度）告诉我们机器吐出来的是什么。由于图形是弯曲的，在不同的地方有不同的陡峭度，因此语句 $M(x) \equiv x^2$ 告诉我们 x 处的高度，语句 $M'(x) = 2x$ 则告诉我们 x 处的陡峭度。图形的中部（$x = 0$ 处）是平的，因此这里陡峭度应当为 0。正好与 $M'(x)$ 给出的结论是一样的，$M'(0) = 2 \cdot 0 = 0$。

我们想象沿着横轴放一排自乘机器，将横轴上的数放进去然后将它们吐出来的数画在垂直方向上。$x = 3$ 被放进对应数字 3 的机器，吐出来的是 $M(x) = 9$，因此在 $x = 3$ 处弯曲的东西的高度是 9。其他位置上的图形依此类推。

我们随机选取一个点，水平位置为 x，垂直位置为 $M(x)$。然后我们无穷放大这一点的曲线，用我们在第 1 章发明的"平移的同时爬升"方法算这里的陡峭度。结果发现这里的陡峭度是 $M'(x)=2x$。由于 x 的具体数值保持为未知，这就相当于一次性做了无穷多次计算。因此语句 $M'(x)=2x$ 实际上只用几个符号就表达了无穷多个语句。我们来看其中一些说了什么。

有一条语句说的是 $M'(0)=2 \cdot 0=0$。它告诉我们当 $x=0$ 时，曲线的陡峭度为 0。我们观察图 2.3 发现确实是这么回事。这里的图形是水平的，因此陡峭度为 0。$M'(x)=2x$ 中隐含的其他语句呢？下面是其中一些：

1. $M'(1)=2 \cdot 1=2$，当 $x=1$ 时，曲线的陡峭度为 2。

2. $M'\left(\dfrac{1}{2}\right)=2 \cdot \dfrac{1}{2}=1$。当 $x=\dfrac{1}{2}$ 时，曲线的陡峭度为 1。

3. $M'(10)=2 \cdot 10=20$，当 $x=10$ 时，曲线的陡峭度为 20。

还可以继续列举下去，但所有这些语句说的基本都是同一件事情。在水平位置 h 处，曲线的陡峭度刚好为 $2h$。因此陡峭度总是选取点与 0 的水平距离的两倍。所以我们也可以理解为什么 M 的图形爬升得越来越快。随着水平位置离 0 越来越远，陡峭度也越来越高。

2.3.3　解读舞蹈：机器与弯曲无关

前一节我们对语句"机器 $M(x) \equiv x^2$ 的导数为 $M'(x)=2x$"进行了常规解读。这个解读与机器 M 的图形有关，发现不同的位置有不同的陡峭度，并将导数解读为不同位置的陡峭度。

但我承诺过还要用另一种方式解读，现在我们来看看。我们将通过另一种思维方式得到相同的结论。首先，注意到我们不一定需要用画图来将自乘机器形象化。我们可以将 $M(x) \equiv x^2$ 视为边长为 x 的正方形的面积。既然是不同的思维方式，我们可以用缩写 A 替代 M，用 l 替代 x。这样我们就得到了 $A(l) \equiv l^2$，我们谈论的仍然是同一台机器，只是现在我们不再将其视为弯曲的东西。

在微积分中经常是这样，我们得到一台机器，然后问这样的问题，"如果将放进去的东西改变一点点，机器的反应会有什么变化？"鉴于 d 是

"差异(Difference)"的首字母，l 是"长度(Length)"的首字母，我们可以用缩写 $\mathrm{d}l$ 来表示长度的微小变化。我们可以将 $\mathrm{d}l$ 视为正方形边长的变化，因此 $l_{变化后}\equiv l_{变化前}+\mathrm{d}l$。当长度改变了一点点，我们可以问面积如何改变。变化之前的面积是 l^2，变化之后的面积是 $(l+\mathrm{d}l)^2$。我们把这些写到方框里。

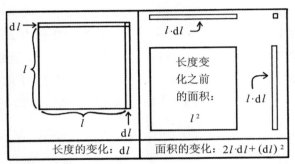

图 2.4　理解自乘机器 $A(l)\equiv l^2$ 的导数的另一种方式。最开始有一个边长为 l 的正方形。然后让 l 变化一点点成为 $l+\mathrm{d}l$，看面积如何变化。从图中可以看出，面积的变化是 $\mathrm{d}A=A_{变化后}-A_{变化前}=2(l\cdot \mathrm{d}l)+(\mathrm{d}l)^2$。因此在 $\mathrm{d}l$ 缩减为 0 之前，可以得到 $\dfrac{\mathrm{d}A}{\mathrm{d}l}=2l+\mathrm{d}l$。然后将 $\mathrm{d}l$ 缩减为 0（如果你愿意，可以从一开始就将其视为"无穷小"），得到导数 $\dfrac{\mathrm{d}A}{\mathrm{d}l}=2l$。

我们可以认为语句 $\dfrac{\mathrm{d}A}{\mathrm{d}l}=2l+\mathrm{d}l$ 说的是两个细长的矩形缩成了两条线（因此是 $2l$），而小正方形则缩成了一个点（因此是 $\mathrm{d}l$），只将线增加了无穷小的长度，因此可以忽略掉，只写 $\dfrac{\mathrm{d}A}{\mathrm{d}l}=2l$。

正方形的微小变化：

变化之前的边长：l

变化之后的边长：$l+\mathrm{d}l$

边长的变化：$\mathrm{d}l=l_{变化后}-l_{变化前}$

变化之前的面积：l^2

变化之后的面积：$(l+\mathrm{d}l)^2$

面积的变化：$\mathrm{d}A=A_{变化后}-A_{变化前}$

我们让放进机器的数变化了一点。机器吐出来的数会有什么变化呢？我们可以画图。图 2.4 展示了当边长变化一点点时，面积会如何变化。可以用多种方式缩写面积的变化：

$$\mathrm{d}A \equiv A_{\text{变化后}} - A_{\text{变化前}} \equiv A(l+\mathrm{d}l) - A(l)。$$

从图中可以看出面积的变化是

$$\mathrm{d}A = 2(l \cdot \mathrm{d}l) + (\mathrm{d}l)^2，$$

这其实就是说

$$\frac{\mathrm{d}A}{\mathrm{d}l} = 2l + \mathrm{d}l，$$

然后将 $\mathrm{d}l$ 缩减为 0（如果你愿意，可以从一开始就将其视为无穷小，因此 $2l+\mathrm{d}l$ 与 $2l$ 无法区分），我们发现自乘机器 $A(l) \equiv l^2$ 的"导数"是

$$\frac{\mathrm{d}A}{\mathrm{d}l} = 2l。$$

这与我们在前面发现的语句 $M'(x) = 2x$ 是一样的。两者说的都是自乘机器对放进去的任何数的"导数"或"陡峭度"或"变化率"都是这个数本身的两倍大。

2.3.4　我们已经做了哪些

目前我们还只会思考能完全用加和乘描述的机器。你可能还听说过其他一些奇怪的机器，比如 $\sin(x)$、$\ln(x)$、$\cos(x)$、或 e^x。我们对它们还一无所知，我们也不知道圆的面积和 π 之类的东西。除了加和乘、机器的思想、如何发明数学概念、以及一点点微积分，我们对其他的知之甚少。我们用简单的矩形发明了"面积"的概念，又用简单的直线发明了"陡峭度"的概念。然后我们发现如果可以无穷放大，弯曲的东西会变成直的，因此又发明了无穷放大镜的思想。这样我们就能谈论图形弯曲的机器 M 的陡峭度，只要求无限接近的两点之间的"平移的同时爬升"就可以了：

$$\frac{\mathrm{d}M}{\mathrm{d}x} = \frac{\text{微小爬升}}{\text{微小平移}} = \frac{M(x+\mathrm{d}x) - M(x)}{\mathrm{d}x}。$$

虽然我们感觉这个思想应当也适用于目前我们所能描述的任何机器，但

我们还没有充分运用无穷放大镜。到目前为止，我们还只在常数机器、直线和自乘机器上进行了应用。其中只有最后一个是弯曲的，因此我们其实还只对一个例子充分运用了无穷放大镜。下面我们再做一些尝试。

2.3.5 更疯狂的机器

机器 $M(x) \equiv x^3$

如果想继续测试无穷放大镜，需要给出一些机器。我们先试一下 $M(x) \equiv x^3$。前面我们用**微小量**和 $\mathrm{d}x$ 这两个缩写来表示很小（几乎无穷小）的数。我们还用了 $\mathrm{d}l$，不过用法与 $\mathrm{d}x$ 相同。两者都能用，不过都有点繁琐。我们可以用单字母缩写 t 表示**微小量**。同前面一样，t 是很小（几乎无穷小）的数。我们准备把 x 放进机器，然后把 $x+t$ 放进机器，看机器的反应有什么变化。我们用 $\mathrm{d}M$ 作为反应变化的缩写，$\mathrm{d}M \equiv M(x+t)-M(x)$。因此

$$\mathrm{d}M \equiv M(x+t)-M(x)=(x+t)^3-x^3, \qquad (2.1)$$

$(x+t)^3$ 中包含有 x^3，可以与 $\mathrm{d}M$ 的右边负的 x^3 抵消，不过我们还是得对 $(x+t)^3$ 进行分解才能知道留下了什么。（很快我们就会发现一条更快的捷径。）

$$(x+t)^3 \equiv (x+t)(x+t)(x+t)=x^3+3x^2t+3t^2x+t^3。 \qquad (2.2)$$

这条语句很丑陋，没有人想去记忆它。幸运地是，我们在第 1 章知道了如何把它发明出来，可以画图，也可以多用几次撕东西显然律。虽然很丑，等式 (2.2) 还是给出了 2.1 的另一种表现形式。即：

$$\mathrm{d}M \equiv M(x+t)-M(x) \overset{(2.1)}{=\!=\!=\!=} (z+t)^3-x^3 \overset{(2.2)}{=\!=\!=\!=} 3x^2t+3t^2x+t^3,$$

等号上面的标号提醒我们，如果不知道原因，可以参考哪个等式。每一项都至少有一个 t，因此两边同时除以 t，得到

$$\frac{M(x+t)-M(x)}{t}=3x^2+3xt+t^2,$$

其中 $3x^2$ 是唯一不含 t 的项。而 t 是无穷小的数的缩写，你也可以认为它是非常小，小得注意不到的数。因此我们可以将等式重写为

$$\frac{M(x+t)-M(x)}{t}=3x^2+消失项(t),$$

消失项(t)表示当 t 趋近于 0 时，这一项将要消失，因此左边那一项就是两个非常接近的点之间的"平移的同时爬升"，当 t 变成 0 时，它就是 M 的导数。所以将 t 变成 0 得到

$$M'(x)=3x^2,$$

对不对？目前我们还不知道。让我们继续，也许最终我们会明白这一切是怎么回事。（不要着急，会清楚的。）

机器 $M(x)\equiv x^n$

上一个例子中最难的部分不是微积分，就这方面来说其实只需要将所有含有 t 的项舍弃。最难的部分是将$(x+t)^3$ 展开，很繁琐。我们来试试看能不能**不用**全部展开就可以求出机器 $M(x)\equiv x^4$ 的导数（即对其应用无穷放大镜）。同前面一样，我们要计算这个：

$$\frac{M(x+t)-M(x)}{t}\equiv\frac{(x+t)^4-x^4}{t}=?,$$

其中 t 是某个很小的数。我们需要想办法消除底下的 t，[①] 然后就能将 t 变成 0。

怎样才能避免展开$(x+t)^4$ 呢？为什么要避免这样做？因为完全展开它基本是力气活。我们这样做会浪费时间，更重要地是，这不会有助于我们学会解决$(x+t)^{999}$ 或$(x+t)^n$ 这样的问题。因此我们不去展开它，只需大致弄清楚展开后是什么样子。$(x+t)^4$ 是$(x+t)(x+t)(x+t)(x+t)$的缩写。我们可以将其看作 4 个袋子，每个袋子里有两样东西：x 和 t。如果我们花时间去展开，得到的就是一堆加在一起的各种项。我们不关心完整的展开结果，只想知道各项大概是什么样子，这样我们就能对最后的结果有大致的了解。假设我们这样缩写：

---

① 为什么要消除底下的 t？因为（**微小量/微小量**）不一定是很小的数！类似的，如果（**某个东西**）是某个常规的数，不是无穷小，则（**某个东西**）（微小量）/（微小量）也不是无穷小。它正好等于（**某个东西**）。因此我们消除底下的 t 是因为它让我们无法知道哪些项是真的无穷小，哪些项又是类似 2 或 78 这样常规的数。

$$(x+t)(x+t)(x+t)(x+t)\equiv(4 \text{个袋子})\equiv(x+t)(3 \text{个袋子}),$$

对最右边应用撕东西显然律，然后关注两项中的一项。就像这样：

$$(4 \text{个袋子})\equiv(x+t)(3 \text{个袋子})$$
$$=x(3 \text{个袋子})+t(3 \text{个袋子})$$
$$=x(3 \text{个袋子})+\cdots 。 \tag{2.3}$$

在上面的等式中，我们打开了一个袋子，将两项拿了出来，然后关注其中一项。请注意，我们并不关心具体哪一项。我们只想知道最终结果中任意的一项是什么样子，从而建立起对最终结果的直觉。因此我们可以只关注其中一项，然后继续把其他袋子打开。每次打开袋子的时候我们应当关注哪一项呢？这并不重要，我们可以随便选。我们可以从第 1 个袋子中选 x，然后从第 2 个中选 t，从第 3 个中选 t，从第 4 个中选 x：x、t、t、x。每打开一个袋子我们选一项，我把每次选的那一项写在等号上。下面等式中的每一行都是等式（2.3）中三个推理步骤——打开、撕、选——的缩略：

$$(4 \text{个袋子})\overset{x}{=}x(3 \text{个袋子})+\cdots$$
$$\overset{t}{=}xt(2 \text{个袋子})+\cdots$$
$$\overset{t}{=}xtt(1 \text{个袋子})+\cdots$$
$$\overset{x}{=}xttx+\cdots 。 \tag{2.4}$$

这并不复杂，但已经给了我们想要的信息。我们还是不知道完整的"展开"结果是什么，但现在我们能看到完整展开式中的每一项都是通过选择建立的。准确的说是 4 次选择：每次从一个袋子中选择一项。我们随机选出了 $xttx$，因此其他所有可能的选择也会出现在最终结果中。因此不用展开 $(x+t)^4$ 我们也能知道完整展开式中会有 $xttx$，同样也会有 $xxxx$、$tttt$、$xttt$、等等。

知道这个对于我们已经够了。用这个简单的知识很容易就能计算出 x^4 甚至 x^n 的导数。让我们回到我们的问题，我们想计算这个：

$$\frac{M(x+t)-M(x)}{t}=\frac{(x+t)^4-x^4}{t}=? 。 \tag{2.5}$$

下面是思维过程：

1. $(x+t)^4$ 的其中一项是 $xxxx$，也就是 x^4，这一项在等式(2.5)中会与负的 x^4 抵消。

2. $(x+t)^4$ 中的某些项只含有一个 t。这个 t 来自 4 个袋子之一，因此只含有一个 t 的应当有 4 项：$txxx$、$xtxx$、$xxtx$ 和 $xxxt$。这些单独的 t 会与等式(2.5)底下的 t 抵消，将这 4 项变成 xxx，即 x^3。4 份 x^3 也就是 $4x^3$。现在这些项中都不再含有 t，因此当我们将 t 变成 0 时，它们将不会消失。我们将所有这些项写为 $t \cdot$ 保留项，以强调它们只含有一个 t，这样当它们除以 t 时，就变成保留项，保留项是一堆不含有 t 的项。在这个例子中，保留项就是 $4x^3$，但写成更通用的形式有助于我们分析 4 以外的其他次幂。

3. 其余项都不止含有一个 t，例如 $ttxx$ 或 $txxt$。等式(2.5)下面的 t 会抵消其中一个 t，但这样它们都至少还有一个 t，因此当 t 变成 0 时这项都会消失。我们将这些项记为 $t \cdot$ 消失项(t) 以强调它们在除以 t 后还会含有 t。

采用这种方式，我们就能将等式(2.5)用我们刚才拟定的缩写重新写出来，得到：

$$\frac{M(x+t)-M(x)}{t} = \frac{x^4 + [t \cdot 保留项] + [t \cdot 消失项(t)] - x^4}{t}。 \quad (2.6)$$

x^4 项会相互抵消，然后可以消除 t 得到

$$\frac{M(x+t)-M(x)}{t} = 保留项 + 消失项(t)。 \quad (2.7)$$

然后假设 t 越来越小，趋近于 0。这对保留项没有影响，但会干掉消失项。左边变成 M 的导数，写作 $M'(x)$。最后我们得到

$$M'(x) = 保留项。 \quad (2.8)$$

哈！M 的导数就是我们说的保留项，在这个例子中是 $4x^3$。但在整个论证过程中，我们并没有限定幂只能是 4。因此同样的论证对更通用的形式 $(x+t)^n$ 也能成立，无论 n 是多少。

因为我们懒得用常规的方式展开 $(x+t)^4$，所以我们寻找通用的模式。这种奇怪的论证带来的好处是，我们很快就能求出 x^n 的导数，无论

n 是多少！要在 n 保持为未知的情况下求 x^n 的导数，我们需要计算：

$$\frac{(x+t)^n - x^n}{t} = ?。 \tag{2.9}$$

同前面一样，我们可以用袋子来思考。这次我们有 n 个袋子：

$$(x+t)^n = \underbrace{(x+t)(x+t)\cdots(x+t)}_{n\text{次}}, \tag{2.10}$$

$(x+t)^n$ 的每一项都是将 n 个东西相乘，有各种数量的 x 和 t。例如，有一项只有 x，

$$\underbrace{xxxx\cdots xxxx}_{n\text{次}},$$

即 x^n，它会与等式(2.9)中负的 x^n 抵消。有一项是第二个位置和最后一个位置是 t，其余的都是 x，就像这样：

$$\underbrace{xtxx\cdots xxxt}_{n\text{个，有2个是}t}。$$

但这一项有 2 个 t，因此即便与等式(2.9)底下的 t 相除，仍然还有一个 t，因此当 t 趋向于 0 时这一项将会消失，其他有 2 个或更多 t 的项也是一样。

因此我们不用根据某个复杂的公式来展开 $(x+t)^n$。[①] 同前面一样，只有那些有 1 个 t 的项会对导数有影响，因为这一项在与等式(2.9)底下的 t 相除后会保留下来。这样的项包括 $txxx\cdots xxxx$、$xtxx\cdots xxxx$，等等，但其实就是 tx^{n-1}。t 可以是来自 n 个袋子中的任意一个，因此这个相同的项正好出现了 n 次。

$$t\cdot\text{保留项} = \underbrace{tx^{n-1}+tx^{n-1}+\cdots+tx^{n-1}}_{n\text{次}}, \tag{2.11}$$

我们可以将其写成：

$$t\cdot\text{保留项} = ntx^{n-1}, \tag{2.12}$$

两边的 t 抵消后得到

$$\text{保留项} = nx^{n-1}。 \tag{2.13}$$

---

① 这个复杂的公式在教科书上被称为"二项式定理"。其实就是用一种复杂的方式谈论我们说的袋子，用一种奇怪的标记法。我们不需要它也完全能做到。

根据前面同样的推理，保留项就是机器 $M(x)\equiv x^n$ 的导数，因此我们可以将这一节总结为

我们刚才所发明的

如果 $M(x)\equiv x^n$，

则 $M'(x)=nx^{n-1}$

你可能对 $n=2$ 和 $n=3$ 的结果比这一节关于保留项的疯狂结果感到更放心，但其实我们可以用原来的结果来验证我们的新结果！如果我们是对的，无论 n 是多少，$M(x)\equiv x^n$ 这样的机器的导数都应当是 $M'(x)=nx^{n-1}$，那这个公式就应当能印证我们原来的结果，否则它就是错的。也就是说，我们的新公式要能够得出 x^2 的导数是 $2x$，x^3 的导数是 $3x^2$。事实的确如此！当 $n=2$，式子 nx^{n-1} 就是 $2x$；当 $n=3$，它就是 $3x^2$。你可能还会争辩说，"我们不能因为这个论证与我们所知的两个例子相符就完全确信它是对的！"你是对的，但这还是能让我们更加相信自己在正确的轨道上，并且在推理的过程中没有犯错。在发明数学的过程中，是不是应当相信总是取决于我们自己，因为我们的数学世界并不是来自哪本有现成答案的书本。

2.3.6　一次性描述我们所有的机器：超级未知的缩写

我们已经用一堆特殊的机器测试了无穷放大镜，下一步该干什么呢？到目前为止，我们唯一知道的机器是能完全用加和乘描述的机器。这句话我们说了好多次了，因此值得问一问它到底是什么意思。**能够**用加和乘"完全描述"的机器是什么样的机器？描述中能不能用到除？答案似乎应当是不能，因为除并没有真正存在于我们的世界。但似乎又可以。在我们的世界中，数字 $\dfrac{1}{s}$ 就是与 s 相乘得 1 的那个数。那只能用加和乘描述到底是什么意思呢？

这其实只是一个如何用词的问题，因此我们现在不用太过担心。至少到目前为止，我们还不允许在描述中用到"除"，这只不过意味着我们暂时排除类似 $m(s)\equiv\dfrac{1}{s}$ 这样的机器。什么样的机器是我们能够描述的

呢？下面列出了一些：

1. $m(s) \equiv s^3$；
2. $r(q) \equiv q^2 - 53q + 9$；
3. $f(u) \equiv 5u^2 + 7u^3 - 92u^{79}$。

我们对这些具体的机器并不感兴趣，但我们喜欢无穷放大镜，希望能更好地利用它。当我们列出越来越多能够用加和乘描述的机器，就会发现其中似乎存在模式。我们目前能够描述的所有机器都有共同的结构。它们都是由这样的项组成：

$$（某个数）\cdot（食物）^{某个数}，$$

其中**"食物"**是我们喂给机器吃的东西的缩写（课本上称为"变量"），前后两个**某个数**不一定相同。我们在前面列出的所有机器，以及目前我们能够完全描述的所有机器，本质上都是将一堆这样的项加到一起。为什么不是"加和乘"到一起？问得好！那是因为类似（**某个数**）·（**食物**）^{某个数}的两项相乘后，又会产生相同的结构。ax^n 和 bx^m 相乘得到 $(ab)x^{n+m}$，仍然是（**某个数**）·（**食物**）^{某个数}这样的形式。所以我们能够用加和乘完全描述的机器都能够通过对这样的项进行加总得到。让我们构造一些缩写以便于从总体上谈论这类机器。

对各种不同的数字我们需要有不同的缩写。只有在 ♯ 是正整数时我们才知道（**某个东西**）$^♯$ 是什么意思，[①] 因此在我们的世界中，（到目前！）还没有负的或分数幂这样的东西。既然目前我们还只能思考整数幂，我们就能把所有的机器写成这样：

$$M(x) \equiv ♯_0 + ♯_1 x^1 + ♯_2 x^2 + \cdots + ♯_n x^n, \tag{2.14}$$

其中 n 是特定机器的描述中出现的最大次幂，符号 $♯_0$，$♯_1$，$♯_2$，$\cdots$，$♯_n$ 是各项前面的数的缩写。我们给它们加上脚标以便区分，这样我们就不用每个数都用不同的字母表示。脚标从 0 而不是 1 开始，为的是与幂保持一致，这样各项的形式就是 $♯_k x^k$，而不是 $♯_k x^{k-1}$（第一项除外）。之所

---

① 请记住（**某个东西**）$^♯$ 就是（**某个东西**）（**某个东西**）$\cdots$（**某个东西**）的缩写，其中 ♯ 是某个东西出现的次数。如果我们保持一致，（**某个东西**）^{1} 就应当是（**某个东西**）的另一种写法。

以这样做，唯一的动机是美观。如果我们把 x^0 视为 1 的缩写，那么每一项（包括第一项）的形式就都是 $\sharp_k x^k$。（之所以选择 $x^0 = 1$ 其实还有一个更好的理由。在下一插曲中我们会看到。）到目前为止，我们之所以将 x^0 作为 1 的缩写完全是因为美观，好让等式（2.14）中的每一项的形式都是 $\sharp_k x^k$。目前我们也没有理由从原则上怀疑 0 次幂的确等于 1。我们只是在缩写。

这样等式（2.14）就是目前我们所能谈论的**所有**机器的缩写。描述这些机器时要写那么多项和省略号有点烦。我们可以发明更简略的形式。我们可以将等式（2.14）的右边缩写成这样：

加总（$\sharp_k x^k$），其中 k 从 0 开始一直到 n，

但这还是有点笨拙。我们只需要提醒自己 k 从哪开始到哪结束，没必要写那么多字，所以我们进一步将它缩写成这样：

$$\text{加总}(\sharp_k x^k)_{k=0}^{k=n}。$$

课本上常用的形式是

$$\sum_{k=0}^{n} \sharp_k x^k。$$

课本上通常是用 c（c 表示"常数"）而不是 $\sharp$。它们用 $\sum$（S 的希腊字母），因为 S 是"求和（Sum）"的首字母。这种写法在习惯之前会有点吓人，但其实只不过是等式（2.14）右边的缩写。如果你不喜欢用 $\sum$，也可以用原来那种形式。

这样我们就有了可以一次性谈论所有机器的缩写。既然我们有了缩写，干脆再给它们起个名字，免得总是说"可以用加和乘完全描述的机器"。我们可以称它们为"加乘机器"。根据以往的经验，你可能会想课本上是不是也有相应的名字。的确是这样！课本上称它们为"多项式"，这个名字并没有好到哪里去。[1]

无论怎样，如果我们想在加乘机器上应用无穷放大镜，我们的应用技巧就得上升到一个新的高度。不过在此之前，让我们总结一下前面讨

---

[1]　当然，"加乘机器"也不怎么样，有点笨拙。但至少能提醒我们在谈论什么。

论的内容，正式一点写在方框里。

超级未知的缩写

左边的奇怪符号只不过是右边这些东西的缩写：

$$\sum_{k=0}^{n} \#_k x^k \equiv \#_0 x^0 + \#_1 x^1 + \#_2 x^2 + \cdots + \#_n x^n。$$

为什么：我们给出这个缩写是因为我们想谈论能完全用加和乘描述的**任何**机器。

另外：数字符号（例如，$\#_0$，$\#_1$，$\#_2$，$\cdots$，$\#_n$）就是 7、52 或 3/2 这样的常规数字。用 $\#$ 这样的符号表示（而不是写成具体的数字比如 7）可以让数字保持未知。这样我们就能一次性谈论无穷多种机器。

名称：我们将这类机器称为"加乘机器。"课本上通常称它们为"多项式"。

2.3.7　将难题分解成简单的问题

目前我们还只有两种方法求机器的导数。一种是利用导数的定义——即将第 1 章斜率的定义应用于无限接近的两个点。如果有谁给我们一台机器 M，我们可以这样求它的导数：

$$M'(x) \equiv \frac{M(x+\text{微小量}) - M(x)}{\text{微小量}},$$

其中**微小量**表示某个无穷小的数（你可以认为是某个很小的数，不一定非得无穷小，然后在消去分母中的**微小量**之后再让它趋近于 0）。

还有一种求导数的方法是问我们自己："我们有没有求过类似的导数？"例如，我们知道类似 $M(x) \equiv x^n$ 的机器的导数是 $M'(x) = nx^{n-1}$，其中 n 是整数。我们可以给这个规律起个名字叫"幂次方法则"，就像课本上那样，当然这是我们自己发现的，利用了导数的定义。所以我猜我们其实只有一种求导数的方法：定义。同数学中的其他"定律"一样，它们并不真的是定律，它们只不过是我们根据定义发现的东西的名称。我们自己创造的概念定义源自模糊定性的日常概念，并且当我们不是很清楚该如何做的时候还会诉诸美学甚至率性而为。数学就是这么古怪……

既然我们已经得出了可以描述我们的世界中所有机器的足够大又足够未知的缩写，就可以用加乘机器来检验一下我们对无穷放大镜的掌握程度。不过虽然我们将所有的机器浓缩在一个缩写中，它还是相当复杂。如果将式子

$$M(x) \equiv \sum_{k=0}^{n} \#_k x^k \tag{2.15}$$

直接代入导数的定义，得到的将是一团乱麻，不知道如何下手。我们可以尝试将难问题分解成几个我们能够解答的简单问题。

我们已经发现：任何加乘机器都只不过是一堆更简单的项相加。从等式(2.15)可以看出，这些更简单的项的形式是 $\#_k x^k$，其中 k 是某个整数，$\#_k$ 可以是任意数，不一定是整数。如果我们能求出类似 $\#x^n$ 的机器的导数，然后将这些项的导数相加，也许就能得到总的导数。如果是这样，我们就能知道如何将无穷放大镜应用于**任何**加乘机器。到那时，我们就能征服我们的整个世界。

单项：$\#x^n$

我们已经知道如何对 x^n 应用无穷放大镜。它的导数是 nx^{n-1}。因此我们的问题是当我们求 $\#x^n$ 的导数时，如何处理数 $\#$。我们可以定义 $m(x) \equiv \#x^n$，然后对其求导。将斜率定义应用于无限接近的两个点：

$$\frac{m(x+t) - m(x)}{t} \equiv \frac{\#(x+t)^n - \#x^n}{t} = \# \left(\frac{(x+t)^n - x^n}{t} \right),$$

其中 t 是某个很小的数，我们可以想象在它上面装了旋钮。如果我们调整旋钮，让 t 趋近于 0，最左边就变成了导数的定义 $m'(x)$。最右边呢？$\#$ 是一个数，因此当 t 减小时，$\#$ 保持不变，而 $\#$ 的右边就是 x^n 的导数，我们已经求出来了。因此正如我们所希望的，数 $\#$ 可以提取出来，$m(x) \equiv \#x^n$ 的导数就是

$$m'(x) = \#nx^{n-1}。$$

但是等一下……除了最后一步，我们并没有用到机器 x^n 的任何特殊属性。这个论证能不能推广？我们来看看如果 $m(x)$ 是(某个数)乘以(某

台机器），或者说 $m(x) \equiv \# f(x)$，这个论证是不是也能成立。也就是说，这两台几乎一样的机器的导数是不是存在某种关系？我们可以进行同样的论证：

$$\frac{m(x+t)-m(x)}{t} \equiv \frac{\# f(x+t)-\# f(x)}{t} = \# \left(\frac{f(x+t)-f(x)}{t}\right),$$

同前面一样，我们让 t 趋近于 0。最左边就变成了 $m'(x)$ 的定义。最右边呢？同前面一样，$\#$ 是一个数，它不受 t 影响，因此当 t 趋近于 0 时 $\#$ 保持不变。$\#$ 右边的项则变成了 $f'(x)$ 的定义。这样我们就发现了与无穷放大镜有关的一个新的事实，机器乘一个数对它有何影响！我们对刚才的发现很自豪，应该写在方框里，用几种不同的方式表达这个思想。

我们刚才发明的

两台几乎一样的机器，差别只是乘了一个数，它们的导数有没有关联？有！

如果 $m(x) \equiv \# f(x)$，则 $m'(x) = \# f'(x)$。

用另一种方式说一遍：

$$[\# f(x)]' = \# f'(x)。$$

用另一种方式再说一遍：

$$\frac{\mathrm{d}}{\mathrm{d}x}[\# f(x)] = \# \frac{\mathrm{d}}{\mathrm{d}x} f(x)。$$

有点疯狂，不过再说一遍：

$$(\# f)' = \#(f')。$$

你还在吗？好吧，再说一遍：

$$\frac{\mathrm{d}(\# f)}{\mathrm{d}x} = \# \frac{\mathrm{d}f}{\mathrm{d}x}。$$

将各项合到一起

在尝试将无穷放大镜应用于加乘机器的过程中，[①] 我们意识到也许可以将这个难题分解成两个简单的问题。一是求 $\# x^n$ 的导数，其中 n 是整

---

① 用课本上的话来说就是"求多项式的导数"。

数。我们解决了这个问题，然后顺着这条思路我们发现同样的论证也可以用于更一般的问题，常数可以从导数中提取出来，$(\sharp f)' = \sharp(f')$。

现在我们来尝试回答第二个"简单"的问题。如果我们的机器是由一堆更小的机器相加得到的，如果我们知道这些更小的机器的导数，能够推出整台机器的导数吗？

假设我们有一台机器，它其实是两台更小的机器挨着放到一起，但有人给它们一起装了个外壳，这样看上去就像一台大机器。假设我们将某个数 x 放进这台大机器，如果第一台机器吐出来 7，第二台机器吐出来 4，我们看见的就是这个大箱子吐出来 11。任何复杂的机器（比如现代计算机）其实都可以这样认为：可以当作一台大机器，也可以当作绑在一起的许多小机器。

这个问题为什么重要？问"一台大机器**到底**是由多少台小机器组成的？"没什么意义。如果一台大机器可以被视为是由两台更简单的机器组成，我们的思路就可以不局限于此。我们可以将其缩写为 $M(x) \equiv f(x) + g(x)$，我们并没有具体指定这些机器是什么机器，所以从中推出的结论适用于任何由两台"更简单"的机器组成的机器。顺着这条思路，我们来看一下从机器 M 的各组成部分的导数是不是能推出"大"机器 M 本身的导数。由于我们没有对小机器 f 和 g 作任何设定，因此只能回到导数的定义，从而得到：

$$\frac{M(x+t) - M(x)}{t} \equiv \frac{[f(x+t) + g(x+t)] - [f(x) + g(x)]}{t}$$

$$= \frac{f(x+t) - f(x) + g(x+t) - g(x)}{t}$$

$$= \frac{f(x+t) - f(x)}{t} + \frac{g(x+t) - g(x)}{t}。$$

第一个等号利用了 M 的定义。第二和第三个等号只是将东西移来移去，试着将 f 和 g 分开。之所以这样做是因为这里的关键是将难题分解成简单的问题，因此最好是能将大机器 M 的导数转化成它的组成部分，f 和 g 的导数。我们的确做到了。现在如果让 t 趋近于 0，等式的左上角就会变成 $M'(x)$。等式下面的两部分则分别变成了 $f'(x)$ 和 $g'(x)$。

这样我们就发现了关于无穷放大镜的一个新的事实，它将帮助我们将难题分解成更简单的问题。同前面一样，让我们把它写在方框里，并且用几种不同的方式表达。

我们刚才发明的

如果 $M(x) \equiv f(x) + g(x)$，大机器 $M(x)$ 的导数与组成部分 $f(x)$ 和 $g(x)$ 的导数之间有关联吗？有！

如果 $M(x) = f(x) + g(x)$，则 $M'(x) = f'(x) + g'(x)$。

用另一种方式说一遍：

$$[f(x) + g(x)]' = f'(x) + g'(x)。$$

用另一种方式再说一遍！

$$\frac{\mathrm{d}}{\mathrm{d}x}(f(x) + g(x)) = \left(\frac{\mathrm{d}}{\mathrm{d}x}f(x)\right) + \left(\frac{\mathrm{d}}{\mathrm{d}x}g(x)\right)。$$

有点疯狂，不过再说一遍：

$$(f + g)' = f' + g'。$$

你还在吗？好吧，再说一遍：

$$\frac{\mathrm{d}(f+g)}{\mathrm{d}x} = \frac{\mathrm{d}f}{\mathrm{d}x} + \frac{\mathrm{d}g}{\mathrm{d}x}。$$

也许对任意多台机器也管用，不过目前我们还不知道：

$$(m_1 + m_2 + \cdots + m_n)' \stackrel{???}{=\!=\!=} m_1' + m_2' + \cdots + m_n'。$$

这样我们就知道了如何处理加到一起的两台机器。但如果将 3 台、100 台或 n 台机器加到一起呢？我们需要从 2 开始为每个数寻找一个新定律吗？仔细想想，就会发现只要认识到了前面的思想的威力，这些问题就会烟消云散。这个思想是这样：

问"一台大机器**到底**是由多少台小机器组成的？"没什么意义。如果一台大机器可以被视为是由两台更简单的机器组成的，我们的思路就可以不局限于此。

同样的哲学也可以应用到任意多项，而不仅仅是两项。如果我们承认一台"大机器"是由一堆机器组合而成，就可以利用一个有趣的技巧。

假设我们有一台大机器可以认为是由 3 个部分加到一起组成。这台大机器的导数是什么？我们只知道当机器是由两个部分组成时，"和的导数是导数之和"，也就是说：

$$(f+g)'=f'+g'。$$

但如果将机器之和也视为机器，我们就可以将简单的两部分之和应用两次，就像这样：

$$[f+g+h]'=[f+(g+h)]'=f'+(g+h)'=f'+g'+h'。$$

第一个等号说的是"暂时先将 $(g+h)$ 视为一台机器"。第二和第三个等号则是应用我们已知的规律：当只有两个组成部分时，你可以分配撇号。我们先将 $(g+h)$ 视为一台机器，对 f 和 $(g+h)$ 应用。然后将 $(g+h)$ 视为两台机器的组合，对 g 和 h 应用。因此对 $(g+h)$ 的认识在中间的等号上改变了。显然同样的推理还可以走得更远。如果有 n 台机器，则下面的等式成立：

$$(m_1+m_2+\cdots+m_n)'=m_1'+m_2'+\cdots+m_n'。$$

这是基于从两台到三台机器同样的推理。我们只需要一遍又一遍应用相同的论证。结论很惊人，因为从"两部分"版的 $(f+g)'=f'+g'$ 我们就直接得到了更通用的版本。通过应用"两部分"版，然后不断改变我们对机器是由哪两部分组成的认识，我们就能得到更大的"n 部分"版！

（远处传来低沉的声音。）

啊哈！又来了！

读者：为什么你老是这样？

作者：那不是我！

读者：（带着怀疑的口吻）……你**确定**？

作者：当然！我和你一样不知道咋回事……我们到了哪里？哦，我想这一节该结束了！让我们继续，亲爱的读者！

2.3.8 我们的世界中最后的问题……目前为止

在上一节我们发明了以下事实：

$$(\sharp M)'=\sharp(M') \tag{2.16}$$

以及

$$(f+g)'=f'+g',\qquad(2.17)$$

其中♯是任意数，M、f 和 g 是**任意**机器，不一定是加乘机器（虽然我们现在还不知道其他类型的机器）。另外我们在前面还发现了 x^n 的导数是

$$(x^n)'=nx^{n-1}。\qquad(2.18)$$

我们还发现"两部分"版的 $(f+g)'=f'+g'$ 与"n 部分"版一样有用：

$$(m_1+m_2+\cdots+m_n)'=m_1'+m_2'+\cdots+m_n'。\qquad(2.19)$$

我们已经获得了将无穷放大镜应用于任意的加乘机器（或者说一次性应用于所有可能的加乘机器）所需的所有要素。可以动手了！前面我们已经知道了缩写

$$M(x)\equiv\sum_{k=0}^{n}\#_k x^k\qquad(2.20)$$

可以让我们谈论任意的加乘机器。现在我们又知道了如何根据各项的导数得到总的导数，也知道如何求各项的导数。因此需要做的就是将这两个发现结合起来，我们必须利用我们所知的一切……至少是目前所知的一切。也就是说，在这一章开始的时候我们发明了无穷放大镜，现在如果能解决最后的问题，就说明我们能将这项发明应用于我们的世界中目前已知的所有机器。

在后面的论证中，我们将看到在一条很长的数学语句中使用不同的等号会多么有用。同以往一样，我用≡表示我们只是在重新缩写，因此你不用担心为什么这部分是对的。下面的论证看上去也许相当复杂，但很多步骤其实都是重新缩写。但是有三步不是。等号上面标注(2.19)表示这是根据等式(2.19)，等式(2.16)和(2.18)的用法也是一样的。这就是我们所需的一切。深呼吸一下，尽量跟上。我们开始吧……

$$[M(x)]'\equiv\Big[\sum_{k=0}^{n}\#_k x^k\Big]'\equiv[\#_0 x^0+\#_1 x^1+\#_2 x^2+\cdots+\#_n x^n]'$$

$$\overset{(2.19)}{=\!=\!=}[\#_0 x^0]'+[\#_1 x^1]'+[\#_2 x^2]'+\cdots+[\#_n x^n]'$$

$$\overset{(2.16)}{=\!=\!=}\#_0[x^0]'+\#_1[x^1]'+\#_2[x^2]'+\cdots+\#_n[x^n]'$$

$$\equiv \sum_{k=0}^{n} \#_k [x^k]'$$

$$\overset{(2.18)}{=\!=\!=\!=} \sum_{k=0}^{n} \#_k k x^{k-1},$$

结束！说实话，大部分步骤都是不必要的，但我想尽可能地慢以免迷失在这些符号中。现在我们知道是怎么回事了，我们可以跳过这些重新缩写进行同样的论证。我们来看这样的论证是什么样的。我们想对这台机器求导：

$$M(x) \equiv \sum_{k=0}^{n} \#_k x^k。 \tag{2.21}$$

这其实就是一堆东西的和。根据等式（2.19）可知和的导数就是各项导数的和，又根据等式（2.16）和（2.18）可知 $\#_k x^k$ 的导数就是 $\#_k k x^{k-1}$。知道了这些，我们就能一步得出上面的结论，从而得到 M 的导数为

$$M'(x) \equiv \sum_{k=0}^{n} \#_k k x^{k-1},$$

我们又做了一遍。这一章其实已经结束了，至少主要部分已经有了。这一章开始的时候，我们想出了无穷放大镜的思想，并用它定义了一个新概念（导数），然后将这个概念应用于我们的世界中目前已知的所有机器。

　　在正式结束这一章之前，让我们稍微放松一下。我们花几页篇幅展示一下通过无穷放大镜顺便获得的新技能，然后简要讨论一下"严格"和"确定性"在数学中的作用。

2.4　在黑暗中狩猎极值

　　极值很有吸引力。观看奥运金牌选手短跑或游泳或投标枪显然要比你的邻居做同样的事情更有观赏性。我们喜欢观看在某项运动中最强的人的优异表现。另一方面，最糟糕的表现也能吸引我们的注意。极值引人注意的原理在数学世界中似乎也成立。通过符号运算来定位极值点——某个量取最大或最小、最高或最低、最好或最坏的地方——应该会很有用，因为我们并不总是能画出研究对象的图形。

当我们发明导数概念的时候，其实已经获得了一个很强大的能力：狩猎机器取得极值的位置的能力。我们甚至不用画出机器的图形！思路是这样。

由于机器的导数告诉了我们机器在某点的斜率，我们可以利用以下事实：在机器的水平点上导数为 0。这样，找出能使得导数为 0 的点就能找到机器 m 的水平点，即确定哪些 x 能让

$$m'(x) \overset{须}{=\!=} 0。$$

如果能够找到这些 x，也就找到了机器的水平点，然后只需检查这些点看极值在哪。关键是我们甚至不用画出机器的图形就能做到这一点。

我们来看一些简单的例子。回到图 2.3，我们画了自乘机器 $m(x) \equiv x^2$ 的图形。从图中可以看出，这台机器没有最大值（随着 x 离 0 越来越远，它变得越来越大，两边都是如此），但它很明显在 $x = 0$ 处取到最小值。现在，即便我们画不出机器的图形，数学也可以告诉我们最小值在哪里。因为 $m(x) \equiv x^2$，我们已经知道了 $m'(x) = 2x$。现在只需将语句"机器在 x 处的导数为 0"写成符号形式，就像这样：

$$m'(x) = 2x \overset{须}{=\!=} 0。$$

我用 $\overset{须}{=\!=}$ 是因为语句 $2x = 0$ 并不总是成立，因此 $\overset{须}{=\!=}$ 提醒我们是在迫使它成立，以便求出有哪些 x 能让这条语句成立。有哪些 x 能让它成立呢？幸运地是，不难看出只有在 $x = 0$ 时才有 $2x = 0$，也就是说机器 $m(x) \equiv x^2$ 有且仅有一个水平点，就是 $x = 0$。这个我们（从前面的图中就）已经知道了，但用熟悉的例子来验证我们的新思想是否能给出预期的答案总是很有用，这样我们就能在我们自己的世界中检验我们得到的东西，而不用求诸于课本或权威人士。

如果是机器 $f(x) \equiv (x-3)^2$ 呢？这台机器与前面的例子有点类似。**（某个东西）**^{2} 在除了**某个东西** $= 0$ 以外的地方都为正，因此我们预计这台机器有且仅有一个水平点 $x = 3$，并且这个点同前面的例子一样也是最小值。

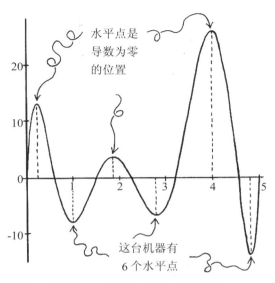

图 2.5　这台机器有 6 个水平点。这些点的横坐标分别是 0.25、1、1.8、2.7、4 和 4.8。不是所有的水平点都是极值，但极值肯定是水平点。这台机器的最大值在水平点 $x=4$，最小值则在水平点 $x≈4.8$。

这都没问题，但假设我们拿到的机器不那么容易看出与(**某个东西**)^2 类似，比如：

$$f(x) \equiv x^2 - 6x + 9,$$

这其实与 $f(x) \equiv (x-3)^2$ 是同一台机器，但从上面的等式中不容易看出有且仅有一个水平点 $x=3$。不过我们还是可以用上面的方法得出结论——计算导数，并令其等于 0：

$$f'(x) = 2x - 6 \overset{须}{=} 0,$$

语句 $2x-6=0$ 与语句 $2x=6$ 说的是同一回事，都是说 $x=3$。因此正如我们所料，我们能够找到这台机器有且仅有一个水平点，位置是 $x=3$。从两个不同的途径得到了同样的结果，这进一步证实了我们的方法有用。

必须强调的是这个方法并不总是能找到给定机器的极值点（即最大值点和最小值点）。不过这并不是数学失败了，而是因为我们忽视了一些明显的事实。让我们用几个例子来说明这一点。假设我们想找到机器 $g(x) \equiv 2x$ 的极值，利用上面的方法，求导并令其等于 0，结果得到

$$g'(x) = 2 \overset{\text{须}}{=\!=} 0,$$

"令导数为 0"法得出了荒谬的 2＝0。难道这表明 2 真的等于 0？但愿不是这样！那是不是意味着"令导数为 0"法无法寻找极值点？也不是。机器 $g(x) \equiv 2x$ 是一条倾斜的直线，直线没有水平点，除非整条线都是水平的（图 2.6 表现了这种情形，其实不用画也能知道）。这个失败不是"令导数为 0"法的缺陷。数学给出 2＝0 这样不可能的结果告诉我们的是假设了某种不可能的东西。

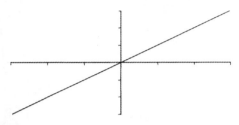

图 2.6　这台机器没有水平点。如果你逼迫数学告诉我们水平点在哪里，它会说 2＝0。不用担心，是我们自己搞乱了。出现这种情况通常是因为我们的假设中存在错误。

　　虽然像图 2.7 这样不幸的例子不会在这本书中经常出现，但还是有必要提一下，因为这有助于你理解数学家奇怪的写作方式。数学家喜欢"反例"——罕见而怪异的违反简单规则的例子，这种喜好使得他们的定理更难理解。例如，数学家可能会这样描述"令导数为 0"法："设 $f:(a, b) \to R$ 为某个函数，设 $x_0 \in (a, b)$ 为 f 的局部极值，如果 f 在 x_0 可导，则 $f'(x_0) = 0$。"这简直是天书，但他们想表述的其实很简单。翻译出来是这样："画出某台机器在图上的最高（或最低）点。机器在这些点必然为水平。当然，除非它是无穷尖的点，就像图 2.7 左边那样。但这种情况不常见。"图 2.7 右边的反例也包括在了上面的定理中，但更隐蔽。这就是为什么天书说：

如果是极大或极小值点，**则**导数为 0。"

而不是说：

如果导数为 0，**则**是极大或极小值点。"

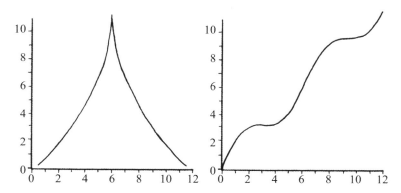

图 2.7　上面我们讨论了通过求导数为 0 的点求机器的最大最小值点。在一个理想的世界中，这个策略应当一直有效，但有些让人讨厌的情形并不是这样。我得大致提一下，虽然后面我们不会遇到。左边的机器有最大值，但位于一个无穷尖的位置，这点的导数并不为 0，所以"令导数为 0"法找不到它。幸运地是，除非我们刻意要求，否则不会出现这种无穷尖的机器，因此在这本书中不会需要找这种机器的极值点。右边的机器有两个水平点，但都不是极值点（也就是说既不是最大值也不是最小值）。对于这种情形，"令导数为 0"法将给出这些没有意义的水平点，它们大致在 $x \approx 3$ 和 $x \approx 9$ 附近（弯曲的等号表示"大约"）

　　如果不是有图 2.7 右边这样的水平点（导数为 0，但**不**是极大值或极小值点），则第二条语句也应当成立。如果这种不幸的例子不存在，我们就可以用第二条语句替代第一条，这将方便得多，因为求"导数为 0"的点经常就是为了找最大或最小值点。

　　好吧！虽然有这些例外，我们还是在这本书中继续利用这个思想：给定机器的极值点通常可以通过求导数为 0 的点找到。当我们将导数的概念推广到更奇异的机器时，我们对这个思想的表述将稍加改变，但中心思想仍然是一样的。对于吞入一个数字吐出一个数字的机器，对于吞入两个数字吐出一个数字的机器，以及吞入 N 个数字吐出一个数字的机器，以及吞入无穷多个数字吐出一个数字的机器，"极值点通常位于导数为 0 的点"的原则始终不变，无论我们的数学世界变得多么奇怪。

2.5 关于严格性

> 我宁愿犯一个有希望的错误，只要它饱含不断自我修正的
> 种子。你就守着你那贫瘠的真理吧。
>
> ——维尔弗雷多·帕累托(Vilfredo Pareto)

这一章我们讨论(和应用)了无穷小的数的思想，这个思想经常被视为数学的图腾。在结束这一章之前，我想探讨一下数学的严格性和确定性。有时候在数学中，你会发现自己在进行奇怪的论证，就像前面的例子那样，而你不确定自己是不是"对的"，或者会不会导致矛盾。没关系！先假设再求证并没有错。现代教科书中的大量数学正是以这种方式被发现，并在后来才修正，而且经常是在首创者去世很久以后。如果有人喜欢将思想形式化和承担整理的工作，那也很好！就像他们说的：我向所有的自己的神发誓我恨代名词。

如果你遇到了某个数学家认为我们的讨论不配称为"真正的数学"，请友好地问他记不记得欧拉，或布尔巴基学派出现之前的任何数学家。欧拉是有史以来最伟大的数学家之一，他曾写过一个怪异的式子：

$$\sum_{n=0}^{\infty} 2^n = -1,$$

左边的是无穷多项正数之和，其实就是

$$1+2+4+8+16+\cdots。$$

这位有史以来最伟大的数学家之一怎么会认为这个等于−1呢?！好吧，其实他是根据一个非常合理的论证链条。他没有疯。如果你第一次看到这个论证，你也会相信他是对的！这里的重点是我们在数学课上感觉到的那种"我怎么知道我对不对？"的谨小慎微其实是应当放下或至少部分放下的感觉。当我们自己发明数学(或其他东西)的时候，我们**不**知道自己是不是对的。没有人知道。我们可能会对某个论证没有信心，然后又通过不同的论证得出了相同的结论。后来的论证可能会让我们更有把握，因为我们通过另一条途径得到了相同的结论，我们对前面的结论会

更加信服。但我们永远不敢说自己已经彻底搞清楚了。①

　　我理解对严格性的渴望，我也是这样。有几年我曾经想去研究数理逻辑，尤其是数学的基础。很少有现代数学家重点关注基础。就像逻辑学家斯蒂芬·辛普森(Stephen Simpson)在他的著名教科书《二阶代数子系统》(*Subsystems of Second Order Arithmetic*)中说的，"令人遗憾，数学基础现在不再热门了。"不过虽然不热门，我还是很着迷这个领域。当时，我非常强调严格性，胜过其他一切。后来我才意识到这种思维扼杀了我的数学创造性。当我开始读这个领域的早期开拓者——哥德尔、丘奇、图灵、克莱因、以及哈维·弗雷德曼、斯蒂芬·辛普森等当代巨人——的一些著名论文时，我才发现这个领域最伟大的头脑在对他们研究的形式语言和形式理论进行推理和阐释时使用的是非常不形式化的语言。他们的证明根据数学的标准具有绝对的严格性，但他们在对这个领域进行思考时并没有将自己禁锢于这种严格之中。这不是缺点，而是优点。物理学家之间流传的古话似乎有道理：太多的严格可能而且的确会导致严格的废话。

2.6　整合

　　提醒一下自己这一章做了什么。

　　1. 我们注意到弯曲的东西通常比直的东西更难处理。不过我们发现如果把弯曲的东西放大，它就会显得越来越直。我们注意到如果我们"无穷"放大(管他是什么意思)，弯曲的东西就会完全变直。也就是说，如果我们有无穷放大镜，就有可能将弯曲的问题变成直的问题。我们不会真的有无穷放大镜，我们只是假装我们有。

　　2. 我们用这个无穷放大镜的思想定义了弯曲的东西的陡峭度。我们用"无限接近的"两个点来计算陡峭度(虽然我们不是很清楚这是什么意

---

　　①　我想克制自己不要在这里提及哥德尔的第二不完备性定理，但还是忍不住要委婉地提到。我也想克制自己不要解释上面的脚注中的笑话，但还是忍不住要提到递归脚注作为一种文学手段没有被充分发扬。

思）。

3. 我们简要探讨了一些人们发明的用来避开无穷小思想的装置。我们偶尔会用到被称为"极限"的装置，但我们通常是直接利用无穷小的思想。我们从这两种方法能得到相同的答案，因此它们可以互相切换。

4. 我们讨论了课本上用来谈论这些思想的各种名称和缩写。课本上通常将 M 在 x 的陡峭度称为"M 在 x 的导数。"常用的缩写包括（1）$M'(x)$，强调 M 的导数本身也可以视为机器，以及（2）$\dfrac{\mathrm{d}M}{\mathrm{d}x}$，强调 M 的导数可以视为无限接近的两个点之间的"平移的同时爬升"。

5. 我们用两个非弯曲的例子检验了我们的新思想：常数机器和直线。我们这样做是为了确保我们的新思想对简单的情形给出的答案符合我们的预期。

6. 然后我们用一些弯曲的机器检验了我们的思想，并最终知道了如何将其应用于我们的世界中目前已知的任何机器：加乘机器，或"多项式"。

7. 我们讨论了导数如何用于帮助寻找机器的极值点，即到达最大或最小值的点。我们解释了为什么这样的极值点通常在令导数 $m'(x)$ 等于 0 的 x 处取到，以及这个思想在什么情况下会不成立。

插曲2：
如何无中生有

无中生有终极版：从缩写到思想?

在开始我们的探险之后不久，我们就引入了幂的概念。用"概念"一词有点不恰当，因为幂并不是一个真正的思想。它们只不过是我们为了方便发明出来的无意义缩写。符号(**某个东西**)^n 只不过是用来缩写

$$\underbrace{(\textbf{某个东西}) \cdot (\textbf{某个东西}) \cdots (\textbf{某个东西})}_{n\text{次}},$$

也就是重复相乘。对幂成立的对相乘也成立，并没有什么是幂独有的。不过，如果你离开我们自己的数学世界，到外面的世界闲逛，你偶尔会听到人们谈论"负数幂"或"分数幂"之类奇怪的东西，还有"零指数幂"，伴随它的是(**某个东西**)^0＝1之类神秘的语句。根据我们目前对幂的定义，看不出为什么(**某个东西**)^0 应该等于1，如果我们把这个缩写展开，(**某个东西**)^0 应该是(**某个东西**)·(**某个东西**)···(**某个东西**)，总共有 0 个(**某个东西**)。看上去应该是 0，而不是 1，对吗？前面我们曾用 $x^0 \equiv 1$ 作为缩写，但只是出于美学动机。它让我们可以将任意的加乘机器表示为更简单的形式，除此之外我们没有理由认为 $x^0 \equiv 1$。

虽然不知道 0 或 −1 或 $\frac{1}{2}$ 这样的幂是什么意思，但我们已经有了一些发明的经验。与其不加思索地接受 x^0 等于 1 的论断，不如看看能不能**发**

明新的途径来拓展幂的思想。也就是说尝试将我们对（**某个东西**）^{n} 的定义拓展到 n 可以是**任意数字**，而不仅仅是正整数。

在对熟悉的定义进行拓展时，我们很快意识到可以有无数种方式这样做。不过，虽然无数种方式都能够拓展幂的概念，但其中大部分都很无趣而且没有什么用。例如，我们可以让（**某个东西**）$^\sharp$ 在 $\sharp$ 等于正整数时与原来的意思一样，但如果 $\sharp$ 不是正整数，就将（**某个东西**）$^\sharp$ 定义为 57。这没什么不对，只是很无趣。它与我们之前的定义相一致，缺点在于对我们完全没有什么用处，我们也不觉得它有趣。

面对无数种选择，我们应当怎样拓展幂的概念呢？显然得有用才行。让我们利用这一点往前推进。我们将采用间接而不是直接的方式来推广我们的定义，根据"让定义有用"的原则，并且同以往一样，认为什么是"有用"取决于我们自己。也就是说，我们需要寻找缩写（**某个东西**）^{n} 的某种性质，我们认为它有用，或者能让我们更方便地处理（**某个东西**）^{n} 这类事物。

我们先看看能不能就之前对（**某个东西**）^{n} 的定义说一些**有用**的。你可能会想："我们想知道的关于（**某个东西**）^{n} 的一切都包含在定义里，如果想对（**某个东西**）^{n} 说些有用的，干嘛不直接给出定义：（**某个东西**）$^n \equiv$（**某个东西**）·（**某个东西**）…（**某个东西**）？"你是对的，但是有一个问题。定义

$$（\textbf{某个东西}）^n \equiv \underbrace{（\textbf{某个东西}）·（\textbf{某个东西}）…（\textbf{某个东西}）}_{n\text{次}}$$

没有告诉我们该如何定义（**某个东西**）$^{-1}$ 或（**某个东西**）$^{1/2}$ 之类的东西，因为原来的定义依赖于（**某个东西**）出现**多少次**的思想。（**某个东西**）怎么可能出现半次或负数次呢？如果我们想用负数幂或分数幂，这种方式显然行不通。我们的目标是选择出原定义的某种性质，要对非正整数的幂也一样能适用。我们来看看下面的思路。

如果 n 是某个正整数（比如 5），我们可以写出这样的语句，比如（**某个东西**）$^5=$（**某个东西**）^{2}（**某个东西**）^{3}，如果将两边的缩写翻译出来，那么左边说的就是"5 个**某个东西**相乘"，右边说的则是"2 个**某个东西**相乘，然后再乘 3 个**某个东西**"。显然两者是一回事。同理，当 n 和 m 是正整数，语句（**某个东西**）$^{n+m}=$（**某个东西**）^{n}（**某个东西**）^{m} 成立，因为两边说的

都是"$(n+m)$ 个**某个东西**相乘。"这当然有用，它表述了与原定义一样的思想，但并不必要求 n 和 m 是整数！因此也许我们能以它为基础构建更广义的幂的概念。下面是重点。

目前我们只是选择说

当 $\sharp$ 不是正整数时我不知道(**某个东西**)$^{\sharp}$ 是什么意思……

但我还是希望以下语句能够成立

(**某个东西**)$^{n+m}$ =(**某个东西**)^{n}(**某个东西**)^{m}。

因此我要求无论(**某个东西**)$^{\sharp}$ 是什么意思，

必须让上面的语句成立。

思考一下方框里的话。这并不复杂，但与学校的数学课讲授的思维方式截然不同。这种思维方式也许让人觉得陌生，但其实比复杂的数字计算更能代表真正的数学推理。这种思维方式是数学发明的核心，而且有大量数学概念就是用这种方式发明的。用这种方式推广概念有两个优点。首先，我们能够通过这种方式将熟悉的事物引入不熟悉的领域。也就是说，当我们面对不熟悉的新事物时不再是无奈地投降，而是利用巧妙的思维技巧，将新事物定义为与我们熟悉的事物相符。技巧就是**间接地**定义事物，不是根据它们是什么，而是根据它们的性质。其次，我们不用再记忆(**某个东西**)^{0} 或(**某个东西**)$^{-1}$ 或(**某个东西**)$^{1/2}$ 之类奇怪的事物是什么意思，我们可以自己推导出来！让我们试一试。

为什么零次幂必须等于 1

我们不知道(**某个东西**)$^{\sharp}$ 的意义是什么，但我们可以要求它的意义必须保证(**某个东西**)$^{a+b}$ =(**某个东西**)^{a}(**某个东西**)^{b} 能够成立，其中 a 和 b 可以是任何数，而不必是正数或整数。根据这条不寻常的思路，让我们来看看(**某个东西**)^{0} 意味着什么。根据方框中的思想，我们可以写：

(**某个东西**)$^{\sharp}$ =(**某个东西**)$^{\sharp+0}$ =(**某个东西**)$^{\sharp}$(**某个东西**)^{0}。

这表明(**某个东西**)^{0} 在与任何数相乘时结果应当不变。因此我猜(**某个东西)^0 应当为 1。这次终于清楚了！我们把它写下来。

> **我们的间接定义要求这个必须成立**
>
> （某个东西）^{0}＝1。

为什么负数幂必须倒立

我们不知道（某个东西）$^{-\#}$ 是什么意思，不过可以再试一下前面的策略。请注意我们在推广时所根据的语句只涉及幂的**相加**：（某个东西）$^{a+b}$＝（某个东西）^{a}（某个东西）^{b}。幂的相减是怎样的呢，比如（某个东西）$^{a-b}$？其实将 $a-b$ 写成（a）＋（$-b$）的形式，就能将原来的语句变成用加法谈论减法。利用这个思想，再加上我们刚刚得到的（某个东西）^{0}＝1，我们可以这样做：

$$1＝（某个东西）^0＝（某个东西）^{\#-\#}$$
$$＝（某个东西）^{\#+(-\#)}＝（某个东西）^{\#}（某个东西）^{-\#}。$$

现在如果两边同时除以（某个东西）$^{\#}$，得出的语句就能告诉我们如何将负数幂用正数幂的语言表示。我们把它写下来：

> **我们的间接定义要求这个必须成立**
>
> （某个东西）$^{-\#}＝\dfrac{1}{（某个东西）^{\#}}$。

在课本上，$\frac{1}{x}$ 这样的项通常被称为 x 的"倒数"。我们并不经常用到这个概念的名称，所以怎么称呼其实无所谓。"倒数"有点不清楚，我们干脆就叫它"倒立"，因为 $\frac{1}{x}$ 就是 x 倒立过来。

为什么分数幂必须是 n 维方体的边长

这样我们就解决了零次幂和负数幂的问题。那么非整数幂呢，比如（某个东西）$^{\frac{1}{n}}$？我们先假设 n 本身是整数，看看能得到什么。

$$(\text{某个东西})=(\text{某个东西})^1=(\text{某个东西})^{\frac{n}{n}}=(\text{某个东西})^{\frac{1}{n}+\frac{1}{n}+\cdots+\frac{1}{n}}$$

$$=\underbrace{(\text{某个东西})^{\frac{1}{n}}\cdot(\text{某个东西})^{\frac{1}{n}}\cdots\cdot(\text{某个东西})^{\frac{1}{n}}}_{n次}.$$

这很奇怪，有我们不熟悉的东西（**某个东西**的 $\frac{1}{n}$ 次幂）。当我们说到"解释"时，是用熟悉的事物来描述不熟悉的事物。这里反过来了！它用一堆我们不熟悉的事物——n 个（$1/n$）次幂——描述**某个东西**。我们说简单点。

我们的间接定义要求这个必须成立

（**某个东西**）$^{\frac{1}{n}}$ 是能让以下语句成立的某个数：

"将我与自己乘 n 次就会得到（**某个东西**）"。

这个过程可以认为是将求 n 维方体"体积"的过程反过来。我们在前面发明了面积的概念，并且认为 n 维方体的 n 维体积应当是 l^n，其中 l 是边长。而我们刚才得到的（**某个东西**）$^{\frac{1}{n}}$ 的定义似乎谈论的也是 n 维方体的体积……不过是反过来。它不是按通常的说法：

从长度到 n 维体积：n 次幂

如果 n 维方体的边长是 l，则体积是 l^n；

而是反过来说。就像这样：

从 n 维体积到长度：（$1/n$）次幂

如果体积是 V，则边长是 $V^{\frac{1}{n}}$，管它是多少。

我认为这就是可笑的"平方根"和"立方根"的说法的由来。如果我们知道正方形的面积（缩写为 A），该怎么求边长呢？如果 A 本身是很疯狂的9235之类的数，我们可能无法求出边长具体的数值，但是没关系。具体的数值不是重点。思想才是。思想是这样：我们知道"边长"是与自己相乘得 A 的某个数。也就是说，边长是能让语句（?）$^2=A$ 成立的某个数（?）。具体是哪个数？我不知道，但这个数可以称为 $A^{\frac{1}{2}}$。即便我们不知道如何求 $7^{\frac{1}{2}}$ 或 $59^{\frac{1}{2}}$ 的具体数值，我们还是能知道这些数的性质和意义：如果正方形的面积是 A，则边长是 $A^{\frac{1}{2}}$。同样的故事对 3 维的立方体也成立，对前面谈论的古怪的 n 维方体也成立（我们画不出来，但是没关系）。

这也就是为什么(**某个东西**)$^{\frac{1}{n}}$经常被称为"(**某个东西**)的 n 次方根"。

"方根"一词并不是必需的:**某个东西**的 n 次方根就是$(1/n)$次幂。"方根"的名称(更不要说它们 $\sqrt{}$ 奇怪的标记法)经常让人觉得"方根"这个词指的是与幂不同(甚至更神秘)的概念。但其实它们没什么神秘的,理解这个概念当然也不需要你知道如何计算任意数的任意次方根!我们还需要发明一些微积分才能知道如何做。但再强调一次,计算具体的数并不是重点。重点是思想以及它们是如何创造出来的。至于幂,同数学中的其他概念一样,背后的思想其实很简单。

第3章
仿佛来自虚空

> 每一门科学，当我们不是将它作为能力和统治力的工具，而是作为人类一代代努力追求的对知识的冒险历程，不是别的，就是这样一种协奏，从一个时期到另一个时期，或多或少，巨大而又丰饶：在不同的时代和世纪，对于依次出现的不同主题，它展现给我们精妙入微的对应，仿佛来自虚空。
>
> ——格罗滕迪克，《收获与播种》(*Récoltes et Semailles*)

3.1 谁人主宰?

3.1.1 从缩写到思想……出于偶然

在插曲 2 中，我们发现了一些很奇怪的东西。我们最初将（**某个东西**）^{n} 作为缩写引入。也就是说，我们只是定义了

$$（\textbf{某个东西}）^n \equiv \underbrace{（\textbf{某个东西}）\cdot（\textbf{某个东西}）\cdots（\textbf{某个东西}）}_{n次}。$$

如果这就是我们对幂的定义，我们可以确信关于幂的概念我们没有什么不清楚的。说穿了，幂其实不是一个真正的原生**概念**。它们只不过是毫无实质内容的缩写。对于它们没有什么好说的。然而，如果本来不是概念的幂不局限于正整数，我们就会遇见一次奇异而壮观的数学创造。我们说：

> 我不知道当 $\sharp$ 不是正整数时 (某个东西)$^{\sharp}$ 是什么意思……
>
> 但我希望这条语句保持成立：
>
> (某个东西)$^{n+m}$ = (某个东西)^{n} (某个东西)^{m}，
>
> 因此我要求 (某个东西)$^{\sharp}$ 的意义为：
>
> **能让这条语句成立的任何意义。**

通过将一个没有实质内容的非概念推广成有实质内容的概念，我们发现我们无意中遇到了一个仿佛来自虚空的思想，这个思想蕴涵着有待认识的内容，而且我们并不熟悉。通过无害的扩展和抽象，我们在自己的世界中创造了一个新的有待探索的区域。稍加探索，我们就发现了这个被偶然发现的新概念的 3 个简单属性。

> **我们发现下列语句必须成立：**
>
> (某个东西)^{0} = 1；
>
> (某个东西)$^{-\sharp}$ = $\dfrac{1}{(某个东西)^{\sharp}}$；
>
> $\underbrace{(某个东西)^{1/n} \cdot (某个东西)^{1/n} \cdots (某个东西)^{1/n}}_{n次}$ = (某个东西)。

没有理由认为上面这些就是我们偶然发明的世界的全部。例如，通过创造负数幂和分数幂，我们同时也创造出了未经探索的新机器。

> **作为我们的发明的产物，**
>
> **必然存在这样的新机器：**
>
> $M(x) \equiv x^{-1}$；
>
> $M(x) \equiv x^{1/2}$；
>
> $M(x) \equiv x^{-1/7} + 92x^{21/5} - (x^{-3/2} + x^{3/2})^{333/222}$。

上面第 3 个例子说明了我们的世界中这个新的未经探索的角落有多大。之前我们还觉得已经全部搞清楚了！回想第 2 章末尾，我们不仅构想了对当时我们的世界中所有的机器——加乘机器——的缩写方式，还用巧妙的方式对通用的缩写进行了求导，从而能够对任意的机器求导。

要理解我们的世界突然增大了多少，只需注意到所有这些机器都应当有导数。目前我们对它们还一无所知，虽然是我们把它们带入这个世界。数学很奇怪……好吧，在遨游这个我们创造出的宏大世界之前，让我们先打个盹，这样等我们醒来后，能有更充沛的精力来把玩这些机器，来看看我们是愿意接纳它们，还是宁愿假装它们不存在。

3.1.2　描绘怪兽

为了坚持从头开始创造数学的精神，我们只基于自己已经发现的知识（虽然同时会提及其他知识），只使用我们自己的缩写和术语（偶尔加入一些传统术语），并且自己画图。但是在这样的基础上，我们能够画出我们无意之间构想出来的这些新怪兽吗？目前我们还不知道如何计算 $\frac{1}{53}$ 或 $7^{\frac{1}{2}}$ 的具体数值，那我们该如何画 $\frac{1}{x}$ 或 $x^{\frac{1}{2}}$ 的图形呢？其实，虽然我们用图形描绘这个新世界的能力有限，但这个缺陷并不能阻止我们理解这些新机器的特征。让我们花一点时间，利用已有的知识，来研究一下这些机器的形状是什么样的。我们不画过于复杂的机器，比如

$$M(x)\equiv x^{-1/7}+92x^{21/5}-(x^{-3/2}+x^{3/2})^{333/222},$$

只关注那些简单而且具有代表性的新机器。在前面的插曲中，我们发明了 3 种新的幂：零、负数和分数。其中零次幂就是 1，因此我们实际上只要处理两种：负数幂和分数幂。最简单的具有代表性的负数幂也许是

$$M(x)\equiv\frac{1}{x}\equiv x^{-1},$$

最简单的具有代表性的分数幂则似乎是

$$M(x)\equiv\sqrt{x}\equiv x^{\frac{1}{2}}.$$

我们先看第一个。我们没有耐心计算甚至不会计算 7^{-1} 或 $(9.87654321)^{-1}$ 的具体数值，但是没关系。我们想知道的是机器 $M(x)\equiv x^{-1}$ 总体上的特征，我们可以从直观上认识它的形状和特性。我们对这台机器的认识基

本上可以概括为以下 4 条数学语句，它们其实是同一条语句的不同表达。[①]

$$\frac{1}{\text{微小量}}=\text{超大量；}$$

$$\frac{1}{\text{超大量}}=\text{微小量；}$$

$$\frac{1}{-\text{微小量}}=-\text{超大量；}$$

$$\frac{1}{-\text{超大量}}=-\text{微小量。}$$

例如，$\dfrac{1}{100\,000\,000}$ 很小，$\dfrac{1}{0.000\,000\,01}$ 很大，通过让 x 变得越来越小，我们可以让 $\dfrac{1}{x}$ 要多大就有多大。不用进行乏味的计算就能明白这一点。因为在我们的世界里没有除法，从最开始，我们就说 $\dfrac{a}{b}$ 只不过是 $(a)\left(\dfrac{1}{b}\right)$ 的缩写，而可笑的符号 $\dfrac{1}{b}$ 只不过是与 b 相乘得 1 的数的缩写。由于这个符号是用**它有什么样的性质**而不是**它是什么**来定义，$\dfrac{1}{\text{超大量}}$ 自然就应当是一个很小的数：$\dfrac{1}{\text{超大量}}$ 表示与**超大量**相乘得 1 的数，而如果某个数在与一个很大的数相乘才能放大成 1，那原来的数肯定很小。不用计算，只需推理就能知道。虽然这个思想很简单，但仅仅依靠它我们就能画出图 3.1。

　　好了，虽然我们不会计算 $\dfrac{1}{7}$ 或 $\dfrac{1}{59}$ 的具体数值，但从总体上理解 $\dfrac{1}{x}$ 并没有想象的那么难。数学有时候会奇怪地后退，就像这样。那另一种新机器呢？我们能将 $m(x)\equiv x^{\frac{1}{2}}$ 也就是 $\sqrt{x}$ 画出来吗？同前面一样，我们也不会计算 $\sqrt{7}$ 或 $\sqrt{729.23521}$ 的具体数值。但是，我们知道如何做基本的乘

---

　　① 注：在前面我们用**微小量**表示无穷小的数，但在这里它只表示常规的很小的数，比如 0.000(一大堆零)0001。类似的，**超大量**也只表示常规的很大的数，而不是无穷大的数。

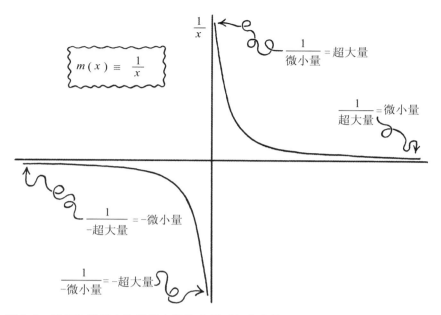

图 3.1　我们知道(i)1 除以很小的数会得到很大的数，(ii)1 除以很大的数会得到很小的数，(iii)在前面两条中，"很小"可以要多小有多小，因为"很大"可以要多大有多大，反过来也是一样。据此我们大致可以了解机器 $m(x)\equiv\dfrac{1}{x}\equiv x^{-1}$ 的形状是什么样子，虽然我们**完全不会**计算 $\dfrac{1}{7}$ 的具体数值，也没有兴趣计算。

法，因此我们知道如何计算整数的平方。例如，

$$1^2=1,\qquad 2^2=4,\qquad 3^2=9,\qquad 4^2=16,$$

诸如此类。现在，利用我们在前面的插曲中发明的分数幂定义，可以将上面的语句用稍微不同的方式表达出来：

$$1=1^{\frac{1}{2}},\qquad 2=4^{\frac{1}{2}},\qquad 3=9^{\frac{1}{2}},\qquad 4=16^{\frac{1}{2}}。$$

如果是比 1 小的数呢？举个简单的例子，我们知道，$\dfrac{1}{4}=\dfrac{1}{2\cdot 2}=\dfrac{1}{2}\ \dfrac{1}{2}=\left(\dfrac{1}{2}\right)^{2}$，这其实就是说：

$$\left(\dfrac{1}{4}\right)^{\frac{1}{2}}=\dfrac{1}{2}。$$

因此取比 1 大的数的 $\frac{1}{2}$ 次幂会让其变小，取比 1 **小**的 $\frac{1}{2}$ 次幂会让其**变大**。

据此，可以大致画出机器 $m(x) \equiv x^{\frac{1}{2}}$ 的图形。结果如图 3.2 所示。同前面一样，我们对机器有了总体上的认识，虽然不知道如何计算 $7^{\frac{1}{2}}$ 的具体数值。与我们平时的看法相反，在所有数学中，这才是标准范式。

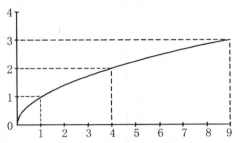

图 3.2 用我们仅有的知识画二分之一次幂机器 $m(x) \equiv \sqrt{x} \equiv x^{\frac{1}{2}}$。

3.1.3 与我们的偶然发现相处并被绝望地难住

在科技期刊发表论文时，我们习惯让工作尽可能完善，考虑所有的可能性，以免有所遗漏，否则就会被认为从一开始思想就是错的，等等。因此没有哪个地方能让我们以一种体面的方式发表你在研究过程中实际所做的事情，虽然以前对这类事情曾经有那么些兴趣。

——理查德·费曼(Richard Feynman)，

《诺贝尔奖演讲》，1965 年 12 月 11 日

我们再来看看无穷放大镜对这些新机器是不是仍然有效。我们先用最简单的分数幂机器 $m(x) \equiv x^{\frac{1}{2}}$ 试一下：

$$\frac{M(x+t)-M(x)}{t} \equiv \frac{(x+t)^{1/2}-x^{1/2}}{t} = 哦噢\cdots\cdots$$

我们对此束手无策。先把这个搁到一边，看看把放大镜用于负数幂机器是不是容易一点。还是用最简单的例子：$m(x) \equiv \frac{1}{x}$。预备，开始：

$$\frac{M(x+t)-M(x)}{t}\equiv\frac{\dfrac{1}{(x+t)}-\dfrac{1}{x}}{t}=\cdots?$$

头又大了。对这些丑陋的新怪兽我们毫无头绪。不过也并不是完全不熟悉，我们还是知道一点。毕竟它们是我们发明的！我们对幂进行了推广，只要"它们具有这种性质"，其中"这种性质"指的是"遵循拆幂公式"。因此，这些机器最基本的性质是我们能通过相乘将它们与其他机器绑在一起变成我们熟悉的东西。例如，无论 n 是多少，我们发明了 $(x^n)(x^{-n})=x^{n-n}=x^0=1$，写简单点：

$$(x^n)(x^{-n})=1。\tag{3.1}$$

回想上一章，我们发现对于**任意的**机器 f 和 g（不一定是加乘机器，也可以是很怪异的机器），都有 $(f+g)'=f'+g'$。也就是说我们知道如何根据两者各自的导数求它们加到一起时的导数（或者换个说法，和的导数是导数的和）。我们曾惊讶地发现只需要根据导数的定义就能得出这个结论，甚至不需要知道 f 和 g 到底是什么机器。我们不知道 x^{-n} 的导数是多少，但上面的思想再加上等式（3.1）也许能解决这个问题。

如果我们知道如何根据两台机器各自的导数求它们相乘之后的导数，也许就能利用等式（3.1）从两条不同的途径驯服这些新机器。假设我们有一台"诱骗机器"，比如说 $T(x)\equiv(x^n)(x^{-n})$。我们用字母 T 是因为我们想诱骗（Trick）数学告诉我某些东西。机器 $T\cdots\cdots$

（熟悉的嗡嗡声再次出现。

声音越来越强，

几秒后又毫无征兆地突然消失。）

喂，别吵了！烦人的噪声搞得我字都写错了。对不起，读者们，这肯定是著名的加州地震。请不要担心，它们没什么影响。我们讲到哪了？对了！机器 $T(x)\equiv(x^n)(x^{-n})$ 只不过是1的另一种写法，因此 T 的导数是 0。

但如果我们有办法将两项的"乘积"（两项乘到一起）的导数分解为各项的导数，就可以将 T 视为 x^n 和 x^{-n} 这两台机器的乘积，并通过另一种方式谈论两项相乘之后的总的导数。我们可以用两种方式做同一件事情。

一方面，我们知道 T 的导数为 0，因为机器 T 就是常数机器 1 的伪装。另一方面，我们可以根据 x^n 的导数（这是我们已经知道的）和 x^{-n} 的导数（这是我们想知道的）得到乘积的导数。这样，如果足够幸运，也许我们能操作这个复杂的式子，通过某种方式将我们想求的部分（x^{-n} 的导数）分离出来。这完全是瞎猜，但也许管用，至少是条路。

还有！如果我们能找到两项乘积的导数的通用公式，也许还能解决分数幂机器的问题！前面我们曾受阻于 $M(x) \equiv x^{1/2}$，但根据我们发明的幂的思想，我们知道

$$(x^{1/2})(x^{1/2}) = x。 \tag{3.2}$$

因此同前面一样，如果能将乘积的导数分解为各项的导数，也许就能用上面的式子**哄骗数学**告诉我们 $x^{1/2}$ 的导数是多少！

（这一节结束的时候，

没有听见嗡嗡声了。

让人不安的寂静

笼罩着这本书

……）

3.1.4 瞎猜

这个主意似乎有些牵强，我们不知道行不行，但不妨试一下。反正也没有其他办法，而且失败了也不会怎么样。我们可以胆子大一点，看能不能在这个问题上取得一些进展。

理查德·费曼曾说过，发现新物理定律的第一步是猜测。这是句玩笑话，但并不是真的开玩笑。发现新事物就是一个不墨守成规的过程。实在并不关心我们如何在它的秘密上跌跌绊绊，猜测不亚于其他任何方法。我们不妨猜测一下。我们已经知道 $(f+g)' = f'+g'$。也就是说，和的导数是导数的和。因此一个很自然的猜测是，乘积的导数会不会是导数的乘积。似乎很合理，对吗？我们把它写下来，不过不要忘了这只是猜测：

$$(fg)' \overset{\text{猜测}}{=\!=\!=} f'g'。 \tag{3.3}$$

好了，我们有了一个猜测。上面的猜测是受另一个我们已经**知道**的事实启发，即$(f+g)'=f'+g'$，因此不算是胡乱猜测。如果我们的猜测是正确的，就必须与我们已知的事实相一致，因此让我们看看根据它能不能得出之前发现的事实。我们知道 x^2 的导数是 $2x$，如果上面的猜测是对的，我们还能将 x^2 的导数写成

$$(x^2)'\equiv(x\cdot x)'\overset{???}{=\!=\!=}(x)'(x)'=1\cdot1=1,$$

结果行不通。无论 x 是多少，x^2 的导数总是等于 1，这种说法显然不对。好吧，我们猜错了，但还是知道了一些东西。而且反过来看，我们还能知道我们的猜测错在哪里。毕竟，如果$(fg)'=f'g'$是对的，那么**一切机器**的导数都会等于零。为什么？因为任何机器 f 都等于 1 乘以其自身，因此如果我们的猜测是对的，就会有：

$$(f)'=(1\cdot f)'\overset{哦噢}{=\!=\!=}1'\cdot f'=0\cdot f'=0。$$

我们的猜测失败了，又不知道该怎么办了。我想还是只能回到绘图板前。用绘图板画什么？我想应该是回到导数的定义。我们假设 f 和 g 可以是任意机器，不必非得是加乘机器。然后令 $M(x)\equiv f(x)g(x)$。因此 M 吐出来的与 f 和 g 吐出来的东西的乘积是一样的。然后根据导数的定义，并用 t 作为很小的数的缩写，可以得到

$$\frac{M(x+t)-M(x)}{t}\equiv\frac{f(x+t)g(x+t)-f(x)g(x)}{t}=\cdots?\quad(3.4)$$

我们又卡住了。还没走多远就碰壁了！现在怎么办？

嗯，如果我们可以撒个谎改变这个问题，情况也许会好一些，因为那样就和我们能够处理的一个问题比较像。我的意思是说，如果用 $f(x)$ 替代 $f(x+t)$，也许能有一些进展。我们先暂时把真正的问题放在一边，先看看我们撒了谎的这个版本。我会将我们改动了的地方标记为$\overset{诱骗!}{=\!=\!=}$。见到$\overset{诱骗!}{=\!=\!=}$符号就表示我们在这里撒了谎，目的是让问题容易一点。这没问题，只要我们记得我们还没有真正解决原来的问题。这也许是做无用功，但是谁知道呢？这样的诱骗也许能让我们对碰壁的问题有新的认识。下面继续：

$$\underbrace{\frac{f(x+t)g(x+t)-f(x)g(x)}{t}}_{} \overset{诱骗!}{=\!=\!=} \frac{f(x)g(x+t)-f(x)g(x)}{t}$$

$$= f(x)\left[\frac{g(x+t)-g(x)}{t}\right].$$

棒极了！我们已经绕过了卡壳的地方。现在同以往一样将 t 缩小到 0，让最右边变成 $f(x)g'(x)$，最左边正好就是 $M(x)\equiv f(x)g(x)$ 的导数，从而得到

$$\big[f(x)g(x)\big]' \overset{诱骗!}{=\!=\!=} f(x)g'(x).$$

这个有用吗？我们是得到了**一个**答案，但不是真正的答案，因为我们撒了谎。但如果我们回到原来的问题，撒同样的谎，然后又**改正这个谎**，也许就能在**不改变原来问题**的基础上实现类似的进展。我们如何才能撒谎然后改正呢？嗯，我们可以加上 0……不是真的 0。我们不再像上面那样改变问题，而是把**想要**的项加上，然后又减去同样的项，这样我们就没有改变问题。

因此与前面撒的谎类似，将 $f(x)g(x+t)$ 加到原问题的分子部分，不过这次我们还要将 $f(x)g(x+t)$ 重新减掉，这样就没有改变问题。总的效果是我们什么也没做。我们只是加了 0。但是说在一长串等式中间"加上 0"并没有真正表达出我们想做的事情，当然也没有公正体现出这个想法的怪异和巧妙之处。为了取得进展，我们可以毫无拘束地**为所欲为**，然后施加等量的解毒剂来消除我们造成的影响，为我们的鲁莽道歉。毒药和解毒剂的混用不会改变问题，但是我们的所作所为会让问题长出"（某个东西）－（某个东西）"形状的疤痕，并且如果我们仔细塑造，就可以得到某种可以抓手的地方，拉着我们前进。让我们来看看这个想法是不是真的有效。准备好了吗？让我们继续：

$$\frac{f(x+t)g(x+t)-f(x)g(x)}{t}$$

$$=\frac{f(x+t)g(x+t)-f(x)g(x)+\overbrace{\big[f(x)g(x+t)-f(x)g(x+t)\big]}^{诱骗以及改正}}{t}$$

$$=\frac{\overbrace{\big[f(x)g(x+t)-f(x)g(x)\big]}^{我们想要的项}+\overbrace{\big[f(x+t)g(x+t)-f(x)g(x+t)\big]}^{余下的}}{t}$$

$$= f(x)\left(\frac{g(x+t)-g(x)}{t}\right) + \left(\frac{f(x+t)-f(x)}{t}\right)g(x+t),$$

结果比我们预想的还要好。为了改正撒的谎，余下了一些本不想要的东西。然而，让人喜出望外地是，和我们想要的项一样，余下的这些也是好东西，因为我们发现可以将 $g(x+t)$ 提取出来放到外面。

在上面等式的最后一行我们得到了 4 项。现在，如果让 t 趋近于 0，所有这些项就要么变成了那两台机器之一，要么变成了它们的导数。第一项仍然是 $f(x)$，第二项变成 $g'(x)$，第三项变成 $f'(x)$，第四项为 $g(x)$。从而得到 $f'(x)g(x)+f(x)g'(x)$。我们撒谎然后改正真的起作用了！让我们把这些写到方框里表彰并总结一下：

如何用这些项谈论乘积的导数

我们刚刚发现：

如果 $M(x) \equiv f(x)g(x)$，

则 $M'(x) = f'(x)g(x)+f(x)g'(x)$。

用不同的方式再说一遍：

$$(fg)' = f'g + g'f.$$

再用不同的方式说一遍：

$$\frac{\mathrm{d}}{\mathrm{d}x}[f(x)g(x)] = \left(\frac{\mathrm{d}}{\mathrm{d}x}f(x)\right)g(x) + f(x)\left(\frac{\mathrm{d}}{\mathrm{d}x}g(x)\right).$$

有点疯狂，继续！

$$[f(x)g(x)]' = f'(x)g(x) + f(x)g'(x).$$

你还在吗？好吧，再来一遍：

$$\frac{\mathrm{d}}{\mathrm{d}x}(fg) = g\,\frac{\mathrm{d}f}{\mathrm{d}x} + f\,\frac{\mathrm{d}g}{\mathrm{d}x}.$$

3.2 诱骗数学

经历了最初为怪异的新机器求导的惨败后，我们现在有了更有力的锤子。[①] 我们还不是很确信它会有用，但可以试一试。

> 嘘！不要让数学发现我们！
> 现在我们可以尝试让诱骗数学告诉我们
> 如何对新认识的机器求导，就像我们之前说过的那样。
> 我们将伪装机器定义为 $T(x)\equiv(x^n)(x^{-n})$。
> 我们私底下知道 $T(x)$ 只不过是总是吐出 1 的乏味机器。
> 也就是说，其实，对任何 x，都有 $T(x)=1$。
> 因此我们知道它的导数是 $T'(x)=0$。
> 但是假装我们不知道这些！
> 让我们假装认为它是两台复杂的机器粘在一起，
> 看看数学会告诉我们什么……

嗯哼。对不起，我得先清一下嗓子。好了，数学，现在我们要对 $T(x)$ 进行求导。我保证，这就是一台普通的机器。读者和我都没有对你隐瞒什么。之前我们发现 x^n 的导数就是 nx^{n-1}，我们可以利用这个事实和我们刚刚发明的锤子。

虽然我们知道 $T'(x)=0$，不过我们还是在等号上标上问号，这样数学就不知道我们在做什么。

---

① 我选择用"锤子"一词表示某些定理，尤其是所谓的"求导法则"。"锤子"这个词很合适，因为(1)它们很有力，(2)我们可以用它们将难题打散成小块，(3)每次使用"定理"或"法则"这些词都只会让宇宙更加乏味。

$$0 \overset{???}{=\!=\!=} T'(x) \equiv \left[(x^n)(x^{-n}) \right]'$$

$$= \overbrace{(x^n)'(x^{-n})+(x^n)(x^{-n})'}^{\text{我们刚发明的锤子}}$$

$$= \overbrace{(nx^{n-1})}^{(xn)'}(x^{-n})+\overbrace{(x^n)(x^{-n})'}^{\text{同上面一样}}$$

$$= \overbrace{nx^{n-1-n}}^{\text{指数相加}}+\overbrace{(x^n)(x^{-n})'}^{\text{同上面一样}}$$

$$= \overbrace{nx^{-1}}^{\text{括号用不上}}+(x^n)(x^{-n})'。$$

好了。如果这些真等于 0……

嘘！我们知道，但我们不想让数学发现！

……我们就能提取出 $(x^{-n})'$，因——

（作者再次被打断，一开始是熟悉的嗡嗡声，然后是陌生的声音。）

数学：（以一种真诚的语气）为什么你要这样做？

作者：哦，没什么……就是无聊……寻开心……

数学：……那你继续。

作者：喔……好吧。没想到会是这样。（作者沉默了一会，对这个意外的新发展感到迷惑。这会从根本上改变这本书。必须做出重要的决定。）

好吧，忘掉这些……我先把这个放一边。不管怎样，如果 $T'(x)$ 真的等于 0，我就可以得到

$$0 = nx^{-1}+(x^n)(x^{-n})'。$$

我们想提取出我们不知道的项，也就是 $(x^{-n})'$。首先可以这样，

$$-nx^{-1}=(x^n)(x^{-n})',$$

然后这样，

$$\frac{-nx^{-1}}{x^n}=(x^{-n})',$$

或者用负指数把这个重新写成：

$$(x^{-n})' = -nx^{-n-1}。$$

很好！检查一下刚才的过程。我们用伪装机器 $T(x) \equiv (x^n)(x^{-n})$ 诱骗数学告诉了我们陌生机器 x^{-n} 的导数。我们说它是"伪装机器"是因为它

115

其实就是数字 1 伪装的，不过我们假装不知道这一点，以便获取它的导数的另一种表达式。我们通过将这台机器视为两台其他机器的乘积来获得另一种表达式：一台是我们熟悉的，我们知道如何求导，另一台不熟悉，是我们想要知道如何求导的。这给了我们一堆加起来等于 0 的东西，然后我们就可以把想要的项提取出来。感觉像是欺骗，其实不是！如果我们的锤子 $(fg)' = f'g + g'f$ 靠得住（我们当然知道它靠得住，因为是我们自己发明的），那我们利用锤子的诱骗手法就应当能给我们正确答案。哈哈！明白了不，数学！

数学：（以一种快速但平静的语调，感觉有点受伤）

我不想偷听你们俩的谈话，但我听到你说你骗了我。我想这不重要，但是请听我说完，我会证明——或尝试证明——这种推理风格并不是什么（诱导）或（犯禁）。[1] 如果你愿意给我一点时间，我会让你信服，能不能不要再说你诱骗了我？

作者：喔……好吧。

读者：没问题。

读者：（低声说）下一步怎么办？

作者：不知道！以前从来没有这样过。

读者：我的感觉很复杂。

作者：我也是！什么时候数学也能说话了!？

读者：你告诉我！你是作——

数学：我能打断一下吗？

读者：请讲。

作者：请。

数学：好吧，我不确定还发生了什么。我听到有人说他们诱骗了我，所以我从虚空中醒过来了。我……我不想打断你们……但是人只有在开始感到……孤独……或有同构或同态感时才会愿意听别人长时间谈论他

---

① **数学**：抱歉用了括号，不过（如果没有第一对）这个句子是无关联的，从而也是未定义的，而且（如果没有第二对）也缺乏美感。如果可以我会省略它们，否则就应当让它的意思明确，或者（不那么生硬地）说我想让自己说明白。明白吗？

自己……说到这里，你们俩用这一节的标题愚弄不了任何人。你以为我看不出这样简单的同构吗？

读者：同——

作者：先别说。还不是时候。

数学：在我继续之前，我需要创建新的一节。如果我们的讨论还要继续，就要在更准确地反映实际情况的名目下进行……①

3.3　迷人的新角色登场

数学：这样好多了！现在谈正事。我的目标是证明你之前的论证根本不是数学诱骗或犯禁的推理形式，我不会强迫你相信。在虚空中我们无拘无束。但还是必须建立信任。在缺乏律法的地方，两个派别可以通过暴露自己的弱点增加互信，比如分享秘密，或者当着对方的面犯下某种禁忌行为。我称这个为"公理 T"。T 表示信任（Trust），或禁忌（Taboo）。我还没想好。现在，你的推理也许犯了数学禁忌，也许没有。如果我们认为它没有，就没有什么需要证明了，我们可以继续这本书。但如果我们认为它"是"犯禁，则根据公理 T，我就可以当着你的面犯下类似的禁忌来建立你的信任，比如将相同形式的推理应用于（假设）如果我没有打断你们，你们接下来准备检验的问题。因此这就是我们现在的任务。我们来检验新认识的机器 $x^{\frac{1}{2}}$。我们可以用原机器的两份拷贝构造更熟悉的机器：$m(x)\equiv x^{\frac{1}{2}}x^{\frac{1}{2}}$。这其实就是 $m(x)=x$，因此我们知道 $m'(x)=1$。利用你之前发现的 $(fg)'=f'g+g'f$，我们可以得到：

$$1=m'(x)\equiv(x^{\frac{1}{2}}x^{\frac{1}{2}})'$$
$$=(x^{\frac{1}{2}})'x^{\frac{1}{2}}+x^{\frac{1}{2}}(x^{\frac{1}{2}})'$$
$$=2(x^{\frac{1}{2}})'x^{\frac{1}{2}}。$$

现在很容易提取出想要的项 $(x^{\frac{1}{2}})'$，得到

---

① （**旁白**：在新的一节开始的时候，作者决定更小心地处理对话，并且更简明扼要。"毕竟，"作者心想，"谁知道还有多少这种事情呢？"）

$$\left(x^{\frac{1}{2}}\right)' = \left(\frac{1}{2}\right)\frac{1}{x^{\frac{1}{2}}},$$

或者写成

$$\left(x^{\frac{1}{2}}\right)' = \left(\frac{1}{2}\right)x^{-\frac{1}{2}}.$$

总之，如果你的推理有禁忌，那我也当着你的面犯了同样的禁忌。根据公理 T，你应当能相信我了。

作者：我不明白发生了什么。

读者：我想我明白了，是这样……不过等一下，就算我们相信你，那也不能说明我们的论证就是对的，不是吗？

数学：嗯……我想一下……我想你是对的。

读者：那当初又干嘛费这个劲犯一个可能的禁忌来发展信任呢？

数学：嗯，我以为这是一个认识新朋友的好办法……

（我们的角色沉默了一会，气氛有点尴尬。）

读者：你刚刚说你从哪里来？

数学：我来自虚空……我住在那里。或者说……我认为是这样。坦率说，我不记得之前的很多事情。

作者：好吧……别担心……去我们要去的地方不需要记什么。

数学：你们要去哪里？

作者：我也不知道。起码不是很明确。但我们肯定是在朝着某个地方去。

数学：噢……听起来不错。幸好，我已经习惯了在不明确的地方生活的想法。要习惯前往不明确的地方的想法应该也不难。只要你们不介意我加入的话……

作者：我们欢迎你加入。

读者：等一下，你说生活在不明确的地方是什么意思？你不是说你住在虚空吗？

数学：是啊……

读者：虚空在哪里？

数学：这个……很难描述……

读者：试一下。

数学：它是不(好吧，至少在某种精确的意义上不(更准确地说，在某种精确但非平常(不要混淆为"非平常"(这样会带来前面说过的随时间变化的不精确，那完全不是我想表达的想法))(而是相当"非平常"，意义：不同于口语意义的一种未曾提及的意义(或者用一个例子具体说明(如果你能原谅，当然了，一点自指)，既使用嵌套也使用相邻但不嵌套的括号的同步语言(与数学相对)既不是"平常"也不是(人们所认为的)"每天"，虽然如果所说的用法因某种原因变得"每天"都发生，它将变得与"平常"(有人可能会争论说，部分)对应))，如果你听得懂的话))存在的。

读者：……虚空并不存在？

数学：不是的，但不是在平常的意义上。

读者：我明白了……

作者：那你呢？

数学：我怎么了？

作者：我的意思是，你存在吗？在平常意义上？

数学：我认为我存在……我从没有这样想过我自己。但是在前面的我有一种奇怪的感觉。一种从没有过的感觉。我第一次感觉到……真实……。不过这样更糟。或者我应该说更好。这样很好。

作者：也就是说，从总体来说……你更喜欢这种感觉？……存在更多，或者更多你的存在，管他什么了……你喜欢吗？胜过不存在？

数学：当然。

作者：那就好……我认为我们知道该怎么做了。

3.4　锤子，模式，锤子的模式

3.4.1　我们在哪儿？

喔……好吧……没想到是这样……我们在哪儿？

(作者往前翻了几页。)

3.4.2 我们在那儿

好吧，让我们回忆一下。我们发明了锤子可以用各项的导数来谈论乘积的导数。这个锤子是语句 $(fg)' = f'g + g'f$。然后我们定义了机器 $T(x) \equiv (x^n)(x^{-n})$，其实就是 1 的一种奇特写法，然后我们用了两种方法对这台机器求导。

首先，我们知道它的导数是 0，因为它是常数机器。然后我们用我们的锤子对它进行求导。用两种方式描述同一件事情之后，我们在两种描述方式之间画等号，重新排列，从而得到了语句

$$(x^{-n})' = -nx^{-n-1}。$$

现在，请注意这个与之前在第 2 章发现的关于正数幂的结果很相似：

$$(x^n)' = nx^{n-1}。$$

事实上，我们可以将它们视为一个更通用的语句的两个特例。两者说的都是，"你在寻找幂机器（即无论你放进什么都会吐出它的幂的机器）的导数吗？很简单，只要将原来的指数放到前面去，然后把头顶的指数减 1 就可以了。"

事情解决得这样漂亮真是让人吃惊。毕竟，我们是用两种很不一样的论证得出了这两个结果。而现在数学告诉我们，只要 ♯ 是整数，无论是正数**还是**负数，对 $x^{\sharp}$ 进行求导都是遵循相同的模式。

噢！其实我们还在一个地方见过这种模式，只是当时我们没有意识到。在前面的对话中——管他是什么——数学最后证明了

$$(x^{\frac{1}{2}})' = \left(\frac{1}{2}\right) x^{-\frac{1}{2}}。$$

由于 $-\dfrac{1}{2} = \dfrac{1}{2} - 1$，这正好也遵循了相同的模式。

3.4.3 数学炼金术

> 你可能认为我是用锤子砸鸡蛋，但我砸开了鸡蛋。
>
> ——钱德拉塞卡（Subrahmanyan Chandrasekhar），
>
> 谈论他在论文中大量使用公式的习惯

我们如何才能确信，无论 $\sharp$ 是什么数，这个"指数减 1"模式 $(x^{\sharp})' = \sharp x^{\sharp-1}$ 都会是正确的呢？我们可以先试着用锤子敲打一下 $x^{\frac{m}{n}}$，其中 m 和 n 是任意整数，但其实我们还不是很清楚该怎么下手。先用 $x^{\frac{1}{n}}$ 试一下，其中 n 是任意正整数。对于这头野兽我们只知道它是这样发明的：

$$\underbrace{x^{\frac{1}{n}} x^{\frac{1}{n}} \cdots x^{\frac{1}{n}}}_{n\text{次}} = x \, 。$$

如果我们想用和前面一样的论证方式求 $x^{\frac{1}{n}}$ 的导数，就要创造更大的锤子。我们需要什么样的锤子呢？我们已经有了用各项的导数谈论乘积的导数的锤子 $(fg)' = f'g + g'f$。这一次，我们有 n 个东西乘到一起，因此似乎我们需要另一个复杂的论证来求出类似 $f_1 f_2 \cdots f_n$ 这样 n 台机器相乘的导数。但我们也许不用重新发明锤子。记得前面我们发现了公式 $(f + g)' = f' + g'$，然后用这个论证了 $(f_1 + f_2 + \cdots + f_n)' = f_1' + f_2' \cdots + f_n'$。要从两机器版推广到 n 机器版，我们要做的就是带上哲学家的帽子，不断将机器之和解释为单台大机器，然后反复应用两机器版本。

这里我们再尝试一下，先来看我们还没有解决的最简单情形。我们想发明锤子计算 $(fgh)'$，即三台机器乘到一起。在下面的论证中，我偶尔会使用[这种][括号]而不是（这种），以免 $f'(gh)$ 这样的表达式看起来像是" gh 的 f 导数"。下面的论证就是一堆相乘，我们只不过是用 $f'gh$ 和 $f'[gh]$ 这样的缩写来表示 $f'(x)g(x)h(x)$。如果我们**总是**用缩写 $f'gh$ 代替 $f'(x)g(x)h(x)$ 会很容易混淆，但至少在下面的论证中，这样缩写可以有效避免杂乱。

好了！如果我们私底下将 gh 视为单台机器，则 fgh 就可以视为两台机器，即 (f) 和 (gh)，因此可以应用两机器版的锤子。然后我们可以转换想法，将 gh 视为两台机器相乘，这样也许能发现模式。但我们不是将这些机器输入对方，只是相乘。好了，我们开始。首先用两机器版的锤子，将 gh 视为单台大机器。可以得到：

$$[fgh]' = f'[gh] + f[gh]' \, 。$$

最右边的 $[gh]'$ 项可以用两机器版的锤子分开，写成 $[gh]' = g'h + gh'$。

借助这个绝招，我们得到

$$[fgh]' = f'gh + fg'h + fgh'。 \tag{3.5}$$

我们隐约看到了某种模式。我们可以这样总结这个模式：如果你将 n 台机器乘到一起，比如 $f_1 f_2 \cdots f_n$，则整个机器的导数**似乎**是把一堆项加到一起，其中每一项**几乎**都同原来的机器一样，只是有且仅有一台机器变成了导数。有多少台机器相乘结果就有多少项，因为每台机器都要变一次。我们可以这样描述我们的猜测：

$$(f_1 f_2 \cdots f_n)' = (f_1' f_2 \cdots f_n) + (f_1 f_2' \cdots f_n) + \cdots + (f_1 f_2 \cdots f_n'),$$

但这看起来相当复杂，还有一堆点点点。我们怎么才能确信无论 n 是多少这个模式都会一直成立呢？有一个办法。我们知道两机器版，我们又将两机器版应用了两次得到了三机器版。怎么才能得到四机器版呢？可以将 $f_2 f_3 f_4$ 视为单台机器，这样就又可以应用两机器版了，就像这样：

$$[f_1 f_2 f_3 f_4]' = f_1'[f_2 f_3 f_4] + f_1[f_2 f_3 f_4]'。$$

不过我们之前已经发明了三机器版的锤子，因此可以将上面等式最右边的项拆开得到

用三机器版的锤子！

$$[f_1 f_2 f_3 f_4]' = f_1' f_2 f_3 f_4 + \overline{f_1 f_2' f_3 f_4 + f_1 f_2 f_3' f_4 + f_1 f_2 f_3 f_4'}。$$

这实在难看，但至少不复杂，只是符号很多。上面这个等式其实是说"每个人都有一次机会变成导数"，只是用了一大堆符号。除此之外，这个推理过程倒没什么难看的。而且，不仅结果中显现出了模式，**我们的推理过程也显现出了模式**。

推理过程中的模式是，如果我们相信这个数学模式对于多台乘到一起的机器为真[1]，则我们总是可以将机器数量再增加一台。

• 我们知道这个模式对于两台乘到一起的机器为真。

• 如果我们知道这个模式对于两台乘到一起的机器为真（这个我们已经知道了），则我们可以论证它对于三台乘到一起的机器也为真（这个我

---

[1] 如果我使用的短语"模式为真"让你觉得困扰，因为违背了只有语句（命题）可以为真的事实，不要紧张……其实，你是对的。

们已经做到了）。

　　• 如果我们知道这个模式对于三台乘到一起的机器为真（这个我们已经知道了），则我们可以论证它对于四台乘到一起的机器也为真（这个我们已经做到了）。

　　• ……

　　• 如果我们知道这个模式对于 792 台乘到一起的机器为真，则我们可以论证它对于 793 台乘到一起的机器也为真。

　　• 无穷无尽。

　　这就是我们的推理过程中显现出的模式。我们有理由相信我们在数学中发现的模式对于所有 n 都将成立。不过，初看上去这似乎是不可能的。毕竟，我们需要相信的是一个无穷的语句包：每条语句对应一个数字 n。当 n 是 792，这条语句是"这个模式对于 792 台乘到一起的机器为真。"

　　我们如何才能在有限的时间内让自己信服这无穷多的语句呢？其实，我们在推理过程中观察到的模式已经提示了前进的方向。我们已经在几个特例中发现了"每个人都有一次机会"的模式（两台机器乘到一起，三台，四台）。我们能不能以缩写形式来论证，如果我们知道这个模式对于多台乘到一起的机器为真，则再增加一台机器也为真？这样我们自然就能知道这个模式无论对于多少台乘到一起的机器都为真。让我们用缩写形式来说一遍。

　　让我们假设我们已经得到了针对某个特定的数 k 的锤子。也就是说，假设这个模式对于特定数量台乘到一起的机器为真，称这个数为 k。然后我们可以用这个假设证明这个模式对下一个数 $k+1$ 为真。一旦假设这个模式对于 k 台机器为真，就可以论证这个模式对 $k+1$ 台机器也必须为真，只要将前 k 台机器视为一台大机器，我们称之为 g，然后应用两机器版的锤子就行。也就是说，缩写 $g=f_1 f_2 \cdots f_k$，然后得到：

$$(f_1 f_2 \cdots f_k f_{k+1})' \equiv (g f_{k+1})' = g' f_{k+1} + g f'_{k+1}, \tag{3.6}$$

然后因为我们假设我们已经知道了"每个人都有一次机会"模式对于任何 k 台乘到一起的机器为真，就可以用它来展开等式（3.6）中的 g' 项，因为 g

就是 k 台乘到一起的机器的缩写。因此可以将 g' 写为：

$$g' \equiv (f_1 f_2 \cdots f_k)'$$
$$= (f_1' f_2 \cdots f_k) \quad [\text{轮到第 1 项}]$$
$$+ (f_1 f_2' \cdots f_k) \quad [\text{轮到第 2 项}]$$
$$+ \cdots \qquad\qquad \cdots$$
$$+ (f_1 f_2 \cdots f_k') \quad [\text{轮到第 } k \text{ 项}]. \tag{3.7}$$

先不要将这个丑陋的大家伙代入等式(3.6)中，只需想象一下如果那样做我们会得到什么。如果将 f_{k+1} 附加到式(3.7)右边的每一项，正好就是等式(3.6)中的 $g' f_{k+1}$ 项。因此再看等式(3.6)，$g' f_{k+1}$ 项是 k 项相加：第 1 项是轮到 f_1 求导，第 2 项是轮到 f_2 求导，一直到第 k 项。但 f_{k+1} 始终位于这些项的右边，一直没有轮到它求导。

这个模式失效了吗？不！轮到 f_{k+1} 求导的项正是等式(3.6)最右边的 $g f_{k+1}'$ 项。因此等式(3.6)的一团乱麻虽然看起来乱，其实并不乱，因为一旦用 k 项版的锤子将其展开，等式(3.6)正好就是 $k+1$ 项相加，其中每一项刚好都轮到一台机器求导，每台机器有且仅有一次机会。

这是一个怪异的论证，因此值得用缩写形式总结一下我们所使用的推理模式。我们想要让自己信服"每个人都有一次机会求导"模式对任意多台乘到一起的机器都为真。我们可以将此视为想要让自己确信无穷多条不同的语句为真。我的意思是这样：用 S 表示词语"语句"，用 n 表示某个整数。则对于每个数 n，都有一条语句我们想确信其为真，我们可以将其缩写为：

$S(n) \equiv$ "对于任何 n 台乘到一起的机器，'每个人都有一次机会求导'的模式对于乘积的导数始终为真。"

我们最初的锤子 $(fg)' = f'g + g'f$ 其实是说语句 $S(2)$ 为真。然后我们证明了这个模式对 3 台乘到一起的机器为真，从而得到了等式(3.5)。这个等式就是语句 $S(3)$。最终我们意识到继续下去没有意义，因为我们想要确信的是无穷多条语句。然后我们在这个推理过程中发现了一个模式可以让我们从语句 $S(k)$ 得到下一条语句 $S(k+1)$。我们无法一下子让自己确信 $S(n)$ 对于任意 n 都为真，但我们可以做两件事情：

1. 我们可以确信 $S(2)$ 为真。

2. 如果我们假设自己已经确信了语句 S(**某个数**)为真，则很容易让自己确信语句 S(**下一个数**)同样也为真。

虽然不是那么直截了当，这两件事情还是足以证明 $S(n)$ 对任意整数 $n \geqslant 2$ 都为真。其中的逻辑是这样：假设有人告诉你 $n = 1749$ 然后请你告诉她为什么 $S(1749)$ 为真。这时如果直接解答这个问题将非常费劲，假设我们已经让她信服上面的两条：$S(2)$ 为真，以及更强有力的部分，S(**某个数**)总是意味着 S(**下一个数**)。用一次上面列出的第 1 项，然后反复用第 2 项，就会得到：我们相信 $S(2)$。而如果我们相信 $S(2)$，就得相信 $S(3)$。而如果我们相信 $S(3)$，就得相信 $S(4)$。如果我们相信 $S(4)$……你明白这个意思。

我们可以到达任何地方，只要我们相信(1)我们可以走出第一步，以及(2)如果我们走出某一步，就可以走下一步。另一种思考这种推理的方式是将其视为梯子。我们证明的是(1)我们可以登上第一级，以及(2)无论我们在梯子的哪一级，都可以再往上爬一级。如果我们明确了这两件事情，我们就知道自己想爬多高就能爬多高。

课本上将这种推理方式称为"数学归纳法"。虽然一旦习惯了这个名称也很好，但还是有几个原因让它不尽如人意。首先，它不能很贴切地提醒我们在谈论什么，而且更重要地是，它会让外行感到疑惑，因为"归纳"一词有多重含义：(a)我们所做的数学论证的模式，(b)一种不相关的电磁现象①，以及(c)一种概率性的推理模式，在数学证明中通常与"演绎"推理相对。虽然归纳一词有这么多不相关的意义，但如果你是在"数学"一词后见到它，那么它说的就是这个类似爬梯子的推理模式。

3.4.4　更有力的锤子

我们有了更有力的锤子：

$$(f_1 f_2 \cdots f_n)' = 每个人轮流求导一次得到的东西。$$

---

① 英文"induction"有电磁感应的意思。——译者注

说详细点就是：

$$(f_1 f_2 \cdots f_n)' = (f_1' f_2 \cdots f_n) + (f_1 f_2' \cdots f_n) + \cdots + (f_1 f_2 \cdots f_n')。$$

$$(3.8)$$

现在我们可以尝试对 $x^{\frac{1}{n}}$ 求导了。记得我们想用对 $x^{\frac{1}{2}}$ 求导的类似思路来论证。我们认为通过定义一个很简单的机器，但是以一种很好笑的方式写出来，也许就能从中求出 $x^{\frac{1}{n}}$ 的导数：

$$M(x) \equiv \underbrace{x^{\frac{1}{n}} x^{\frac{1}{n}} \cdots x^{\frac{1}{n}}}_{n\text{次}}。$$

这台机器只不过是"最乏味的机器"$M(x) \equiv x$ 的伪装，这台机器会把我们放进去的任何东西都送回来。我们知道它的导数是

$$M'(x) = 1,$$

我们可以对它应用更有力的锤子。其实这个新锤子的力量不限于这个问题。因为 $M(x)$ 只不过是 $x^{\frac{1}{n}}$ 的 n 份拷贝，当我们对 $M(x)$ 应用新锤子的时候，等式(3.8)中的每一项都是一样的，都有 $n-1$ 份 $x^{\frac{1}{n}}$ 拷贝和 1 份 $(x^{\frac{1}{n}})'$ 拷贝。由于同样的东西出现了 n 次，因此得到

$$M'(x) = \text{同一样东西的 } n \text{ 份拷贝} = n(x^{\frac{1}{n}})^{n-1}(x^{\frac{1}{n}})'。$$

我们已经用两种方式描述了相同的东西，因此可以在它们之间画等号：

$$1 = n(x^{\frac{1}{n}})^{n-1}(x^{\frac{1}{n}})'。$$

缩写 $(x^{\frac{1}{n}})^{n-1}$ 看起来很吓人，但根据我们发明的幂，这其实就是 $x^{\text{某个东西}}$，其中**某个东西**就是你将 $\frac{1}{n}$ 相加 $n-1$ 次得到的东西。因此**某个东西**其实就是 $\frac{1}{n}(n-1)$，或者换一种描述方式，$1 - \frac{1}{n}$。所以我们可以将上面等式中的指数换掉。另外，我们想求的是 $(x^{\frac{1}{n}})'$，所以可以将除此以外的一切都扔到等号的另一边。从而得到

$$\frac{1}{nx^{1-\frac{1}{n}}} = (x^{\frac{1}{n}})'。$$

$$(3.9)$$

此时此刻，终于完成了，我们得到了想要的东西。它还没有"化简"，

但这并不重要。问某个东西有没有"化简"就好像问某个艺术品"好不好"。这个问题不是毫无意义，但也不是很有意义，并且答案肯定不是唯一的。它取决于审美偏好。化简是人类构造。对于数学来说，描述同一件事情的"化简"的答案与丑陋的答案没有区别。因此在这个意义上，我们已经完成了。

不过私底下我们还是有点忐忑，因为我们还不确定这与我们一直以来发现的模式是不是一致的。记得前面每次求 x 的某次幂的导数时，得到的导数都是将原来的指数拿到前面去，然后将头顶上的指数减 1。当指数为正整数时，我们在语句 $(x^n)' = nx^{n-1}$ 中发现了这个模式，当指数为负整数时，我们在语句 $(x^{-n})' = (-n)x^{-n-1}$ 中发现了这个模式，甚至当指数为特定的分数指数时，我们在语句 $(x^{\frac{1}{2}})' = \left(\frac{1}{2}\right)x^{-\frac{1}{2}}$ 中也发现了这个模式。我们希望这个模式一直成立，因为如果这样的话我们的数学世界中就不会有许多不同的用于对指数幂进行求导的丑陋"规则"，取决于指数是什么，我们只需要一个大的神奇规则。我们刚才在等式 (3.9) 中发现的东西也许会说类似的事情，也许不会。但是根据它目前的表述方式，我们看不出来。

因此虽然"化简"是无关于数学的人类构造物，虽然判卷老师对正确但"没有化简"的答案扣分只不过是根据自己的偏好，我们出于自身的需要还是要将等式 (3.9) 写成另一种形式，这样我们才能知道如何统一我们的数学世界。至于你想不想把这个称为"化简"都无关紧要。我们想做的就是将等式 (3.9) 变得容易看出我们发现的到目前为止一直成立的模式是不是仍然成立。我们怎样才能将等式 (3.9) 捏成这样的形式呢？在我们发明幂时，发现 $\dfrac{1}{(\textbf{某个东西})^{\#}}$ 可以写成 $(\textbf{某个东西})^{-\#}$。因此再来看我们刚才发现的等式 (3.9)，注意到 $-\left(1 - \dfrac{1}{n}\right) = \dfrac{1}{n} - 1$ 我们就能将一些东西从下面移到上面。同样，除以 n 实际上就是乘以 $\dfrac{1}{n}$。因此我们可以将等式 (3.9) 重新写成

$$\left(x^{\frac{1}{n}}\right)' = \left(\frac{1}{n}\right)x^{\frac{1}{n}-1}。 \tag{3.10}$$

完美！同样的模式再次出现。这不可能是出于巧合。如果能一劳永逸地解决这个疑问就太棒了。现在我们很有把握无论 $\sharp$ 是什么数，都有 $(x^{\sharp}) = \sharp x^{\sharp-1}$。我们不知道是不是任何数都可以写成 $\sharp = \frac{m}{n}$ 的形式，其中 m 和 n 是整数，但我们确信任何数 $\sharp$ 都能用形为 $\frac{m}{n}$ 的某个数任意逼近。怎么做？这样：假设有人给你一个很长的数，比如

$$\sharp = 8.34567840987238654\cdots，$$

这个数是我在键盘上乱敲的，假设我说"用 $\frac{m}{n}$ 形式的数逼近这个数至小数点后第 10 位，其中 m 和 n 是整数"，你不需要多高深的数学就能做到，只需要这样做：

$$\sharp \approx \underbrace{8.3456784098}_{10\text{个小数位}} = \frac{83456784098}{10000000000}，$$

因此虽然是我随意捏造的一个数字，还是能用整数除整数来逼近到（比如说）小数点后 10 位，不需要什么高深的数学。显然，无论最初是什么数，也无论要精确到小数点后多少位，这个方法都能做到。

因此，为了让我们自己确信 $(x^{\sharp})' = \sharp x^{\sharp-1}$ 对任何数 $\sharp$ 都成立，我们首先从 $\sharp = \frac{m}{n}$ 形式的指数开始，至少我们知道可以用这种形式的数任意逼近任何数 $\sharp$。我们不知道是不是有无法**明确**写成整数比的数，也许所有数都是整数比，也许不是；我们目前还不知道——但上面的论证确保了就算这种古怪的数**的确**存在，我们也可以用整数比任意逼近它们。因此，就算我们最终发现不是所有数都能表示为 $\frac{m}{n}$，其中 m 和 n 都是整数，我们也能确信这个模式依然能成立，只要我们想这样做。现在让我们一劳永逸地解决这个疑问。

3.4.5 拒绝乏味

现在我们可以模仿上面的过程，定义机器：

$$M(x) \equiv \underbrace{x^{\frac{m}{n}} x^{\frac{m}{n}} \cdots x^{\frac{m}{n}}}_{n\text{次}}。$$

一方面，这只不过是 $M(x) = x^m$ 的一种愚蠢写法，我们知道如何对它求导。另一方面，我们也可以用前面发明的那个真正有力的锤子（可以对 n 台乘到一起的机器求导的锤子）来对 $M(x)$ 求导。这样我们就用两种方式描述了同一件事情，因此可以在它们中间划等号，然后尝试分离出 $x^{\frac{m}{n}}$ 的导数。不过这个过程还是很折磨人，因此我们尝试想一个不那么乏味的方式来做这件事情。如果想不出更简单的方式，还可以回来走原来的老路，因此不妨试一试看有没有捷径。

3.4.6　可能有用的疯狂想法

有一个疯狂的想法。我们想做的是对超级通用的某个东西的幂的机器进行求导：

$$P(x) \equiv x^{\frac{m}{n}},$$

其中 P 表示"幂（Power）"，m 和 n 是整数。而根据我们发明幂的方式，这个可以用另一种方式表述

$$P(x) = (x^{\frac{1}{n}})^m。$$

从最开始我们就一直强调我们可以随意进行缩写，现在，如果我们**真正**认真对待这个想法，就能实施一个有用的技巧。上面 $P(x)$ 的表达式看上去吓人，其实只不过是

$$P(x) = (\textbf{某个东西})^m,$$

其中（**某个东西**）是 $x^{\frac{1}{n}}$ 的缩写。因此 $P(x)$ 是一个我们知道怎么求导的东西放在**另一个**我们知道怎么求导的东西中间。即

1. 我们知道如何求（**某个东西**）^{m} 的导数，就是 $m(\textbf{某个东西})^{m-1}$。

2. 我们也知道如何求里面的（**某个东西**）的导数，因为（**某个东西**）就是 $x^{\frac{1}{n}}$ 的缩写，我们才在前面求出了 $x^{\frac{1}{n}}$ 的导数。

但这个推理链条并不是那么无懈可击，因为在语句（1）中，我们将（**某个东西**）视为变量，而在语句（2）中，我们是将 x 视为变量。如何将这

两种思维方式结合到一起并不是很清楚。不过，如果能够将它们结合到一起，也许就能对 $x^{\frac{m}{n}}$ 进行求导，我们甚至也许还能将这种思维方式应用于今后遇到的更疯狂的机器。

到目前为止，我们主要是用"撇"号表示导数，将机器 M 的导数记为 M'。这没问题。但我们也想尝试搞清楚上面这个疯狂的想法，我们意识到 $P(x)$ 是由我们知道如何求导的两项构成的，一项包含另一项。为了表述这个思想，我们需要将两个不同的东西视为"变量"，但撇号无法让我们很好地表述这个思想。问题出在哪里？如果我们真的可以**随意**进行缩写，那么下面这些语句说的就是同一件事情：

$$(x^n)' = nx^{n-1},$$
$$(Q^n)' = nQ^{n-1},$$
$$(\text{啪啦})' = n(\text{啪啦})^{n-1}。$$

这似乎是完全合理的，因为我们可以随意进行缩写。不过，撇号和这个新的疯狂想法无法很好地相处，如果我们在论证中同时使用撇号和疯狂的想法，很容易就会陷入一团乱麻。问题是这样。我们知道 $\frac{\mathrm{d}}{\mathrm{d}x}x = 1$，它说的就是 $(x)' = 1$，但是如果我们能随意缩写，我们就能取任何机器，比如 $M(s) \equiv s^n$，用 $x \equiv s^n$ 对其进行缩写，然后用撇号我们可以得到 $(x)' = 1$。不过，x 就是 s^n 的缩写，而我们知道 $(s^n)' = ns^{n-1}$。但这样我们就"证明"了 $ns^{n-1} = 1$，这肯定不会始终成立！例如，当 $s = 1$ 和 $n = 2$，它说 $1 = 2$。啊！哪里错了？

你可能会想是不是缩写不对，然后认为我们**不能**随意进行缩写。我们当然可以！我们刚才落入的陷阱其实是撇号的问题，因为它没有提醒我们将什么视为变量！当我们写下 $(x)' = 1$ 时，我们其实是在用撇号表示"相对于 x 的导数，"或者"将 x 视为变量时的导数。"当我们写下 $(s^n)' = ns^{n-1}$，我们其实是在用撇号表示"相对于 s 的导数"，或者"将 s 视为变量时的导数。"因此当我们写下这些的时候并没有错，只是不能在它们之间画等号，因为这两个式子回答的是不同的问题。

世界一切如常，我们还是可以随意进行缩写。但我们注意到了，如果我们想按照前面论及 x、Q 和**啪啦**的那三个式子那样谈论事情，撇号会带来危险。如果采用另一种方式来表述同样的意思，可以这样：

$$\frac{\mathrm{d}}{\mathrm{d}x}x^n = nx^{n-1},$$

$$\frac{\mathrm{d}}{\mathrm{d}Q}Q^n = nQ^{n-1},$$

$$\frac{\mathrm{d}}{\mathrm{d}(\textbf{啪啦})}(\textbf{啪啦})^n = n(\textbf{啪啦})^{n-1}。$$

　　请注意随着变量变化，我们考虑的问题也在随之变化，因此当我们考虑的变量不同时，$\frac{\mathrm{d}}{\mathrm{d}x}$ 中的 x 变成了 Q，然后又变成了**啪啦**。我们还是可以随心所欲，只是要记住当我们在发明缩写时，思考的是什么东西。如果没有把握，最好回头看一下我们在发明缩写时想的是什么。我们是不用记忆任何东西，但必须保证不会与我们之前说的相矛盾。

　　现在有了这些之后，让我们回过头来看看能不能不用撇号表达我们关于重新缩写的疯狂思想。我们只允许自己用 d 标记，因为这个标记更便于我们转换变量。我们之前的想法是，如果

$$P(x) = x^{\frac{m}{n}},$$

可以将其写成 $P(x) = (x^{\frac{1}{n}})^m$。然后如果我们利用缩写（**某个东西**）$\equiv x^{\frac{1}{n}}$，就能得到 $P(x) = (\textbf{某个东西})^m$，然后得到

$$\frac{\mathrm{d}}{\mathrm{d}(\textbf{某个东西})}P(x) = \frac{\mathrm{d}}{\mathrm{d}(\textbf{某个东西})}(\textbf{某个东西})^m = m(\textbf{某个东西})^{m-1}。$$

现在我们改变了标记，可以更清楚地看出之前错在哪里。我们没有做错，只是回答的问题与我们最初问的稍有不同。我们想知道 $P(x)$ 的导数，将 x 视为变量。而我们回答的则是另一个问题：$P(x)$ 的导数，将（**某个东西**）视为变量，其中（**某个东西**）是 $x^{\frac{1}{n}}$ 的缩写。

　　这正是我们反复遇到的情形。我们想回答一个问题，但是回答不了。然后发现如果问题稍加变化，就能轻松解决。因此要回答最初的问题——我们无法回答的那个——我们可以借助那个名为"撒谎然后改正"的思维体操。如果问题仅仅是"$P(x)$ 相对于（**某个东西**）的导数是什么，

其中(**某个东西**)为 $x^{\frac{1}{n}}$?"回答会很容易。但那不是我们问的问题,因此我们撒个谎,先回答容易的问题,然后**改正**。我的意思是这样。我们从问题

$$\frac{\mathrm{d}P}{\mathrm{d}x} \text{是什么}$$

开始。我们不知道,所以我们撒谎,将问题变成

$$\frac{\mathrm{d}P}{\mathrm{d}(\textbf{某个东西})} \text{是什么?}$$

这个问题我们**能**回答,至少在(**某个东西**)是 $x^{\frac{1}{n}}$ 的时候可以。不过我们撒了谎,改变了一些东西,所以需要回过头去改正,首先在上面再放一个 d(**某个东西**)与在下面引入的 d(**某个东西**)相抵消,然后,然后将我们撒谎时拿掉的 $\mathrm{d}x$ 重新放在下面。这样就回到了最初的问题,只是样子有了一点变化:

$$\frac{\mathrm{d}(\textbf{某个东西})}{\mathrm{d}x} \frac{\mathrm{d}P}{\mathrm{d}(\textbf{某个东西})} \text{是什么?}$$

如果我们不想说这是撒谎和改正,只需将整个过程视为乘以 1。为了说明这一点,我们将刚才的论证过程一次性展示出来。

$$\frac{\mathrm{d}P}{\mathrm{d}x} = \overbrace{\frac{\mathrm{d}(\textbf{某个东西})}{\mathrm{d}(\textbf{某个东西})}}^{\text{只是一个复杂的1!}} \frac{\mathrm{d}P}{\mathrm{d}x} = \underbrace{\frac{\mathrm{d}(\textbf{某个东西})}{\mathrm{d}x} \frac{\mathrm{d}P}{\mathrm{d}(\textbf{某个东西})}}_{\text{对分母应用}ab=ba}。$$

嘿!我们知道如何计算这些!这很不错。我们定义了 $P(x) \equiv x^{\frac{m}{n}}$,但是不想进行冗长的求导。我们做得到,但想试试有没有捷径。撇号让我们有点迷糊,但是一旦用 d 标记重写,问题就会变得容易得多,只需要撒谎然后改正就行了。我们已经求出了 P 相对于(**某个东西**)的导数是

$$\frac{\mathrm{d}P}{\mathrm{d}(\textbf{某个东西})} \equiv \frac{\mathrm{d}}{\mathrm{d}(\textbf{某个东西})} (\textbf{某个东西})^m = m \cdot (\textbf{某个东西})^{m-1}$$

$$\equiv m \cdot (x^{\frac{1}{n}})^{m-1} = m \cdot (x^{\frac{m-1}{n}}), \tag{3.11}$$

并且我们也求出了(**某个东西**)$\equiv x^{\frac{1}{n}}$ 相对于 x 的导数是

$$\frac{\mathrm{d}(\textbf{某个东西})}{\mathrm{d}x} \equiv \frac{\mathrm{d}}{\mathrm{d}x} (x^{\frac{1}{n}}) = \left(\frac{1}{n}\right) x^{\frac{1}{n}-1}, \tag{3.12}$$

因此这个神奇的新锤子告诉我们，要求 P 相对于 x 的导数，无需采取那个冗长的方法，只需将上面这两个式子相乘就可以了。让我们试一下。

3.4.7 模式再次显现

我们基本已经做完了，只需利用上面已经发明的东西，用（**某个东西**）作为 $x^{\frac{1}{n}}$ 的缩写，用等式（3.11）和（3.12）可以得到：

$$\frac{\mathrm{d}P}{\mathrm{d}x}=\frac{\mathrm{d}(\textbf{某个东西})}{\mathrm{d}x}\frac{\mathrm{d}P}{\mathrm{d}(\textbf{某个东西})}$$

$$=\left[\left(\frac{1}{n}\right)x^{\frac{1}{n}-1}\right]\left[m\left(x^{\frac{m-1}{n}}\right)\right]$$

$$=\left(\frac{m}{n}\right)x^{\frac{1}{n}-1+\frac{m-1}{n}}。$$

唯一丑陋的部分是指数，不过如果我们多看几眼，就会发现指数其实就是 $\frac{m}{n}-1$，因此可以得到

$$\frac{\mathrm{d}}{\mathrm{d}x}(x^{\frac{m}{n}})=\left(\frac{m}{n}\right)x^{\frac{m}{n}-1}$$

完美！这正是我们一直以来看到的模式！太棒了。可以卖弄一下哲学了。

3.5 创造过程中的相变

Principium cuius hinc nobis exordia sumet，

nullam rem e nihilo gigni divinitus umquam.

（而是自然的面貌和规律，

这个教导我们的规律乃开始于：

未有任何事物从无中生有。）

——卢克莱修（Lucretius），

《物性论》（*De Rerum Natura*）

在所有数学都尘埃落定之后，我们看到同样的模式再次显现。一而

再再而三发现这个模式后，我们到达了一个转折点，在这里我们突然对自己的论断少了几分自信。现在是时候暂时后退一步，重新审视我们所处的位置。数学和数学真理的本质到底是什么？虽然我们的世界全部是由我们自己发明的事物组成，我们却发现了越来越多独立于我们而存在的真理。我们发明了机器的思想，发明了幂，发明了斜率，发明了无穷放大镜，还发明了导数的思想，但是在我们对 $x^\#$ 进行求导时，反复出现的简单模式并不是我们有意强加给数学的。对于不同类型的数，我们不断重新发现 $(x^\#)' = \# x^{\#-1}$ 这个事实，虽然不同类型的数需要很不一样的论证才能得到这个相同的模式。我们对正整数发现了这个模式，然后是负整数，然后是指数为 1 除以整数的任何幂，现在又是指数可以写成整数相除的任何幂，所有这些无一例外。

我们的确是自己发明的一切，也因此，对于我们发明的这个世界，任何为真的东西必然也是我们一路上所做的某些假设的推论，但是我们现在开始遇到与我们明确作出的假设不相似的东西。这种事情在数学中层出不穷，海因里希·赫兹（Heinrich Hertz）说过的一句话很好地表现了这种发现带来的奇怪感觉：

> 我们无法避免一种感觉，即这些数学公式自有其独立的存在，自有其本身的智慧；它们比我们聪明，甚至比发明它们的人还要聪明。

你可能会认为这样将数学人格化太疯狂，这我当然无法反驳。但赫兹没疯，他的话揭示了数学发现过程的一个重要特征。在这一章和第 2 章，在对不同类型的数 # 求 $x^\#$ 的导数时，每次重新发现"指数减 1"模式都是在见证赫兹说的这种现象。我们已经到达了我们的数学创造故事中的一个相变点。在这里，我们发明的数学已经足以让我们第一次看到独立于我们而存在的数学，有它自己的情绪和思想。这一章只是我们第一次体会这种赫兹感，后面还有很多。如果这样的人格化就叫作疯狂，后面的事情还要疯狂得多。

3.5.1 让我们说一下已经做了哪些

我们总结一下目前已经发明了哪些适用于通用机器——不一定是加乘机器——的工具，并给它们命名。

相加锤子

$$(f+g)' = f' + g'.$$

相乘锤子

$$(fg)' = f'g + fg'.$$

重新缩写锤子

$$\frac{\mathrm{d}f}{\mathrm{d}x} = \frac{\mathrm{d}s}{\mathrm{d}x}\frac{\mathrm{d}f}{\mathrm{d}s}.$$

我们也可以将相加锤子和相乘锤子扩展为 n 机器版。不过这些更通用的锤子写出来有点难看，并且在实际中经常只要用两机器版就够了，因此这里只列出它们最简单的形式。

这三个锤子在传统的教科书中都有名字。相加锤子被称为"和差法则"，相乘锤子被称为"乘积法则"。这些都是很好的名字，因为它们能提醒我们谈论的是什么，只是"法则"一词容易让人们误解数学的本质（另外我也认为每提到一次"法则"都会增加这个世界的乏味程度）。

不过，虽然对这两个术语只有小小的牢骚，称呼第三个锤子的标准方式则很有问题，值得专门用一节说一说。下一节说的就是这个。

3.6 锤子和链条

重新缩写锤子通常被称为"链式法则"。这个名字倒是不赖，但是大部分书籍谈论它时所用的标记法都很古怪，会给学生带来不必要的折磨，也深深隐藏了背后思想的简单性。记得我们在发明重新缩写锤子（"链式法则"）时一个主要的障碍是认识到这个思想不适合用撇号标记。用撇号标记不是不可以，但我们发现很容易犯错，因为其中一部分将 x 作为变量，另一部分又将 s（表示**某个东西**）作为变量。课本上经常是这样表述这个思想的。

课本中如何谈论重新缩写锤子

"链式法则"是对两个函数的复合进行求导的法则。设 $h(x)=f(g(x))$，链式法则说的是 $h'(x)=f'(g(x))g'(x)$。

要说明的是，课本上关于"链式法则"的这种说法并不是不正确；只是不必要地将对一个简单思想的解释复杂化了。虽然"链式法则"**能够**解读为关于两个函数的复合的陈述，这样的表述方式却没有传达出一个关键点："两个函数的复合"指的是什么**完全**取决于我们自己！我们可以用各种方式将 $M(x)\equiv 8x^4$ 这样的函数理解为"函数的复合"（即将一个函数输入另一个函数）。例如，如果我们定义 $f(x)\equiv x^4$ 和 $g(x)\equiv 8x$，则 $M(x)=g(f(x))$。同样，如果我们定义 $a(x)\equiv 2x$，$b(x)\equiv \frac{1}{2}x^4$，则 $M(x)=b(a(x))$。对任何函数都有无数种方法将其视为两个或三个或 59 个其他函数的"复合"。因此，我们无法从客观的意义上说某个特定的函数**是**"两个函数的复合"。至于怎样选则取决于我们自己。我们干嘛要选？好吧，除非对我们有帮助！毕竟，这正是我们最初发明重新缩写锤子时的思维过程。

为了更细致地展现这两种思维方式的不同之处，我们会按课本上的方法使用重新缩写锤子(链式法则)来求 $M(x)\equiv(x^{17}+2x+30)^{509}$ 的导数，然后和我们前面的用法比较一下。如果掌握了其中的思想，无论用哪种方法都可以直接得出结论，不过这里还是给出详细的步骤。

课本上通常如何使用重新缩写锤子("链式法则")

我们想求导如下函数

$$M(x)=(x^{17}+2x+30)^{509},$$

定义函数为

$$f(x)=x^{509}$$

和

$$g(x)=x^{17}+2x+30,$$

我们发现 M 是复合函数：

$$M(x)=f(g(x))。$$

求导 f 得到

$$f'(x)=509x^{508},$$

类似地，求导 g 得到

$$g'(x)=17x^{16}+2,$$

从而，应用链式法则得到

$$M'(x)=f'(g(x))g'(x)=509(x^{17}+2x+30)^{508}(17x^{16}+2)。$$

我们通常如何使用重新缩写锤子（"链式法则"）

我们想求导如下机器

$$M(x)\equiv(x^{17}+2x+30)^{509},$$

将 x 视为变量。

这是一个很丑陋的问题，但其实就是一堆求幂，

那个我们没那么怕，因此缩写

$$s\equiv x^{17}+2x+30,$$

其中 s 表示**某个东西**。则

$$M(x)\equiv s^{509}，\quad 因此\quad \frac{\mathrm{d}M}{\mathrm{d}s}=509s^{508}。$$

但我们想求的是 $\dfrac{\mathrm{d}M}{\mathrm{d}x}$，而不是 $\dfrac{\mathrm{d}M}{\mathrm{d}s}$，因此撒谎，然后改正得到

$$\frac{\mathrm{d}M}{\mathrm{d}x}=\left(\frac{\mathrm{d}M}{\mathrm{d}s}\right)\left(\frac{\mathrm{d}s}{\mathrm{d}x}\right)。$$

撒谎然后改正告诉我们还需要（**某个东西**）的导数，将 x 作为变量。

> 但这个也很容易。
>
> $$\frac{\mathrm{d}s}{\mathrm{d}x} = 17x^{16} + 2 \text{。}$$
>
> 因此最后我们得到
>
> $$\frac{\mathrm{d}M}{\mathrm{d}x} = \left(\frac{\mathrm{d}M}{\mathrm{d}s}\right)\left(\frac{\mathrm{d}s}{\mathrm{d}x}\right) = (509s^{508})(17x^{16} + 2)$$
>
> $$\equiv 509(x^{17} + 2x + 30)^{508}(17x^{16} + 2) \text{。}$$

注意在两个例子中我们得到了一模一样的答案。这两种方法在逻辑上是等价的，但是在心理上肯定不等价。更糟糕地是，称之为"复合函数的求导法则"让人们认为存在名为"复合函数"的某种东西。其实并不存在。

"除非对我们有帮助"哲学是我们最初发明这三个锤子的原因，也是我们用"锤子"而不是"规则"或"定理"来称呼将难题拆解为简单问题的方法的另一个原因。"和差法则""乘积法则"和"链式法则"的说法并不是不对，只是有微妙的误导性。这三个拆解方法不是教我们怎样做的**法则**，而是如果我们想做的话，告诉我们可以做什么的**工具**。这个区别极为重要，因此我们专门给它一个方框：

所有锤子的重点

1. 我们可以**选择**将任何特定的机器视为"其实"是两台机器相加，如果这样做能帮助我们。

这就是我们发明**相加锤子**的原因。

2. 我们可以**选择**将任何特定的机器视为"其实"是两台机器相乘，如果这样做能帮助我们。

这就是我们发明**相乘锤子**的原因。

3. 我们可以**选择**将任何特定的机器视为"其实"是一台机器吃掉另一台机器，如果这样做能帮助我们。

这就是我们发明**重新缩写锤子**的原因。

大声清晰地说出重点之后，让我们将这三个锤子添加到我们快速扩

充的武器库，然后继续我们的旅程。

3.7　整合

我们回忆一下这一章做了什么。

1. 在将幂的思想从无意义的缩写扩展为有意义的思想时，我们发现自己无意中创造了一堆不同的机器。

2. 我们不知道如何对这些机器求导，但是根据我们发明幂的方式，我们知道如何将它们与更简单的机器关联起来。例如：

$$x^n x^{-n} = 1 \text{ 和 } \underbrace{(x^{\frac{1}{n}})(x^{\frac{1}{n}}) \cdots (x^{\frac{1}{n}})}_{n\text{次}} = x \text{。}$$

3. 将这些让人迷惑的新机器与更简单熟悉的机器关联起来让我们可以"诱骗数学"告诉我们这些新机器的导数是什么。

4. 在求这些新机器的导数的过程中，我们发明了几个锤子：相加锤子、相乘锤子和重新缩写锤子。这些锤子让我们可以将难题拆散为更简单的问题。

5. 让作者吃惊地是，这一章的中间发生了让人意外的对话，我们认识了新朋友。这最终也许会对这本书余下的部分有影响。我不知道前面的部分是不是还安全。

6. 老实说：上面这条有点吓到我了。

插曲 3：
回望未来

总有一天你会认为一切都结束了。

其实那才是开始。

——拉慕(Louis L'Amour)，

《山上的孤独》(*Lonely on the Mountain*)

结束

最开始我们就说过我们的目的是(1)自己发明数学，以及(2)偶尔将我们发明的东西联系到你在课本上见到的数学。现在有必要停下来问一下自己我们到了哪儿，回顾一下我们知道的和不知道的一切。我在向你解释你通过课本上的常规语言知道的思想时，会既使用我们自己的术语也使用标准术语。

首先，我们已经发明了我们在高中可能见过的一些东西，当时这些东西对我们来说完全是神秘的，现在则发现简单得让人吃惊。

我们发明的你在高中可能曾学过的东西，
当时这些东西看起来可能完全是神秘的

1. 函数的概念(机器)。

2. 面积的概念(展示如何发明数学概念的第一个例子)。

3. 分配律(撕东西显然律)。

---

4. 斜率的概念（展示如何发明数学概念的第二个例子）。

5. 可以用形为 $f(x) \equiv ax + b$ 的函数描述的直线。（这是发明斜率概念时的一个推论）

6. 勾股定理（捷径公式）。

7. 多项式（加乘机器）。

8. 幂、n 次根、负的 n 次幂、任意的分数次幂（所有这些都遵循在插曲 2 中的总结）。

其次，我们发明了微积分，并花了一些时间探索我们创造的这个新世界。

我们发明的并且是你通常在微积分中学到的东西

1. 局部线性的概念（无穷放大镜）。

2. 导数的概念（通过放大定义弯曲的东西的陡峭度）。

3. 无穷小的概念（无穷小的数）。

4. 极限的概念（如果我们不喜欢无穷小的思想，让我们可以避开它们的奇妙装置）。

5. 如何求任意多项式的导数。

6. 和差法则，以及推广到 n 个函数之和的求导（相加锤子）。

7. 乘积法则，以及推广到 n 个函数之积的求导（相乘锤子）。

8. 链式法则及其推广（重新缩写锤子）。

9. 幂函数求导及其对正整数、负整数、单位分数、及任意有理数指数的推广（注：幂函数求导是课本上对 $(x^{\#})' = \# x^{\#-1}$ 模式的称呼，我们在不同背景下反复发现了这个）。

10. 任何数都能用有理数以任意精度逼近（"有理数"是可以写成一个整数除以另一个整数的数的标准称谓）。

11. 数学归纳法（爬梯子式推理，我们用它来建造更通用的锤子）。

第三，我们学会了一些在课本上和教室里很少听到的东西。讽刺地是，这些可能是最重要的。

你很少听到的东西

1. 等式就是语句。

2. 数学中的所有符号只不过是我们可以用日常语言描述的事情的缩写，只是我们太懒了（很好的一种懒）。

3. 如何发明好的缩写：它们应当能提醒我们描述的是什么思想。

4. 如何发明数学概念（后面我们还会发明很多）。

5. 人们一般不愿意承认，数学定义受审美偏好影响，比如我们认为什么是最优雅的。

6. 数学分成两部分。前半部分是随意地创造。后半部分是试图搞清楚我们到底创造了什么。

7. 如何用相当简单的数学推导出狭义相对论中的时间变慢公式。

8. 有时候，一个无意义的缩写变化会对我们理解公式的能力有很大的影响（例如，表述重新缩写锤子（又名链式法则）的两种方式）。

9. 在数学中，没有什么应当被记忆……除非你想这样做。

另一方面，也有许多通常被认为很基础但我们还不知道的东西。

一些"简单"但我们还不知道的东西，
也许是因为它们并不像我们认为的那样简单。

1. 我们还不知道圆的面积是 πr^2。

2. 我们还不知道圆的周长是 $2\pi r$。

3. 符号 π 目前对我们毫无意义。

4. 机器 $\sin(x)$ 和 $\cos(x)$ 还不是我们的词汇表的一部分，当然我们也不会用这些愚蠢的名字称呼它们，除非是开玩笑。

5. 我们不知道 $\log_b(xy) = \log_b(x) + \log_b(y)$。我们不知道如何"换底"。对数的性质我们一个都不知道。

6. 我们对什么是"对数"没有概念，除了让我们感到压抑。

7. 我们不会想到 e^x 与我们的无穷放大镜会有特殊的关系。

8. 目前符号 e 对我们还毫无意义，除了作为英文字母。

开始

我们已经发明了前三张清单里的数学概念，但最后一张清单呢？在随后的两章，我们会发现高中数学中绝大多数不相关的事实（目前还没有讨论的微积分"预备知识"）可以很容易地用我们已经发明的这些工具得到，或者用我们沿途将要发明的这些工具的简单表兄弟得到。在所有例子中，我们都会发现这些所谓的预备知识其实是事后知识，需要微积分才能彻底理解。既然如此，总结了这么多我们已经发明的"高级"知识和还不知道的"基础"知识之后，让我们开始回望未来。准备好了吗？出发吧。

（什么也没发生……这里就好像没人来过……）

第二幕

第 4 章
论圆和放弃

4.1 概念离心机

4.1.1 有时候"解决"其实就是放弃

离心机是一种很巧妙的机器。如果你将混合了不同物质的液体倒进去，离心机就可以通过让液体高速旋转将各种成分分离出来。高中和大学课程中讲授的许多数学就很像混合的液体。其中既混杂了美丽的必然真理，也混杂了各种不必然的历史偶然。我们需要一台概念离心机：搅拌数学世界，重演人类历史，去除历史的偶然，分离出思想之间的永恒关联。我们先用一个例子来说明一下。

假设正方形中内接一个圆（图 4.1）。圆占据了多少正方形呢？现在只能借助我们自己发明的数学。我们不能引用别人告诉我们的知识，除非我们知道如何从头开始发明它。因此问"圆占据了多少正方形"到底是什么意思呢？是问正方形的面积减去圆的面积吗？也许是。这是一种回答方式。我们只要写出面积差，然后说"除了这些都被圆占据了。"但是请注意如果我们这样回答问题，则答案将取决于正方形和圆的大小。如果我们说的是这一页这个特定的图形，则面积差不会大于你看到的这一页的

147

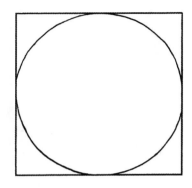

图 4.1　这个问题似乎很乏味，但是请等一下！这是一台概念离心机。

总面积。如果说的是像星球这么大的圆的同类问题，则答案也会大得多。

　　如果答案不依赖于图形的大小就好了。因此如果我们问圆的面积除以正方形的面积呢？不能说这个对那个错，但这样至少有希望给出一个答案。答案肯定是某个数，对吗？圆占据的面积很显然不止正方形的 1％，也很显然不到 99％，因此确切的答案必定是 1％ 和 99％ 之间的某个数，而且无论图形有多大答案都应当是一样的，因为当我们缩放图形时，正方形和圆都会一起缩放。

　　不过圆是弯曲的，正方形不是，因此我们卡住了。我们发明的无穷放大镜能帮助我们处理弯曲的东西，但目前我们只是用它来求弯曲东西的**陡峭度**。而圆的问题似乎不是陡峭度的问题，所以不清楚导数是不是有用。我们可以做一些事情，虽然不会让我们摆脱困境，但也许能让我们从不同的角度来认识这个问题。我们将正方形分成四块（图 4.2）。

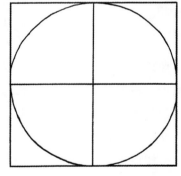

图 4.2　这没多大用。

　　现在我们将问题改成，"你需要多少个小正方形的面积才能构成圆？"注意答案不一定是整数。我们将小正方形的面积记为 $A(\boxdot)$，大正方形的面积记为 $A(\boxplus)$。因此有 $A(\boxplus)=4 \cdot A(\boxdot)$ 以及……我们又卡住了。这些线并没有让问题变简单。因为那些让人讨厌的弯曲部位，我们还是不知道圆的面积。但是现在我们可以用稍微不同的语言来谈论这个问题了。从图中可以看出 $A(\bigcirc)$ 要大于小正方形的面积，也明显要比两个小正方形大，因此几乎可以肯定 $A(\bigcirc) > 2 \cdot A(\square)$。至于是不是比三个小正方形的面积大就不那么清楚了。如果现在要我们猜，我们打赌应该在 3 附近。

实话实说，我们还没有取得什么进展，只不过是在胡闹。我们还是没有摆脱困境，因为我们不知道如何求弯曲东西的面积，包括圆。因此我们决定作弊！我说的作弊是什么意思？

在莫里哀的戏剧《没病找病》(*The Imaginary Invalia*) 中，医生被问到为何鸦片会使人入睡。他回答说这种东西使人入睡是因为它有"virtus dormitiva"，这个拉丁词的意思是"诱导睡眠的力量。"如果我们搞清他用的术语，就会发现他根本没有回答这个问题。他只不过是为鸦片使人入睡的这个特点发明了一个好听的名字，因为他不知道怎么回答。这是当你不知道怎么回答一个问题时的一种滑稽而且推卸责任的做法，我们也可以这样做！

我们的问题是求出圆占据了多少正方形。我们不知道答案，但是肯定有一个答案。也就是说，必定存在**某个数**——我们可以称之为 ♯ ——使得 $A(\bigcirc) = ♯ \cdot A(\square)$。只需看图就有把握说 $2 < ♯ < 4$，但我们不知道数 ♯ 具体是多少。我们还知道 $A(\boxplus) = 4 \cdot A(\square)$，因此我们可以让答案不依赖 $A(\square)$，只需这样做：

$$\frac{A(\bigcirc)}{A(\boxplus)} = \frac{♯ \cdot A(\square)}{4 \cdot A(\square)} = \frac{♯}{4}。$$

这看起来不错，但我们其实还是什么也没做！我们只不过用莫里哀的方式给我们不知道的东西起了个名字。只是我们起的名字不是好听的"virtus dormitiva"，而是符号 ♯，但其实套路是一样的。我们直接定义 ♯ 然后就**放弃**了。总结一下我们到目前为止做的事情。

问：多少个小正方形的面积才能构成圆？

答：那要 ♯ 个。

问：♯ 是多少？

答：我不知道。离我远点。

注意到 $A(\square) = r^2$，其中 r 是从圆心到边缘的距离，课本上称为圆的"半径"（不记得的话去翻书）。基于同样的理由，我们知道 $A(\boxplus) = 4r^2$。我们将 ♯ 定义为能让 $A(\bigcirc) = ♯ \cdot A(\square)$ 成立的某个数。这其实也就是说

$$A(\bigcirc) = ♯ \cdot r^2,$$

这可能会让你想起那个公——

（数学走进了这一章。）

数学：嗨，你们俩，又见面了。你们在干什么？

作者：没什么。我们被难住了。

数学：被什么难住了？

读者：上面这个问题。

作者：你自己去看一下。

（数学去了，然后很快就回来了。）

数学：哦，我知道了。

读者：有没有什么想法？

数学：没有。没什么好的想法。不过我倒是有一些没用的想法。这让我想起了几天前难住我的一个类似问题。

作者：什么问题？

数学：我可以自己写一节吗？

作者：请便。

数学：问题是这样……

4.2　妄自菲薄

作者：等一下，妄自菲薄？那怎么会是相似的问题？

数学：请给我一点时间。我会解释的。

作者：好吧，请继续。问题是什么？

（数学清了清嗓子。）

数学：有时候人们会认出我。我爱他们，但遇到的人有时候相当……无礼。他们认为我应该什么都知道，问我一些我不懂的问题，而如果我答不出来，他们会很吃惊。我不知道他们认为我是谁。我希望他们能明白（那个）[2] 不是我……不过这是另一个问题了。被理解的需要……或渴望……管他呢。我早就放弃了。

（嘿！放弃是这一章的主题——）

作者：别插嘴，旁白。现在不是时候。

数学：话说回来，假装自己知道所有人都认为你应当知道的一些东西感觉似乎也不错，你觉得呢？这会让日常的交往更舒服一些。再说了，如果我努力学习那些认为我应该知道的知识，说不定会有人欣赏我的努力。从而尝试理解本来的我。谁知道呢？肯定在某处会有某个人，甚至某些人愿意尝试……但我不能就这样坐着干等，等着自己能被理解……首先我需要努力表现得符合他们的期望。也许我能两者兼顾。要么这样，要么那样。只要是需要我做的。只要能用得上。

读者：喔，改变得很快啊……

数学：因此不管怎样，为了所有的这一切，我想我应该尝试为自己发明一些基本的。我的意思是说，毕竟我的名字是数学。我应该能做到，对吗？

作者：听起来是这么回事。

读者：那么，有进展吗？

数学：没有。一下就卡住了。就连最基本的东西都发明不了。

读者：你从什么开始的？

数学：我被经常问到的东西。关于圆。我不知道为什么所有人都认为我会很关心这些东西。它们只不过是一些形状。还有那么多有趣的东西！不过……正是这些思考让我开始不再妄自菲薄——不知道人们认为我应该知道的东西。因此，回到现实……那是一个关于圆的周长的问题。一个愚蠢、幼稚的问题。这也是为什么你的问题让我想起了这个。就是圆。他们居然不知道该怎么做。

作者：也与弯曲有关？

数学：是的。问题是这样。我们将圆的直径称为 d。d 表示见鬼（dammit），如果我连这个都做不到，那我就活该去住桥洞。或者表示距离（distance）。我还没想好。管他呢，我想尝试求出沿着圆周走一圈需要多少个 d。我知道圆周的长度肯定不止 $2d$，因为沿着上半部分走半圈明显要大于 d。这很显然。我所取得的另一个进展就是它肯定不到 $4d$，因为如果围着圆画一个正方形，周长就是 $4d$，显然要比圆周长一些。

读者：好像是这么回事。

作者：是的，和我们被自己的问题难住之前做的事情差不多。

数学：我最好的猜测就是 d 的数值大概在 3 附近，但我无论如何也求不出具体是多少，所以最后我放弃了。我已经很久没有碰这个问题了，我也不想让人知道我还没有求出答案。循环推理已经很让人难堪了，而且还是这么简单的问题，关于圆的循环推理，这种事情让我很丢脸。

作者：不用觉得难堪。

数学：没法不难堪。再加上我的身份，这会上虚空所有报纸的头版。所以后来有一天晚上我溜到了虚空的本地缩写站——假装是会计以免被人发现——选取了一个符号好掩盖我的无知。

读者：这和我们做的事情基本一样。

数学：奇怪地是这么简单的问题居然没人知道。

作者：它肯定不像看上去那样简单。

数学：也许吧。不管怎样，我选了一个"放弃符号"来写下这些：

$$\text{圆的周长} \equiv \sharp \cdot d 。 \tag{4.1}$$

作者：我看得出你用了莫里哀的套路。那个音乐符号是干嘛用的？

数学：本来我想用"数字"符号 $\sharp$ 提醒自己那是一个数，但我很不喜欢数，我也不想提及它们。长得像就行了。似乎是个不错的妥协。

作者：似乎还行。等一下，你对 $\sharp$ 最好的猜测是在 3 附近？

数学：是的。当然了，只是猜测。我怀疑就是 3。

读者：我们对我们的面积数 $\sharp$ 的最好猜测也是在 3 附近。

数学：有意思⋯⋯这两个问题似乎有神秘的相似性。不知道这两个数是不是一样的。

　　作者：不可能。可能性不大。

　　数学：谁知道呢？也许我们能发现它们就是同一个数。

　　作者：你异想天开吧？这两个数我们一个也不知道。怎么可能知道它们是不是一样的呢？

　　数学：我们需要想办法将面积和长度关联起来。将一维的东西和二维的东西相关联。我不知道该怎——

　　读者：嗯……如果我们画出来，一维的东西就有**点像**二维的……就像一条线很像细长的矩形。

　　作者：是的，但不是这么回事。

　　读者：不不。我知道。但请听我继续说。假设我在纸上画一条长为 l 的"线"。它并不是**真正的**线，对吗？我的意思是说，它并不真的是一维的。如果我们把它放大，它就是一个很细长的矩形，长为 l，宽为很细的 dw。所以我们都知道很细的矩形看起来就像线一样。也许我们也能对圆做类似的事情，从而发明一种方法将面积与长度关联起来。如果我们走运，一切顺利的话，也许我们就能知道这两个数是不是一样的。

　　作者：听起来不错……

4.3　我们不知道的东西是一样的

　　读者：想法是这样：

1. 一个看起来像条线的很细长的矩形。

2. 矩形的面积等于两条边长相乘。

我们可以用我们的放弃数将圆的面积写为：

$$A(\bigcirc)=\sharp \cdot r^2。$$

虽然我们不知道 $\sharp$ 是多少。因此我们假设两个圆，一个半径是 r，另一个半径是 $r+t$，其中 t 是某个非常小的数。我们将第一个圆扩大一点点就能得到第二个圆，因此假设一个在另一个的里面。我们写过 $A(\bigcirc)$，但现在我们需要两个不同的圆的缩写，所以我们用 $A(r)$ 表示内圆的面积，

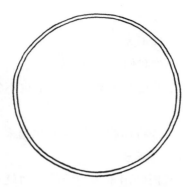

图 4.3　对于无穷窄的甜甜圈，也许我们可以**把它看作很窄的矩形**来计算面
　　　　积。在上面的图中，我们假设内圆的半径为 r，外圆的半径为 $r+t$，
　　　　其中 t 表示某个非常小的数。因此甜甜圈的厚度就是这个很小的数 t。

用 $A(r+t)$ 表示外圆的面积。这样整个看起来就像一个极细的甜甜圈。
我在图 4.3 中把它画了出来。这个细甜甜圈的面积应该是：

$$A_{甜甜圈} = A_{外圆} - A_{内圆} \equiv A(r+t) - A(r)。$$

语句 $A(r) = \# \cdot r^2$ 中包含了我们不知道的数，不过先用再说。据此
可得

$$A_{甜甜圈} = \# \cdot (r+t)^2 - \# \cdot r^2$$
$$= \# \cdot (r^2 + 2rt + t^2 - r^2)$$
$$= \# \cdot (2rt + t^2)。$$

因此这就是细甜甜圈的面积。但是还有另一种思考方式。如果我们将圆
的任意部位放大到足够近，看起来就像是直线。因此如果我们将细甜甜
圈的任意微小部分放大，看起来就会像是细长的矩形，对吗？

数学：是的。

作者：当然。

读者：现在请继续听我讲。如果我们让甜甜圈足够细，我们就能想
象把它剪开，然后"展开"成一个细长的矩形。这样我们就能把它**当作矩**
形来计算它的面积，相差不了太多，就像这样：

$$细甜甜圈的面积 = (很长的长度) \cdot (很细的宽度)$$
$$= (圆的周长) \cdot (t)。$$

数学：等一下，你刚才写了"圆的周长。"那不就是我之前说的放弃数吗？就是

$$圆的周长 \equiv \sharp \cdot d \text{。}$$

这样我就可以帮上你了。我用我的放弃表达式代替"圆的周长"，将你的式子变成

$$细甜甜圈的面积 = \sharp \cdot d \cdot t \text{。}$$

作者：嘿，我们描述了同一个东西两次。刚才我们得到了

$$细甜甜圈的面积 = \sharp \cdot (2rt + t^2) \text{。}$$

数学：噢，我用了与你不一样的缩写，但我说的 d 就是你说的 r 的两倍。用 $2r$ 替换 d 然后合并得到：

$$\sharp \cdot (2rt + t^2) = \sharp \cdot (2r) \cdot t \text{。}$$

读者：每一项都至少有一个 t。

作者：哦，对了。那是因为两边说的都是细甜甜圈的面积，随着微小量 t 变得越来越小，面积也会越来越小，这也就是为什么每项都至少有一个 t 了。但我们是想比较我们的两个放弃数，所以两边都消掉一个 t，重新写成这样：

$$\sharp \cdot (2r + t) = \sharp \cdot (2r) \text{，}$$

那个 t 是做什么的？

读者：噢！我想应该是误差。我刚才说过我们可以认为细甜甜圈的面积**几乎**是"长乘以宽"，不会完全相等，但随着甜甜圈变得越来越细，两者也会越来越接近。可能当甜甜圈变得无穷细的时候就完全一样了。因此也许我们应该让 t 缩减成 0。如果我们在两边消掉它之前将它缩减成 0，就会得到 $0 = 0$。那仍然是对的，只是没什么用。而现在将它缩减成 0 则得到

$$\sharp \cdot (2r) = \sharp \cdot (2r) \text{，}$$

并且现在我们可以将两边的 $2r$ 消掉了，从而得到

$$\sharp = \sharp \text{。}$$

作者：也就是说我们的放弃数与他的放弃数是一样的？

数学：他？我不认为我有性别，作者。

作者：哦，当然。对不起，代词真麻烦。

读者：不管怎样，这两个放弃数是一样的。

作者：但我们还是不知道这些数是多少！应该说，这个数。代词真麻烦。

数学：我们知不知道这个数是多少很重要吗？

作者：那倒不是。只是有点奇怪，我们完全不知道♯和♯是多少，却又证明了它们是一样的。

数学：我不觉得这有什么奇怪的。现在我们能不能就用♯称呼这个数？我们也许需要用♯表示其他东西。

作者：行。

数学：太好了。现在我们知道了：

$$圆的面积＝♯r^2,$$

$$圆的周长＝2♯r,$$

但我们不知道♯是多少。

作者：所以圆的面积相对于半径的导数就是圆的周长？

数学：我想是的，如果你想看起来像是课本的话。

（旁白）[1]

4.4 混合物分离

你可能猜到了，我们称为♯和♯的那两个（居然相等的）数还有另一个名字。这个数通常称为 π，具体的数值比 3 大一点。我们还不知道它的数值。不管我们称它为♯还是 π 还是其他什么，到目前为止它只不过是我们发明的一个名字，用来称呼我们尚未解决的一个问题的答案。在后面♯还会在我们发现的数学语句中再次神秘地出现——让我们可以求出这个数

---

[1] （旁白：旁白认为，打断旁白是很无礼的，因为旁白（或者应该说，元评论）是用括号括起来的，因此，任何突然的打断很容易导致语法错误检查的困难和/或今后书本分析的问题。不过我跑题了……）

到底是多少的语句。虽然♯的具体数值并不重要，也没有什么趣味，这些语句还是会让我们发现它其实大约等于 3.14159。

在我们征服它之前，请不要隐藏我们的无知。为了不断提醒自己我们还不知道，目前我会继续使用符号♯而不是 π。只有在我们知道如何计算这个数了，并能得到我们期望的任意精度时，我们才会把它称为 π。

经历了上面这些后，我将这个例子称为"概念离心机"，因为它能帮助我们将通常一起呈现的不同思想分开。当我们被直接告知圆的面积是 πr^2 时，我们得到的是一张将必然真理、定义和历史偶然混合在一起的怪异煎饼。将这个混合物摊开，我们会得到一张清单：

必然真理：$A(\bigcirc)/A(\square)$ 总是保持不变，无论图有多大。

定义：符号 π 被**定义**为那个数，即 $A(\bigcirc)\equiv\pi\cdot A(\square)$。

历史偶然：将它称为 π 而不是♯或♯♣或其他什么。

从以上这些无法明显看出的必然真理：π＝3.14159…

实际上，符号 π 通常的定义方式与我们的朋友数学在上面的对话中定义它的放弃数♯的方式是一样的。不过我们看到，♯和♯其实是同一个数。因此，π 通常是用长度而不是面积定义是出于历史偶然，而不是逻辑必然。所以我们在表中还加上一条：

历史偶然：π 通常用长度而不是面积定义这个事实。即 π 用（周长）＝π（直径）定义，而不是用 $A(\bigcirc)\equiv\pi A(\square)$ 定义这个事实。

总结一下，如果想锻炼出对数学的深刻理解，能将历史偶然从逻辑必然真理中分离出来是最重要的技能之一。事实上，这本书上的许多非标准做法的目的就是将必然从偶然中分离出来。大部分数学——标记、术语、对其进行探索时的形式化程度，以及课本上讲述其内容的社会传统——这些都可以改变。但就算这些全都改了，还是会有一些基本的真理会留下了。那些基本真理，无论表述成什么样子，都构成了数学的真正精髓，也只有在将一切偶然剥离开并改头换面之后，我们最终才能看到底下这些不变的真理。

4.5　什么是有意义

4.5.1　发明坐标就是为了无视坐标

在数学课上，我们经常听到奇怪的术语"坐标系"，还有相关的术语"笛卡尔坐标"和"极坐标"。值得停下来问自己一个问题：坐标到底是什么？坐标通常用来谈论二维平面、三维空间，等等，但还是没说清楚它们是什么或者我们为什么需要它们。例如，今天早晨，我花了些时间在三维空间中散步，但我没看见一根"坐标"。不过，当我想计算比如说从我家到医院的距离，或者从我的桌子到外面那只不断发出求偶叫声的鸟的角度，我就会很快发现有两种方法做这些计算。首先是定性方法。对"读者与我的当前距离是多少？"这个问题的定性答案是"远"或"很近"这类说法。但我们也许想要更精确的答案。如何才能让答案更精确呢？一种方式是

$$读者离我家（很）^n 远。$$

其中（很）^{n} 表示 n 个"很"字排在一起，n 则是从一个地方走到另一个地方所需的步数。这就精确多了，但是还是很痛苦。毫不奇怪没有人会这样说话。

更精确地描述距离和角度这类几何事物的另一种方式是使用数字。我们做这种事情很多次了。用坐标和数描述几何事物是我们都很熟悉的过程，但赋予坐标的过程是如此地习以为常以至于很容易忽视它的一个本质特性：**坐标不是几何**。空间不知道什么坐标。当然，有时候我们希望数字能提供额外的结构——我们想要相加长度，想找到捷径，等等——因此我们在想象中给空间中的每个点赋值（坐标）。然而，这样做的时候，我们作出了并非内在于几何的任意选择。一旦我们在纸上画出了两个垂直的方向（二维"坐标系"），我们就马上可以利用数值计算的整个武器库，我们可以用这个来谈论二维空间中的一切。但是，在画下这个坐标系而不是比如角度稍有不同的另一个坐标系时，我们已经作出了一个任意的选择。我们在我们想谈论的对象中引入了更多结构，因此我

们必须马上**消除**这个额外的结构，申明只有在选择不同的几何无意义结构（例如选取不同的坐标系）时保持不变的量才是有意义的量。

因此，坐标似乎没有什么用。但它们恰恰非常有用，只是出于以上这些考虑，坐标发现它们处于非常奇怪的位置：我们发明它们、使用它们，然后又自认为它们不存在。坐标在我们的计算中做了全部工作，然后又隐身退去。

4.5.2　坐标在数学中的意义

我刚才说空间完全不知道我们用来描述它的坐标。这在物理世界是对的，但在数学中并不完全对。在数学中，我们想要坐标具有多少意义它们就可以有多少意义。我们的选择决定了哪些量将不再有"意义"。

例如，我们可以选择研究没有任何特殊方向和特殊点的二维世界。这在数学中有时候称为"仿射平面"。因为没有点或方向是特殊的，这个世界中有意义的事物就不能依赖于特定的点或方向。这个世界中没有"x轴"、"y轴"或"原点"，因此如果我们用这些概念辅助了我们的计算，就必须确保结果不会以某种方式依赖于所选择的特定任意坐标系。

我们可以选出一个特殊点"原点"来丰富我们的世界，但不选出任何特殊的方向。在后面这第二个宇宙中，任何特定点与原点的距离是有意义的，在之前的宇宙中则没有意义。不过任何特定点与正 x 轴（如果我们选择画一个）的夹角还是没有意义，因为在第二个宇宙中，我们申明了没有哪个方向是特殊的。坐标轴本身不过是我们嫁接到第二个宇宙帮助我们计算的东西。

最后，我们选择进入第三个宇宙，在其中有一个点是特殊的，**并且**有一个方向是特殊的。我们称这个方向为"上"。这正是我们在"画"二维函数时所用的空间。我们不仅仅是在研究无结构平面或有一个特殊点的世界；我们研究的是有原点并且有"上"这个有意义的概念的平面。在这个世界中，我们通常用沿"上"的方向度量的与 x 轴的距离来描述某台特定的机器在我们喂进去某个特定的数时吐出来的东西。在这个世界中，**从我们的坐标轴度量**的角度第一次有了意义。

4.6 方向难题

4.6.1 方向太多

还有一个不幸的事实与坐标有关，虽然这不是坐标自身的错。这个不幸的事实是：方向太多。无论我们怎样选择坐标，不是一切都会指向我们的某个轴的方向。我们用寻找回家的路来说明这个问题。假设你坐船跨越海洋寻找远方的陆地。你不想在海上迷失方向，因此你决定带上地图。如果你整个旅程都往正西走，找到回家的路将不会有什么问题。如果你走的距离为 d，只需调转船头沿相反的方向走相同的距离 d 就可以了。虽然东-西只是我们平常用的坐标系中的一根"轴"，上面的思想却适用于任何方向。如果你沿直线走距离 d，转身沿相反的方向走相同的距离就可以了。不幸地是，有时候没法走直线。你可能需要转弯避开礁石，你也可能因为意外转向，等等。如果你改变了方向，你现在走了多远呢？你需要有办法能组合不同方向的信息。

初看上去，这个问题有点像我们已经解决的一个问题。如果我们用 x_k 表示我们第 k 天在东-西方向上行进的公里数，则 n 天后，我们在东-西方向上行进的千米数就是 $x_1 + x_2 + \cdots + x_n$，或者（用第 2 章的标记法缩写这些相加）

$$X \equiv \sum_{i=1}^{n} x_i。$$

类似地，如果我们用 y_k 表示第 k 天我们在南-北方向上行进的千米数，则 n 天后，我们在南-北方向上行进的千米数就是

$$Y \equiv \sum_{i=1}^{n} y_i,$$

X 和 Y 分别是我们在东-西和南-北方向上行进的总距离。如果我们想知道离家有多远，可以用捷径公式计算 $\sqrt{X^2 + Y^2}$。

但是就算我们知道如何计算平方根（我们还不知道），也没有实际解决我们的问题！我们真正的问题是通常我们收到的信息不是 x_k 和 y_k 这

样的形式。我们不知道它们是什么。当我们在真实世界中航海时，我们发现大自然不会每天告诉我们 x_k 和 y_k。也就是说，我们拿到的信息不是沿东-西和南-北方向走了多远。我们拿到的可能是距离（长度）和方向（角度）。也就是说，我们顶多能有类似图 4.4 这样的东西，也可能是这样的清单：

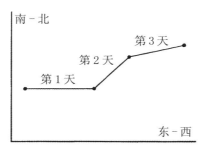

图 4.4　我们需要想办法组合不同方向的信息。

第 1 天：往东 12 千米。

第 2 天：往东北 7 千米。

第 3 天：往东北偏东 10 千米。

不清楚怎么算我们走了多远。主要问题是我们拿到的信息是**沿某个方向而不是轴**行进的距离：有太多可能的方向。如果给我们的信息是每天沿地图水平和垂直方向走的距离（即沿东-西走了多远，沿南-北走了多远），我们就知道该怎么做。那就是我们在上面解决的更简单的问题，用 x_k 和 y_k 以及捷径公式就可以。

图 4.4 展示了这个问题，图 4.5 则展示了为什么这个问题其实是一个转换问题。如果我们知道如何将每天的"距离和角度"信息转换成"水平和垂直"信息，就能将其还原成我们在上面已经解决的问题，从而解决这个问题。

我们将航海问题还原成稍微简单一点的抽象问题。现在我们可以忘掉图 4.4 和 4.5 中的三段路径。为什么？因为一旦我们掌握了将距离和角度信息转换为水平和垂直信息的方法，只需将这个方法应用三次，就能（从原理上）解决我们的航海问题。

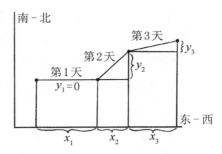

图 4.5　只要我们能将"距离和角度"信息转换为"水平和垂直"
信息，就不容易在海上迷失方向。

以更抽象的形式来看这个难题，作为转换问题，我们可以看到这个问题的本质与航海无关。它是一个关于将以距离和方向的语言描述的信息转换成以我们的坐标系——用相互垂直的两个方向建立的坐标系——语言描述的等价信息的问题。认识到这个问题其实比我们最初认为的更具普遍性之后，让我们以更抽象的方式来思考它。

4.6.2　抽象形式的方向难题

奇怪地是，我们可以通过让问题变得更抽象而不是更具象来对其进行简化。不过，我们还不知道怎么做。方向难题可以总结如下：

捷径逆问题

假设我们已经选取了坐标系，这样我们就有了两个方向，v 和 h（"垂直（Vertical）"和"水平（Horizontal）"）。有人给了我们一条长为 l 的直线，可能指向任何方向。有没有办法描述它在垂直方向上有多长，在水平方向上又有多长？

图 4.6 描绘了这个问题。目前我们对这个问题还没什么头绪。不过，可以先选择一些缩写，比如用 H 表示水平方向上的量，用 V 表示垂直方向上的量。这样我们就可以写

$$H（东西）＝？$$
$$V（东西）＝？$$

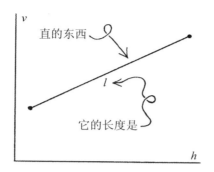

图 4.6　如果有人给了我们一条长为 l 的直线，没有沿着坐标方向，有没有
办法求出它在垂直方向和水平方向上各有多长？

还知道其他的吗？嗯，无论这个东西的长度是多少，[①] 如果它完全垂直，则 H 应当为 0，如果它完全水平，则 V 应当为 0。不过在垂直和水平之间的所有倾斜角度上，我们都不知道该怎么做。如果有办法度量倾斜度就好了。做得到吗？

其实在某种意义上，我们已经发明了度量倾斜度的方法，斜率就可以用来干这个。回想一下，我们对直线斜率的定义就是 $\frac{v}{h}$，其中 v 是线上两点的垂直距离，h 是水平距离。不过虽然斜率或陡峭度应当能度量直线的倾斜度，这个想法还是有点前后颠倒。因为我们的方向难题想要求的就是水平和垂直项，所以最好不要在解题的前提条件中包含它们。我们需要另找方法来谈论方向。

我们在日常生活中说的"方向"是什么意思呢？如果我们站立起来"改变方向"（即转圈），最终我们会转出一个圆，也许我们可以用圆来谈论方向。有很多方法可以这样做，就像有很多方法度量长度一样。我们可以选择比如转一个完整的圈，回到原点，作为角度 1。如果这样做，转半圈就是角度 $\frac{1}{2}$，朝左转则是角度 $\frac{1}{4}$，依此类推。这样很好，说实话，我不

① 我知道这样选择词汇有点懒。抱歉用"东西"这个词，但是我厌倦了"线段"的说法。"棍子"感觉也不对。当然"东西"这个词有点普通和抽象，但数学就是这样。

知道为什么标准教科书不这样做。很可能是因为这会使得一些表达式显得更复杂，但也会使另一些显得更简单。出于各种理由，度量角度有两个常用的传统，除此以外你基本看不到其他方式。第一种方法是用"度"度量角度，转一整圈计为 360 度。我认为用这种方式的唯一理由是 360 恰好可以被很多数整除。更通用的方法是以圆的半径作为单位度量角度。这个想法初看上去很怪异但其实很合理。在前面的对话中，我们发现我们的放弃数♯与数学的放弃数♯是一样的，最初定义为：

$$\text{圆的周长} \equiv \sharp \cdot d, \tag{4.2}$$

其中 d 是圆的直径。如果用 r 表示圆的"半径"，则 $d = 2r$，因此我们可以将数学对♯的定义写为：

$$\text{圆的周长} \equiv 2 \cdot \sharp \cdot r, \tag{4.3}$$

这其实是说，无论你的圆有多大，沿着圆走一圈需要 $2\sharp$ 个半径这么长。出于各种原因，度量角度最普遍的传统**没有**将转一整圈计为 1 或 360，而是 $2\sharp$。我们还是不知道♯的数值是多少，[①] 但如果我们采用这个传统，转半圈的角度就是♯，转四分之一圈就是 $\frac{\sharp}{2}$，依此类推。我们在整本书中都将采用这个传统度量角度。

我们用缩写 α 表示"角度（Angle）"，因为 α 就是希腊字母中的 a，这能提醒我们在谈论什么。[②] 发明了角度的概念后，现在我们可以用稍微不同的语言来表述我们的方向难题了。

---

① 记得♯就是课本上称为 π 的数。我们在知道如何计算它的数值之前选择称它为♯，以明确自己的无知，直到自己克服掉它。

② 为什么用 α 而不是 a？嗯，从一些方面来说 a 是更好的选择。希腊字母并不是必须的。不过，虽然我们经常自由发明我们自己的标记，但是偶尔提到一下标准标记，甚至在不那么可怕的时候用一下也是可以的。不知出于何种原因，在数学（以及物理）中有一个不成文的传统，就是用希腊字母表示与角度有关的东西。为什么？不知道。课本上通常用字母 θ、φ、α、β 表示角度；用 ω 表示角速度；用 T 表示力矩（物理中力的角度版）；等等。虽然用其他字母表的字母有时候显得很浮夸，在这里这个传统倒没那么糟糕。因此，既然 α 看起来很像 a，可以提醒我们在谈论什么，从现在起，我们就允许它进入我们的世界。

捷径逆问题

假设我们已经选定了坐标系，这样就有了两个方向 v 和 h，分别表示 "垂直" 和 "水平"。有人给我们一根长为 l 的直东西，从正水平轴开始逆时针度量的角度为 α。有没有办法描述垂直方向和水平方向上各有多长呢？

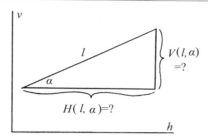

图 4.7 现在我们知道角度是多少了，可以将方向难题的抽象形式重新画成这样。

图 4.7 用新的方式描绘了方向难题。现在我们不再用 H（东西）和 V（东西），而是写成：

$$H(l,\ \alpha)=?$$
$$V(l,\ \alpha)=?$$

虽然还不能彻底解决方向难题，但是不难看出不同的方向难题相互关联。我的意思是这样。如果有人问我两个不同的问题，有**相同**的角度 α，但是长度不同。例如，除了原来的问题，假设还问了我们另一个问题，长度为 $2l$ 而不是 l：

$$H(2l,\ \alpha)=?$$
$$V(2l,\ \alpha)=?$$

这种情形类似于我们在这一章开始时遇到的与 ♯ 和 ♯ 有关的问题。这两个方向难题我们都没法解决，但我们相信这两个我们解决不了的问题相互有关联。只要看一下图 4.8 就能看出

$$H(2l,\ \alpha)=2H(l,\ \alpha),$$
$$V(2l,\ \alpha)=2V(l,\ \alpha),$$

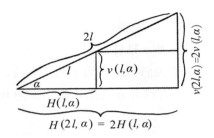

图 4.8　两个相关的方向难题。我们还不知道 $H(l,\alpha)$ 和 $V(l,\alpha)$，但是可以看出这两个角度相同长度不同的问题之间的关联。例如，$H(2l,\alpha)=2H(l,\alpha)$。

也就是说，我们将 $2l$ 问题还原成了 l 问题，虽然我们还是解决不了！另外，在这个论证中，2 这个数并没有特殊之处。不难想象类似图 4.8 的图可以揭示 $H(3l,\alpha)$ 和 $V(3l,\alpha)$ 也有同样的模式。对任意整数 n 都能画出类似的图，对于 $\frac{1}{2}$ 或 $\frac{3}{2}$ 这类简单的非整数也是一样，因此不难让我们自己相信相同的模式对任何数 ♯ 都成立。也就是说，对任何数 ♯，都有：

$$H(\sharp l,\ \alpha)=\sharp H(l,\ \alpha),$$
$$V(\sharp l,\ \alpha)=\sharp V(l,\ \alpha)。$$

　　利用这两个事实，我们可以通过一个巧妙的手法逼近方向难题的解。即，如果以上两项事实对于任何数 ♯ 都成立，我们就可以将这些事实应用于长度 l 本身，将 l 视为 $l \cdot 1$，从而得到

$$H(l,\ \alpha)=lH(1,\ \alpha),$$
$$V(l,\ \alpha)=lV(1,\ \alpha),$$

棒极了。这两个语句说的是，我们只需要解决特定长度的方向难题。可以选择长度 1，也可以选择其他任何数。例如，$H(l,\ \alpha)=\frac{l}{17}H(17,\ \alpha)$，或任何类似的形式，都同样正确。我们选择 1 纯粹是出于审美。关键之处不在于选择的长度，方向难题的"长度"部分根本就不是问题的一部分。只要算出了 $H(1,\ \alpha)$ 和 $V(1,\ \alpha)$，马上就能算出任何长度 l 的 $H(l,\ \alpha)$ 和 $V(l,\ \alpha)$。

　　我们可以用这个新的认识继续改进缩写。既然长度变化很容易处理，也就不用在 H 和 V 中写入长度项。我们可以缩写成：

$$H(\alpha)\equiv H(1,\alpha),$$
$$V(\alpha)\equiv V(1,\alpha)。$$

以后一旦我们想明确写出长度，就可以写成 $H(l,\alpha)=lH(\alpha)$ 这样。

4.7　莫里哀已死！莫里哀永生！

现在我们没有更多想法了。我们没能解决这个问题，虽然我们**的确**搞清楚了 V 和 H 没必要保留两个自变量。对于怎么一般性地计算 $H(\alpha)$ 和 $V(\alpha)$ 的具体数值，我们还毫无头绪，但对一些特殊的角度也许能投机取巧。例如，当 $\alpha=0$ 时，对应完全水平的线，因此 $H(0)=1$ 而 $V(0)=0$。类似的，如果 α 是四分之一圈，则 $\alpha=\dfrac{\sharp}{2}$，因为根据度量角度的奇怪传统，转一整圈是 $2\sharp$。因此当 $\alpha=\dfrac{\sharp}{2}$，我们得到的是完全垂直的线，从而有 $V\left(\dfrac{\sharp}{2}\right)=1$ 和 $H\left(\dfrac{\sharp}{2}\right)=0$。如果 α 是"45 度角"，或八分之一圈，即 $\alpha=\dfrac{\sharp}{4}$，则水平和垂直部分等长，因此有 $V=H$。而由于 H 和 V 是定义为长度为 1 的倾斜的东西的水平和垂直长度，因此还可以套用捷径公式，结合 $V=H$ 得到 $1^2=V^2+H^2=2V^2$，从而得到

$$V(\alpha)=H(\alpha)=\frac{1}{\sqrt{2}}，\quad 当\ \alpha=\frac{\sharp}{4}。$$

如果继续下去，也许能求出更多特殊角的 V 和 H，但是没有必要。就算这样做了，离我们要解决的问题也还差得远。

我们被困住了。只好又把莫里哀请出来。在前面无法解决一个看似很简单的与圆有关的问题时，我们直接**放弃**，在这里我们也可以有样学样，就用 V 和 H 作为我们不知道的那些答案本身！这样可以吗？当然可以。每本介绍三角学的书都是这么干的！①

---

①　顺便说一句，"三角学"这个名字有误导性。其中的重点不是学习三角形，而是将倾斜的东西分解成水平和垂直的项。就如我们在图 4.7 中看到的，三角形的出现是附带的，**纯属偶然**。之所以用到"直角三角形"只因为水平的和垂直的东西相互垂直。三角学文不对题。

当然，他们不会告诉我们他们是在做什么，因此我们通常只能责怪自己没有搞懂，其实是课本上没说，老师也没讲。只有当我们深入了微积分的世界之后，才会最终掌握解决这个问题的工具。到那时，我们才终于可以清晰描述这些如果没有微积分会非常神秘的机器 V 和 H；那个描述将会像我们的加乘机器一样清晰；能让我们计算**任意角度**的 $V(\alpha)$ 和 $H(\alpha)$ 到任意精度。等到下一插曲我们发明了怀旧装置后就能做到这一点。敬请期待！

4.8　多余的名字带来的烦人杂音

最后要指出的是，我写下这些嘲讽并不是要反对数学。我认为数学很重要，不应当被埋藏在符号的垃圾堆里，那些增加数学学习难度的人，无论出于何种目的，都不是在严肃认真地对待自己的责任。

——普雷斯顿·哈默（Preston C. Hammer），
《标准与数学术语》（*Standards and Mathematical Terminology*）

你可能已经猜到了，我们未知的水平和垂直项在标准课本里也有，可以想见都是些没什么助益的名字。它们被称为"sin"和"cos"：

$$H(\alpha)\equiv\cos(\alpha),$$
$$V(\alpha)\equiv\sin(\alpha)。$$

因为不满意为上面讨论的这两个简单概念选了两个陈旧而且不好记的名字，标准课本采取了酒神狂欢式的术语放纵，他们为 V 和 H 的简单组合召唤出一系列晦涩的名字，然后又要我们记忆它们所具有的各种古怪性质，而且所有这些都没有明显的用途，只是欺骗大多数学生误以为它们是真正的新概念。下面列出了一些在标准课本上找到的没用的名词：

$$\frac{V(\alpha)}{H(\alpha)}\equiv\tan(\alpha)\equiv"正切"，$$

$$\frac{H(\alpha)}{V(\alpha)}\equiv\cot(\alpha)\equiv"余切"，$$

$$\frac{1}{H(\alpha)}\equiv\sec(\alpha)\equiv\text{“正割”},$$

$$\frac{1}{V(\alpha)}\equiv\csc(\alpha)\equiv\text{“余割”}。$$

一些老课本还给出了更精细的三角函数，比如正矢、余矢、半正矢、半余矢、余正矢、余余矢、外正割、外余割。幸运地是，现代课本已经驱除了这些名目。它们的主要用途是以前航海的时候这些量的表格可能有用。不过，在现代世界，数学有趣和重要的应用已经远不仅仅是行船，而且我们这种谦虚的灵长类动物已经建造了快速又高效的计算机器，再用一连串老旧的名字只会让学生分心。因此课本把它们废弃了。

这些量还是会经常出现，只是我们很少注意到，因为没有再用那些古怪的专有名词称呼它们了。例如现在已经废弃的三角函数 $\mathrm{hacovercosin}(x)$ 就是 $\frac{1}{2}(1+\sin(x))$ 的缩写，而它的同样被废弃的表兄弟函数 $\mathrm{vercosin}(x)$ 其实就是 $1+\cos(x)$。现代数学中还用到这两个量吗？当然。还有必要为它们保留古怪的名字吗？没什么必要。出于同样的原因，现在是时候驱逐“正切”“余切”和“正割”“余割”这些概念了。[①] 它们的使命早已结束，它们深深地迷惑了无数学生，并且如果不是这些老旧的名词阻碍，学生对这门学科的兴趣本来会广泛得多。这些名词不应再成为他们的痛苦，也不应出现在我们的世界中。

好了！在这本书余下的部分，我们将一直用字母 V 和 H 来表示课本上用“正弦”和“余弦”称呼的东西。我们之所以选择字母 V 和 H 是因为它们提醒我们想起“垂直（Vertical）”和“水平（Horizontal）”这两个单词，以及我们最初发明这些概念的原因。不过缩写 $H(\alpha)$ 所代表的东西也**不总是**水平线，$V(\alpha)$ 也是类似的。日常用语也有这个问题（例如，“左”这个词的意思一般不会是“上”，但是也**可以**，如果你朝右躺着的话）。在很少的 H 不是指的水平事物的情形基本也是出于类似的原因。不过遇到这种情形时我们总是会说明，说明了之后，我们就可以理所当然地带着这些简洁

_____

① 如果“正切”不要求我们记忆它，也许还能多留它一会。

得多的术语继续前进了。

4.8.1 换一种方式描绘这一切

回想一下 $V(\alpha)$ 和 $H(\alpha)$ 是 $V(1, \alpha)$ 和 $H(1, \alpha)$ 的缩写。也就是说，这两个符号表示的是长度为 1 的倾斜物体的水平和垂直长度。如果将长度固定，同时改变角度，就会扫出一个圆，如下图所示。

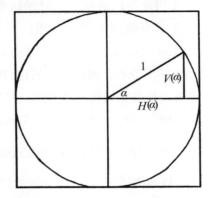

图 4.9　画出 $V(\alpha)$ 和 $H(\alpha)$，长度为 1 并且相对于水平轴的倾
斜角度为 α 的线的垂直和水平长度。

现在，如果我们观察图 4.9，就能明白用这种方式将 $V(\alpha)$ 和 $H(\alpha)$ 描绘出来的原因：将它们作为依赖于 α 的机器展现出来。从图 4.9 不难看出几点。首先，$V(0)=0$，$H(0)=1$。另外，$H(\sharp/2)=0$，$V(\sharp/2)=1$。

最后，如果将 α 增加 $2\sharp$，就相当于在图 4.9 中"将指针拨动"一圈，又回到原来的地方。用符号表述就是，对于所有 α，有 $H(\alpha+2\sharp)=H(\alpha)$ 和 $V(\alpha+2\sharp)=V(\alpha)$。根据这两点，我们可以画出 $V(\alpha)$ 和 $H(\alpha)$ 的图（图 4.10 和 4.11）。要说明的是，上面的推理只是告诉我们 V 和 H 的图必须**以某种方式**来回周期摆动，不是说我们画的图完全准确。图 4.10 和 4.11 只是用来表示我们到目前为止发现的事实，这些图的具体细节对我们的目的不重要。在两个图中，横轴对应 α，纵轴对应机器 $V(\alpha)$ 和 $H(\alpha)$ 的输出。

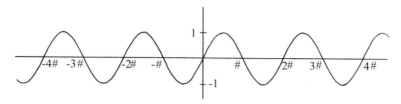

图 4.10　将 V 描绘为吞进去角度 α 吐出来 $V(\alpha)$ 的机器。

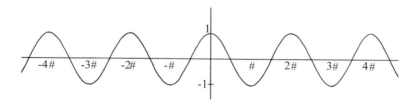

图 4.11　将 H 描绘为吞进去角度 α 吐出来 $H(\alpha)$ 的机器。

4.9　计算不可计算的东西

就目前来说，要对 V 和 H 求导似乎毫无可能。我们甚至都不知道对任意的 α 怎么计算 $V(\alpha)$ 或 $H(\alpha)$。我们就连对它们的**描述**都写不出来！我们只是用绘图"定义"它们，那又怎么可能对它们求导呢？估计做不到。不过，虽然看起来不可能，也不妨试一试。既然我们目前对这些机器所知的一切都是通过画图，也可以尝试用画图来对它们求导。

虽然只能画图，还是可以试一下看能不能有点进展。我们画了图 4.12。现在怎样才能求 V 和 H 的导数呢？好吧，试一下我们以前想要求导时采用的做法。我们获得了一台可以喂些**食物**的机器。现在我们把**食物**改变一点点，从**食物**变成**食物**＋d(**食物**)，然后看机器的反应有什么变化。这里我们的机器是 V 和 H，**食物**则是角度 α。

我们可以将角度改变一点点，从 α 增加到 $\alpha+\mathrm{d}\alpha$，然后看 $\mathrm{d}H \equiv H(\alpha+\mathrm{d}\alpha) - H(\alpha)$，对 V 也做同样的事情。图 4.12 展示了当我们将角度改变一点后发生的事情。由于 $H(\alpha)$ 被定义为 $H(l,\alpha)$ 在 $l=1$ 时的缩写，可以肯定在角度改变之前**和**之后捷径距离都是等于 1。因此我们其实看到

171

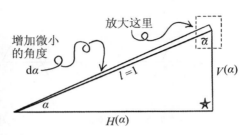

图 4.12 虽然只能用图描绘 V 和 H，还是妄想对它们求导。我们用★表示直角，因为 ♯/2 太多了容易让人迷糊。

的是圆的无穷小薄切片。让我们将发生的动作都无穷放大，看看能不能得出什么结论。

如果只是将角度增加了无穷小量 $d\alpha$，则图 4.13 最左边的两条线就会相互平行(也可以说是无限接近平行)。如果觉得违反直觉，可以这样想：如果它们**不**平行，则两者之间肯定存在某个在严格意义上大于 0 的可测角度差。原则上我们可以测量 $d\alpha$ 并知道它有多大。但这就意味着微小的增量 $d\alpha$ 只是**非常**小，并不是**无穷**小。这样的推理很怪异，不过我们来看一下可以从中得到什么。图 4.13 中"之前"和"之后"字样之间的线连接的是变化之前和之后的角度。由于改变角度时没有改变半径，因此这条线似乎应当垂直于朝左下方延伸的两条线。可以将这个视为饼上切下的薄片：外缘应当与这两条边都垂直，到极限时切片就会变得无穷薄。

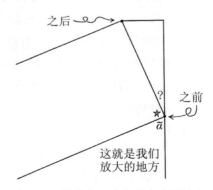

图 4.13 将角度 α 改变无穷小后放大。

我们用★表示直角，因此图 4.13 中的角应当标记为★。现在图 4.13 中"之前"和"之后"的线都是斜的，因此如果画出它们的水平和垂直成分（即画出图 4.13 中的水平和垂直线），就会发现一些惊人的东西。

图 4.13 中的小三角形与图 4.12 中的原三角形惊人地相似。几乎就是"一样的"三角形，只是经过了缩放和旋转。如果我们能证明两个三角形有一样大的角，就能确信这一点。我们知道两者都有直角，因为两个三角形都是将倾斜的东西分解成水平和垂直成分的结果。这是其一，另外两个角呢？注意图 4.13 右边的三个角★、$\bar{a}$ 和？相加构成直线。而根据我们对角的度量方式，直线就是角♯，也就是课本上说的 π。因此我们可以总结说：

$$\bigstar + \bar{a} + ? = \sharp 。$$

图 4.13 中的角？与图 4.12 中的角 α 似乎是一样大的，因为两个三角形看上去很相似。如何才能让我们自己确信这一点呢？有一个办法。

将三角形复制两份，叠到一起组成矩形。矩形的每个角都是★，总共有四个角，因此将矩形内的所有角相加得到 4★。因此，原三角形的角的和应当是这个的一半，2★。而★就是直角，2★刚好是直线，即我们说的♯。因此两个三角形的角之和都应当是♯。将这个应用于图 4.12 中的原三角形，可以得到：

$$\bigstar + \bar{a} + \alpha = \sharp 。$$

将上面两个等式结合到一起，可以发现角？就是 α。因此在证明图 4.13 中的小三角形与图 4.12 中的原三角形的角相等的过程中，我们也证明了（1）两个三角形都有直角★，和（2）两个三角形内部都有角 α。而我们刚刚证明了两个三角形的角之和都是♯。因此可知图 4.13 中小三角形的第三个角必定是 $\bar{a}$，与原三角形中的另一个角是一样大的。我们可以把已经知道的一切用另一幅图画出来（图 4.14）。

因此图 4.13 中的小三角形其实就是图 4.12 中的三角形的缩小旋转版。我们还知道其他的吗？哦，我们还知道我们增加的小角是 dα，而根据我们度量角度的方式，转一整圈是 2♯。同时 2♯ 也是半径为 1 的圆的周长。我们面对的正是这么大的圆，虽然我们关注的是这个圆饼的无穷小

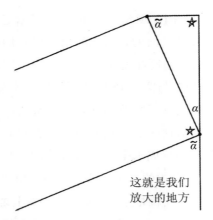

图 4.14　出于正文中所讨论的原因，我们发现这个无穷小三角形的角与原三角形的角是一样的。角★必须是直角（即♯/2），角 α 和 $\tilde{\alpha}$ 则与原三角形中的角一样。

薄切片。因此，在半径为 1 的圆上，"角度"这个词指的刚好是"长度。"这给了我们很大的帮助，它告诉我们图 4.14 中两个 $\tilde{\alpha}$ 之间的线的长度必定就是 $\mathrm{d}\alpha$，因为这正是角的跨度。

　　现在，图 4.12 中的原三角形的边长为 $H(\alpha)$、$V(\alpha)$ 和 1。由于小三角形只不过是原三角形的缩小版，因此边长必定分别为 $H(\alpha)\mathrm{d}\alpha$、$V(\alpha)\mathrm{d}\alpha$ 和 $\mathrm{d}\alpha$。用图 4.15 总结一下我们已经发现的东西。

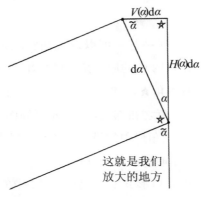

图 4.15　由于两个三角形的角都相等，因此小三角形一定是原三角形的缩小版。根据我们测量角度的方式，小三角形的最长边的长度就是 $\mathrm{d}\alpha$。求出了小三角形的一条边，我们就可以求出其他边。从而可以求出 V 和 H 的导数。

所有这一切的目的是想看看能不能求出 V 和 H 的导数，虽然到目前为止我们还只能用图形描述它们。利用上面发现的这些，我们想求出

$$\frac{\mathrm{d}V}{\mathrm{d}\alpha}\text{和}\frac{\mathrm{d}H}{\mathrm{d}\alpha},$$

其中 $\mathrm{d}V\equiv V_{之后}-V_{之前}$，$\mathrm{d}H\equiv H_{之后}-H_{之前}$。这里的 V 和 H 指的是我们将角度微小改变 $\mathrm{d}\alpha$ 前后图 4.12 中三角形的水平和垂直长度。因此 $\mathrm{d}V$ 和 $\mathrm{d}H$ 正好就是小三角形的边长——我们刚知道如何写的那些长度。当我们将 α 增大一点点，大三角形的垂直长度增加微小量 $\mathrm{d}V$，而根据图 4.15，我们有 $\mathrm{d}V=H(\alpha)\mathrm{d}\alpha$，或者用另一种方式表述：

$$\frac{\mathrm{d}V}{\mathrm{d}\alpha}=H(\alpha),$$

喔！我们真的求出了 V 的导数。我们再看一下对 H 是不是可以依此类推。当我们将 α 增大一点点，大三角形的水平长度减少微小量 $\mathrm{d}H$，而根据图 4.15，我们有 $\mathrm{d}H=-V(\alpha)\mathrm{d}\alpha$，其中出现了负号是因为，虽然长度总是为正，但我们谈论的是长度的**减小**，因此变化是负的。用另一种方式表示：

$$\frac{\mathrm{d}H}{\mathrm{d}\alpha}=-V(\alpha)。$$

太棒了！虽然我们还只会用图形描述机器 V 和 H，我们还是求出了它们的导数。幸运地是，它们互相就是对方的导数，只是有时候加了减号。如果不是真相本来就是如此优雅，我们也不可能求出 V 和 H 的导数。

这又是一个我们一直以来说的那种例子。这些微积分"预备知识"的难度惊人，通常需要微积分本身的知识才能彻底理解。我们尚未解决的难题是如何计算任意角度 α 的 $V(\alpha)$ 和 $H(\alpha)$。奇怪地是，我们用一个基本逻辑相当简单的论证居然就求出了这些机器的导数，虽然有点啰嗦，受限于书本的形式，很难连续演示这个论证过程的一帧帧画面。但啰嗦是因为我自己的缺点。你自己再试一遍就能明白，论证本身一点也不复杂。同以往一样，就是放大，给机器喂某个食物，稍微改变一点食物，看有什么变化。

我们说的 V 和 H 在标准教科书上用的名字是"sin"和"cos"，因此用

他们的语言描述我们的发现就是：

$$\frac{\mathrm{d}}{\mathrm{d}x}\sin(x)=\cos(x),$$

$$\frac{\mathrm{d}}{\mathrm{d}x}\cos(x)=-\sin(x)。$$

我们很快会看到如何解决这一节开始时基本的方向难题：以一种切实可用的方式完整描述出机器 V 和 H。一旦我们——至少在原理上——知道了如何计算任意角度 α 的 $V(\alpha)$ 和 $H(\alpha)$，就能最终理解本来很简单但又文不对题的三角学。

4.9.1　埋葬正切

求出了 V 和 H 的导数之后，我们可以简要介绍一下如何避免死记硬背你在数学课上学到的奇怪知识，例如正切的导数是"1 加正切平方"，或正割的导数是"我压根记不住的一对东西"。前面说过正切 $\tan(x)$ 是课本上为 $\frac{\sin(x)}{\cos(x)}$ 起的名字，也就是我们说的 $\frac{V}{H}$。正割 $\sec(x)$ 则完全是多余的名字，表示 $\frac{1}{\cos(x)}$，或 $\frac{1}{H}$，或 H^{-1}。让我们用我们已经建立的那些知识来将这些知识构建出来，从而避免以后再去死记硬背。将"正切"缩写为 $T(x)\equiv\frac{V}{H}\equiv H^{-1}V$，我们想求 $\frac{\mathrm{d}}{\mathrm{d}x}T(x)$。利用第 3 章的相乘锤子：

$$
\begin{aligned}
T'(x)&\equiv\left(\frac{V}{H}\right)'\\
&\equiv(V\cdot H^{-1})'\\
&=V'\cdot H^{-1}+V\cdot[H^{-1}]'\\
&=H\cdot H^{-1}+V\cdot[H^{-1}]'\\
&=1+V\cdot[H^{-1}]'。
\end{aligned}
$$

$[H^{-1}]'$ 项是什么？利用撒谎然后改正手法更容易看出来。可以得到

$$[H^{-1}]'\equiv\frac{\mathrm{d}}{\mathrm{d}x}H^{-1}=\left(\frac{\mathrm{d}H}{\mathrm{d}H}\right)\frac{\mathrm{d}}{\mathrm{d}x}H^{-1}=\left(\frac{\mathrm{d}H}{\mathrm{d}x}\right)\left(\frac{\mathrm{d}}{\mathrm{d}H}H^{-1}\right)$$

$$=(-V)(-H^{-2})=V\cdot H^{-2}。$$

其实，我们刚刚偶然算出了"正割"（即 H^{-1}）的导数。现在永远忘掉

它。将这个代回到我们在计算 $T'(x)$ 时卡住的地方，可以得到

$$T'(x) = 1 + V^2 \cdot H^{-2}$$

$$\equiv 1 + \frac{V^2}{H^2}$$

$$\equiv 1 + \left(\frac{V}{H}\right)^2$$

$$\equiv 1 + T^2 \, \text{。}$$

这样我们就发明了这个知识，"正切"的导数就是"1 加正切的平方"。现在将这个同正切一起埋藏到地底深处。希望我们再也不要用到它……

4.10 整合

在这一章我们失败了很多次，但也从失败中学到了更多：

1. 我们想知道多少个正方形的面积能构成圆。最终我们放弃了，决定直接给这个未知的答案一个名字。我们用以下语句定义了放弃数 ♯

$$A(\bigcirc) \equiv \sharp \cdot A(\square) \, \text{。}$$

2. 我们在类似的问题中遇到了另一个放弃数 ♮，用以下语句定义

$$(\text{圆的周长}) \equiv \natural \cdot d \, \text{。}$$

3. 虽然我们不知道这些数是多少，还是设法知道了它们必定是一样的：

$$\sharp = \natural \, \text{。}$$

知道这两个数就是一个数之后，我们决定称它为 ♯。

4. 标准课本用符号 π 指称我们说的 ♯。我们还是不知道 ♯ 的具体数值是多少，因此我们决定摆明自己的无知，拒绝用 π 称呼它，直到我们知道如何计算它。

5. 我们讨论了另一个问题，捷径逆问题，同样也没能解决它。同前面一样，我们再次吃惊地发现两个问题的答案不是孤立的，能够证明有相同的答案：

$$V(l, \alpha) = l \cdot V(1, \alpha) \text{ 和 } H(l, \alpha) = l \cdot H(1, \alpha) \, \text{。}$$

6. 受上面的发现启发，我们选择了类似的缩写

$$V(\alpha)\equiv V(1,\alpha) \text{ 和 } H(\alpha)\equiv H(1,\alpha),$$

并且发现课本上用相当古老的名字称呼这些机器：

$$V(\alpha)\equiv\sin(\alpha) \text{ 和 } H(\alpha)\equiv\cos(\alpha)。$$

7. 我们发现课本上还给 V 和 H 的各种简单组合起了一系列愚蠢的名字。包括"正切""余切"和"正割""余割"。我们不需要这些，因此你可以忘掉它们。一旦我们遇到了它们指称的概念，可以用 V 和 H 来表示它们。

8. 到目前为止描述 V 和 H 的唯一方式就是画图。不过，我们还是设法通过画图求出了它们的导数。我们发现

$$V'=H \text{ 和 } H'=-V。$$

9. 在这一章我们第一次遇到了微积分的"预备知识"需要微积分本身的知识才能彻底理解的情况。这不会是最后一次。

插曲 4：
怀旧装置

虚空中无处安放实体

数学：我度过了可怕的一周。

读者：怎么啦？

数学：哎，都是从第 103 页开始的。

读者：（往回翻）第 103 页压根就没有你。

数学：不不，我不在那里。我在家里。

作者：你住在哪里？

数学：虚空，还记得吗？

作者：哦，当然。对不起。

数学：我认为这才是问题。住在虚空。这……很难解释……

读者：试一下。不过这次别用那么多括号。

数学：好吧，那里是……住在那里，我发现很难……让自己熟悉或习惯或感到自在或容易意思是方便当然不是指的那个方便或适应但不是生物学意义的适应或协调于减号的神秘内涵或习惯于但不是指的环境除非环境指的是"虚空"在其中我认为根据定义或遵循取模这个词的调控色彩或语法特性是出于习惯但是根据语义更舒服或更习惯或喜爱或容忍这

179

种……存在的那个词（那个）^{2} 成立。

读者：因为你现在已经存在了，所以很难再在虚空生活了，对吗？

数学：我想是……

读者：也因为虚空并不存在？

数学：是的……或者说不是日常意义上的……我还没存在多长时间，但我认为现在我已经适应了。以前我从未想过会这样。奇怪的忧伤。所以我想如果可以和谁聊一下可能感觉会好些。

作者：当然。所以你找了我们？

数学：不不，那是在第 138 页。你们俩都很忙。所以我找了自然，向她寻求建议。她不住在虚空，但我们是好朋友。她存在的时间比我知道的任何人都长。但我不是很理解她的建议……那其实不是建议……她说可能是我的房子有问题。

读者：什么？

数学：与基础有关的东西。建造它不是用来处理物质实体。或者说，不是物质……但是是实体。我现在已经存在了！一切如常。但创造意味着存在！根据定义是这样。而这只会让事情更糟。

作者：你准备怎么做？

数学：嗯，自然说她有一个来自虚空的老朋友是某方面的基础专家，她要我去找他。

读者：他什么时候能来？

数学：我不知道。这个不由我决定。说到这个……我能请你们帮个忙吗？

读者：什么忙？

作者：你说。

数学：你愿意在……旁边吗？在他来的时候？这一切我都不熟悉。存在。最好是有朋友陪着。

读者：很乐意在场。

作者：当然，我们许诺。

数学：什么是许诺？

作者：是人类的玩意。是说你保证你会或不会做什么事情。

数学：然后呢？

作者：然后另一个人应当相信你会……或不会。

数学："我会做 X"和"我许诺会做 X"有什么区别？

作者：后面这个更严肃一些，那个人应该更加相信你。

数学：我看不出这能证明什么。

作者：好吧，不然怎么才能让你相信我们呢？我的意思是说，我们会在场的。

数学：好吧，在虚空中通常是从定义形式语言开始……

（数学定义形式语言。）

数学：你刚才说的，用形式语言说就是："公理：亲爱的数学，假设当那个陌生人来的时候我会在你家里提供精神支持。"我们将这个称为公理 S。S 表示陌生人（Stranger）……或支持（Support）……或假设（Suppose）……我还没想好。

（作者和读者重复了上面的符咒。）

作者：我看不出这比许诺好在哪里。

数学：当然好些！现在如果你决定不出现，你就通过执行它的否 $\neg S$ 而违背公理 S，因此你的形式语言就是不一致的。语言一旦不一致，就能证明任何东西，包括你是无耻的骗子……和［否形容词］［否名词］，对所有的否形容词和否名词……和所有的诅咒，你都是。这比许诺要好得多。

作者：……

读者：……

（旁白①想指出上面的笑话（或者管他什么）应当用"形式理论"这个词而不是"形式语言"，以免有其他人会感到迂腐。另一方面，旁白认为，"理论"一词的口语感具有容易误导很多读者的内涵（不要与这里的读者混淆，这里是一个读者）。最后，在心里暗自权衡利弊之后，他觉得最好保持沉默，不要打断对话。）

读者：……

作者：……

数学：……至少对我是这样。你俩觉得呢？

怀念加乘机器

作者：很好。

读者：有点怀念以前的日子。

数学：怎么呢？

读者：嗯，回到我们的世界中只有加乘机器的日子，事情会简单得多。那些新的具有一般性的幂机器也不赖，只要我们知道怎么处理它们，但上一章我们遇到了奇怪的机器 V 和 H，我们连表达式都写不出来！

作者：课本上称它们为"正弦"和"余弦"。

数学：为什么要告诉我这个？我没有读过那些课本。

作者：是的，对不起。

读者：不管怎样，我们还是用图形大致定义了这两台机器。它们最初是我们用来给我们想解决的问题的未知答案命名的。但最后我们卡住了，所以我们就用了莫里哀的策略，自认为这些名字就是答案。

数学：这个手法很棒，不是吗？你们俩有没有求出♯是多少？

作者：没，不过课本上称它为 π。

数学：又是课本！你在和谁说话？

---

① （虽然他想现在进来。但我不同意……）

作者：哦。再次抱歉。

数学：管他呢，机器 V 和 H 让你困扰吗？

读者：是的。虽然我们设法求出了它们的导数。我们知道 $V'=H$ 和 $H'=-V$，但我们连这些机器本身的表达式都写不出来。这真让人不舒服。我怀念以前的日子。在只有加乘机器的时候，我们可以写出我们的世界中所有东西的具体**表达式**。但是自从第 3 章结束后，一切都变了。我感到不再像以前那样真正理解事物了。

数学：这真可怕。我能帮上忙吗？

读者：我不知道。如果能再次描述一切就太好了。就像一切都是加乘机器的时候那样。

数学：也许一切都还是⋯⋯

读者：不，你只是在哄我开心。

数学：不是呢。这个想法似乎并不离谱。你**确信**不是一切都是加乘机器吗？

读者：我想我们不知道⋯⋯

数学：好吧，可以试一下。尤其是如果这让你们觉得这么困扰的话。

读者：你的"可以试一下"是指的什么？

数学：我们直接迫使一切都像我们希望的那样⋯⋯然后看看会发生什么。

作者：这太疯狂了。

数学：我知道！但不妨一试。假设我们拿到了某种机器。对具体是什么机器我们保持未知。直接要求它必须是加乘机器，就像这样：

$$M(x) \overset{\text{须}}{=\!=} \#_0 + \#_1 x + \#_2 x^2 + \#_3 x^3 + \cdots \text{（依此继续）}. \qquad (4.4)$$

读者：这个和会加到哪里？

数学：我不知道。一直加。

作者：我们定义的加乘机器是有限项之和。它们不能有无穷多项。

数学：为什么？

作者：我不知道。这种无穷表达式的想法⋯⋯吓到我了。

数学：不不，我不是在谈论无穷表达式。但我们应当允许说"依此继续"。我们一直在这样做。

作者：你说的是什么？

数学：比如整数！有无穷多个整数。但谈论它们并不需要无穷的时间。我们只是说：

$$0, \ 1, \ 2, \ \cdots （依此继续）$$

读者：噢……

作者：以前我从没这样想过。

数学：我能继续吗？

作者：当然可以。

数学：这样我们就迫使了我们的任意机器像我们希望的那样。现在我们只要求出用来描述它的所有的数 $\sharp_i$ 就可以了。

作者：这怎么可能做到呢？我们对机器 M 是什么一无所知。

数学：哦……是的。我想这个想法可能有点误导性……

读者：不过，我们知道 $\sharp_0$ 是多少。

作者：你说什么？

读者：根据数学写的这个表达式。如果我们迫使它成立，则

$$M(0) = \sharp_0,$$

只要输入 0，就会消掉其他所有项，除了第 1 项。

作者：哦……

数学：有意思……

读者：如果输入 1，也许……哦，没啥。我不知道能不能求出其他的数。

作者：我认为你的主意不错。如果求 M 的导数呢？

读者：什么？

作者：我不知道，但如果取导数会使得每一项的指数减 1，这样我们也许就能用你的办法求出 $\sharp_1$。嘿，我们来试一下。如果我们取数学写的这个式子的导数，会得到

$$M'(x) = 0 + \sharp_1 + 2\sharp_2 x + 3\sharp_3 x^2 + \cdots + n\sharp_n x^{n-1} + \cdots （依此继续），$$

这样就可以继续用相同的办法了。只要输入 0 就会得到
$$M'(0) = \sharp_1,$$
我们可以继续。对原表达式两次求导：
$$M''(x) = 0 + 0 + 2\sharp_2 + (3)(2)\sharp_3 x^1 + (4)(3)\sharp_4 x^2 + \cdots +$$
$$(n)(n-2)\sharp_n x^{n-1} + \cdots,$$
然后再输入 0：
$$M''(0) = 2\sharp_2,$$
但我们想知道的是 $\sharp_2$，因此分离出来得到
$$\frac{M''(0)}{2} = \sharp_2。$$

读者：等一下，这表示我们又可以描述我们的世界中的一切了吗？

数学：也许吧。我的意思是，我们是从对机器的具体描述未知的前提下开始的，因此在某种意义上我们描述的是任意机器……但是要完整描述任意机器，我们必须求出表达式中所有这些数。

读者：怎样才能做得到呢？

数学：在某种意义上，我们已经做到了。

作者：怎么做到的？

数学：只要在保持 n 未知的前提下求出 $\sharp_n$ 就可以了。同样的论证应该就可以。如果对最初的表达式进行 n 次求导，就能消除掉 $\sharp_n x^n$ 左边所有的项，因为项 $\sharp_k x^k$ 在求 $k+1$ 次导数后就不会存在了。第 1 次求导消掉了 $\sharp_0$ 项，第 2 次求导消掉了 $\sharp_1 x$ 项，依此类推。第 n 次求导消掉了 $\sharp_{n-1} x^{n-1}$ 项，因此在 n 次求导后，留下的第一项是 $\sharp_n x^n$。

作者：而留下的其余项至少都有一个 x，因此在代入 0 时会消掉。

读者：我们超越了自己。那机器 $m(x) \equiv x^n$ 在 n 次求导后又会变成什么呢？

数学：嗯。我想我们还不知道……如果我们求一次导，会变成
$$m'(x) = nx^{n-1}。$$
作者：如果再求一次导，又会变成
$$m''(x) = (n)(n-1)x^{n-2}。$$

185

读者：如果再又求一次导，则又会变成

$$m'''(x) = (n)(n-1)(n-2)x^{n-3}。$$

作者：我觉得我看到了模式，不过我们需要新的缩写。让我们将 n 阶导数缩写为 $m^{(n)}(x)$。我给 n 加了括号，因为它不是指数，而我又不想写一大堆撇号或加"…"在中间。这样对 x^n 取 n 阶导数就得到

$$m^{(n)}(x) = (n)(n-1)(n-2)\cdots(3)(2)(1)x^{n-n}，$$

而 x^{n-n} 其实就是 1。因此我猜 x^n 的 n 阶导数就是将从 n 到 1 的所有整数相乘。

数学：$n!$

作者：你想称它为 $n!$……？

数学：不不，我的意思是你的推理很"nice"！不过不知为何在我准备说后面三个字母时……我卡壳了……

读者：这真是天大的笑话。

作者：原来是这样。不过就让我们称它为 $n!$ 吧。这似乎是个不错的缩写。也就是说：

$$n! \equiv (n)(n-1)(n-2)\cdots(3)(2)(1)。$$

例如

$$1! = 1，$$
$$2! = (2)(1) = 2，$$
$$3! = (3)(2)(1) = 6，$$
$$4! = (4)(3)(2)(1) = 24。$$

依此类推。

读者：看上去不错！这样我们就能把刚才说的两样东西合到一起，将 $m(x) \equiv x^n$ 的 n 阶导数写成

$$m^{(n)}(x) = n!。$$

这有点让人迷糊。让我们把已经做的这一切都写出来，好确保我们知道自己在做什么……

（读者回头看了看我们刚才做的这些。）

我们开始是希望能描述任何这样的机器：

$$M(x) \stackrel{须}{=\!=} \#_0 + \#_1 x + \#_2 x^2 + \#_3 x^3 + \cdots \text{（依此继续）}，$$

如果我们对这个表达式求 n 次导，则 $\#_n x^n$ 左边的所有项都会消失，$\#_n x^n$ 项则变成 $\#_n n!$，而 $\#_n x^n$ 右边的所有项都将至少有一个 x，因此当我们代入 0 时，它们都会消掉。尘埃落定后，我们得到：

$$M^{(n)}(0) = \#_n n!。$$

不过我们的目的是求出数 $\#_n$，因此重新写成：

$$\#_n = \frac{M^{(n)}(0)}{n!}。$$

作者：喔……我不知道是不是说清楚了？

数学：我认为清楚了！除非我们出了错，否则我认为我们已经证明了任何机器 M 都能写成这样的加乘机器：

$$M(x) = M(0) + \left(\frac{M'(0)}{1!}\right)x + \left(\frac{M''(0)}{2!}\right)x^2 + \left(\frac{M'''(0)}{3!}\right)x^3 + \cdots。$$

这个表达式太大了不好看。我重新写一下：

$$M(x) = \sum_{n=0}^{\infty} \frac{M^{(n)}(0)}{n!} x^n。 \tag{4.5}$$

作者：等一下，这个缩写里面有一些古怪的东西。我们没有说过 0! 是多少。也没有说过第 0 阶导数是什么。

读者：不不，数学只不过是对上面那一行进行了缩写。因此我们只需要将 0! 和 0 阶导数定义为能让两个语句相等的东西就可以了。

作者：怎么定义？

读者：要让这两个语句相等，就必须定义 $M^{(0)} \equiv M$。因此机器的 0 阶导数就是它本身。从而也必须定义 $0! \equiv 1$。对吧？

数学：我认为是这样。

作者：好吧，我同意这些缩写，但……我对这个还是有点怀疑。当然，我们是写出来了，但并不能保证这个能**有用**。如果它是对的就太好了。

数学：你们不是有让你们困扰的机器吗？

读者：你是说 V 和 H？

数学：为什么不用它们来测试一下怀旧装置？

读者：什么装置？

数学：等式(4.5)。我们之所以建造它是因为你怀念以前的日子，怀念我们能描述一切的时候。

读者：哦，对啊。

数学：让我们用 V 和 H 测试一下它。你们怎么定义它们？

读者：嗯，如果我们有长度为 1 倾斜角度为 α 的直线，我们定义 $V(\alpha)$ 为"这条线在垂直方向上有多长"，$H(\alpha)$ 为"这条线在水平方向上有多长"。因此，例如，如果 $\alpha = 0$，则我们得到的是水平线，因此 $H(0) = 1$，$V(0) = 0$。除了一些特例，我们不知道对于任意的角度，V 和 H 是多少。

数学：α 是什么？

读者：我们用这个表示"角度"。

数学：哦。你们做这些的时候我不在。介意我用 x 吗？

读者：随便你。

数学：好的，这样我们的怀旧装置告诉我们的就是

$$V(x) = \sum_{n=0}^{\infty} \frac{V^{(n)}(0)}{n!} x^n,$$

因此我们要做的是对所有 n 求出 $V^{(n)}(0)$。嗯……我觉得这个主意还是不行。怎么可能求出 V 在 0 的所有阶导数呢？我们甚至都不知道怎么描述它。抱歉——

作者：等一下，我们可以说**已经**求出了 V 的所有阶导数。我的意思是说，我们知道 $V' = H$ 和 $H' = -V$，因此我们可以推出 $V'' = H' = -V$，然后我们就可以不断循环，就像这样：

$$V^{(0)} = V,$$

$$V^{(1)} = H,$$

$$V^{(2)} = -V,$$

$$V^{(3)} = -H,$$

$$V^{(4)} = V.$$

从每一步到下一步很容易，因为我们可以一直利用 $V'=H$ 或 $H'=-V$ 来从一个导数推出下一个。而且，我们还知道 V 和 H 在 0 的值，因此可以得到

$$V^{(0)}(0)=V(0)=0,$$
$$V^{(1)}(0)=H(0)=1,$$
$$V^{(2)}(0)=-V(0)=0,$$
$$V^{(3)}(0)=-H(0)=-1,$$
$$V^{(4)}(0)=V(0)=0。$$

4 次求导后，我们又回到了出发的地方，因此事情会不断循环直到永远！

数学：嗯，我认为可以从刚才中断的地方继续了。在我们卡住之前，我写下了：

$$V(x)=\sum_{n=0}^{\infty}\frac{V^{(n)}(0)}{n!}x^n。$$

现在再看你写下的这些，显然所有偶数阶导数都为 0，所有奇数阶导数会不断在 1 和 -1 之间来回切换。因此如果没错的话，这意味着我们可以得到：

$$V(x)=x-\frac{x^3}{3!}+\frac{x^5}{5!}-\frac{x^7}{7!}+\cdots（依此继续）。$$

作者：哦……

读者：我想这就是我们之前放弃寻找的机器 V 的表达式！我相信我们可以用同样的思想推出 H 的表达式。

数学：试试看！

（读者演算了一会。）

作者：嘿！在读者算 H 的时候，我想到了一个主意。我想我们能不能舍弃无穷项中的一些项，来得到对机器的一个较好的**近似**表达式。这样，我用 V 试一下。我们将后面的项都舍弃，只留 V 的表达式的前两项，然后与我们在第 4 章画的 V 的图比较一下。

（作者画了图 4.16 和 4.17。）

读者：我回来了！我认为我算出来了。我发现机器 H 可以写成

这样：

$$H(x) = 1 - \frac{x^2}{2!} + \frac{x^4}{4!} - \frac{x^8}{8!} + \cdots (依此继续)。$$

作者：等一下，V 和 H 就是课本上说的"正弦"和"余弦"。这么说我们现在已经知道了如何计算任意 x 的 $\sin(x)$ 和 $\cos(x)$，不用记忆任何东西！因此我猜，现在，在做完这些之后，终于……我们真正理解了三角学。

数学：三角学是什么？

作者：别介意。

读者：不管怎样，谢谢你的帮助，数学。

数学：不用谢。也谢谢你的坚持。能有人聊天真好……

作者：我也这么认为。再见。好了，是时候进入下一章了。

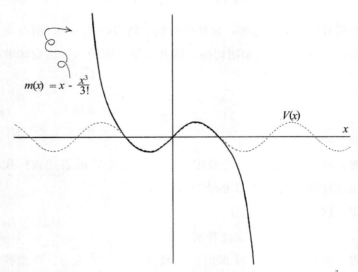

图 4.16 虚线是 $V(x)$ 的图，即课本上的"正弦"。实线是 $m(x) \equiv x - \frac{x^3}{6}$，即我们将 V 的怀旧装置表达式前两项之后的项都舍弃后得到的机器。从图中可以看出，怀旧装置不仅让我们可以描述之前无法描述的机器 V 和 H，通过舍弃后面的项，只留下前几项，还能在 0 附近给出很好的近似。

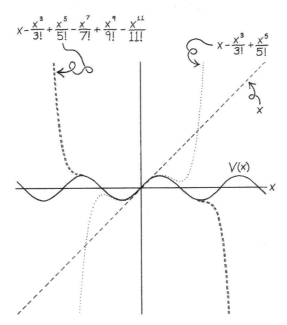

图 4.17　在 $V(x)$ 的怀旧装置描述中保留更多项就能得到更精确的近似，不过所有这些例子在我们远离 $x=0$ 时最终都不再成立。

（啊哈。①）

---

　　① ［旁白：（考虑到"作者"这个家伙告诉你的这些）也许你会吃惊，怀旧装置（课本上称为"泰勒级数"）并不保证对所有可能的机器都成立（虽然它对实际中会遇到的大多数机器都有效）。关于它什么时候成立什么时候又不成立（或者用课本上的行话来说是"泰勒级数的收敛性"）的问题会把我们带进一个很深的兔子洞，里面有一些极为丰富和有趣的数学。这里可以提一下关于这个主题最惊人的一些事实。怀旧装置成立（或不成立）的条件只有用复数的思维才能理解。复数是形为 $a+bi$ 的数，其中 a 和 b 是"实数"（常规的具有十进制展开的数，例如 9 或 −1.3 或 5.987654⋯），i 则是 −1 的平方根。与我们前面遇到的许多东西一样，这个数是用它的性质定义的。数 i 定义为能让 $i^2 = -1$ 成立的**管他什么东西**。长话短说：如果不承认复数的存在，就不可能彻底理解怀旧装置在什么条件下有效和无效，即便我们只关心输入和输出都是实数的机器。对这些思想的漂亮阐释，尼达姆（Tristan Needham）的神奇的非标准教科书《复分析——可视化方法》(*Visual Cornplex Analysis*)是不二之选。］

191

第 5 章
美与不动之物

到底是什么决定数学中哪些重要哪些不重要？最终的准绳只能是审美。数学中还有许多其他价值，比如深度、一般性和实用性。但是这些都不是最终目的。它们的意义似乎取决于与它们相关的其他事物的价值。终极价值似乎只能是审美；就像音乐或绘画等艺术形式所具有的艺术价值。

——罗杰·彭罗斯(Roger Penrose)，
引自《钱德拉塞卡论文选集》第 7 卷
(*S. Chandrasekhar*，*Selected Papers Vol*. 7)

而不动的推动者，如已说过的，因为始终保持简单不变和处于相同状态，引起的运动也将是单一而简单的。

——亚里士多德(Aristotle)，
《物理学》(*Physics*)

5.1 进入虚空

5.1.1 无家可归的主题

在这一章，我们会见到更多证据，证明那些所谓的微积分"预备知识"其实需要足够多的微积分知识才能正确理解。这一章关注的是一个无家可归的主题；这个主题如果以标准方式讲授的话，催眠效果比吗啡都强；提及这个主题的名字会让所有学生都心生害怕和厌恶感。这个主题的名字叫"对数和指数"。

对这些概念的标准解释——也许应该说是失败解释——掩盖了它们内在的审美优雅和重要的应用价值。它们通常是在"代数 2"这门难以理解的课程中进行介绍（这门课程包含各种被认为是微积分预备知识的主题），虽然它们显然不属于那里。这就好比在所有的历史课上都找不到合适的位置讨论法国大革命，只好插在罗马帝国一节的中间，而且不告诉学生这两个事件发生在截然不同的时期，相互之间没什么关联。有许多方式可以介绍这些主题，其中许多都涉及人口增长之类的应用。但虽然这些应用也许很重要，它们却都没有如实呈现出这些思想背后的动机。这一章将以一种不同寻常的方式来介绍这些思想，尝试澄清它们的来龙去脉。因此，关于它们与其他思想如何关联，以及它们如何被推广到更狂野奇异的领域，我们也将获得更好的理解。我们开始吧！

5.1.2 从我们知道的事情开始

虽然我们已经做了很多，但仍然可以说我们只知道如何加和乘。毕竟，就像我们之前讨论的，"幂"只是作为重复相乘的无意义缩写而开始存在于我们的世界中，最初只对正整数指数有意义。后来，我们将这种无意义的缩写推广成了一个真正的概念。怎么推广的？嗯，你应当还记得我们直接声明当指数不是正整数时，我们所表达的意义是能保证语句 (**某个东西**)^a (**某个东西**)^b = (**某个东西**)$^{a+b}$ 成立的**任何必需的意义**。这个等式**看上去像**是一个关于"幂"或"指数"的命题，其实更诚实的描述是这是一个关于我们自身的无知的命题。回想一下在我们推广幂的思想的过程中，我们发现有无数种可能的方式进行推广。如果我们想要的仅仅是与我们对正整数指数的定义保持一致，我们**也可以**这样定义：当 ♯ 为正整数时，(**某个东西**)$^♯$ 表示将 ♯ 份 (**某个东西**) 的拷贝乘到一起；当 ♯ 为分数或负数时，(**某个东西**)$^♯$ 等于 52 或其他的什么数。我们之所以不这样推广幂的概念，不是因为它**不对**，而是因为它**无趣**。虽然这样的推广没什么不对，但我们很快就发现里面没什么内容。这是一个非常乏味的推广。

193

可以说，是因为我们除了加和乘之外一无所知，才这样定义了幂的概念。两个等式 $s^a s^b = s^{a+b}$ 和 $(s^a)^b = s^{ab}$ 谈论的**其实**只是加和乘，这并不是偶然的，虽然是"楼上的"加和乘。我们这样做是因为这其实就是我们所知的一切。如果我们的推广不能让我们以我们已知的做法来理解它，我们就不需要它。

一旦发明了某个数学概念，我们就是在进入虚空，将性质符合我们要求的某个东西拉出来。我们的目的也许是(1)描述现实世界，或(2)发明一个数学概念来对应和一般化某个日常概念，或(3)发明一个数学概念来推广某个我们更熟悉的数学概念。在所有这些情形中，我们跳的都是相似的舞蹈。我们为了我们的目的不断剪裁我们的思想，迫使它的性质像我们想描述的事物。我们从不盲目进入虚空。

5.2 四种机器

虚空中包含了无穷多种等待被发明的东西，但其中多数都很乏味无趣。维特根斯坦(Ludwig Wittgenstein)说："对于不可言说的，必须保持沉默。"这句话对数学同样成立。这些思想提醒我们，根据性质来定义数学对象是避开虚空中乏味无趣部分的稳妥方式。如果我们以对象的性质来定义对象，我们就总是可以知道它能说什么，即便我们也许不知道它"是"什么。在这一节我们将看到几个体现了这一原则的特别惊人的例子。考虑到加和乘到目前为止在我们的旅程中扮演的核心角色，让我们根据机器在面对这两种操作时的**性质**来定义四种机器。就目前来说，把玩这些机器纯粹是出于美学动机。

四种机器

AA 型机器定义为所有将加(Add)转换为加(Add)的机器：

$$f(x+y) \overset{须}{=} f(x) + f(y)$$

AM 型机器定义为所有将加(Add)转换为乘(Multiply)的机器：

$$f(x+y) \overset{须}{=} f(x)f(y)。$$

> MA 型机器定义为所有将乘（Multiply）转换为加（Add）的机器：
> $$f(xy) \overset{\text{须}}{=\!=} f(x) + f(y)。$$
> MM 型机器定义为所有将乘（Multiply）转换为乘（Multiply）的机器：
> $$f(xy) \overset{\text{须}}{=\!=} f(x) f(y)。$$

在这四种机器的定义中，我们要求每个语句对**所有**数字 x 和 y 都成立。这是四种特别优雅的性质，但现在我们还不知道这些机器类型的成员长什么样。也许一些类型没有成员。写出不可能为真的语句是完全有可能的，虽然这种不可能不那么容易一下就看出来。我们先来熟悉一下这些机器类型，看能不能搞清楚它们的样子。

5.2.1　AA 型机器

假设我们捕获了一台 AA 型机器。我们只知道它的性质，完全不知道它长什么样。我们试一下看能不能搞清楚。定义 AA 型机器的性质是：对任何数 x 和 y，都有

$$f(x+y) \overset{\text{须}}{=\!=} f(x) + f(y)，\tag{5.1}$$

数 x 和 y 不是指的横坐标和纵坐标。它们只是我们放入机器的任意两个数的缩写。现在，如果这台机器对任意数 x 和 y 都有这个性质，则当 x 和 y 都为 0 时这个性质也成立。即

$$f(0) = f(0) + f(0) = 2f(0)，$$

但如果 $f(0)$ 乘以 2 后保持不变，则 $f(0)$ 必定等于 0。这个事实从我们对 AA 型机器的定义来看并不明显，但现在我们发现语句。$f(0)=0$ 一直隐藏在那个定义中。澄清一下，我们并不清楚怎样才能搞清楚这头野兽长什么样。我们只是逗弄它，用我们唯一知道的，等式(5.1)。

如果将数 y 视为无穷小呢？将这个数缩写为 $\mathrm{d}x$，AA 类机器的定义（等式(5.1)）告诉我们

$$f(x+\mathrm{d}x) = f(x) + f(\mathrm{d}x)，\tag{5.2}$$

这有点像导数。我们对导数知道一些，但我们对 AA 型机器知道得不多，因此可以试着让它更像导数，看能不能看出点什么。如果我们将 $f(x)$ 项

移到左边，然后除以 dx，可以得到

$$\frac{f(x+dx)-f(x)}{dx}=\frac{f(dx)}{dx}。 \tag{5.3}$$

很好！左边现在正好就是导数 f 的定义，所以我们可以将左边替换为 $f'(x)$，得到：

$$f'(x)=\frac{f(dx)}{dx}, \tag{5.4}$$

右边也很像一个导数，但是少了些东西。也许已经有了……前面我们刚刚发现 AA 型机器的所有成员必须有 $f(0)=0$。加 0 不会改变任何东西，因此可以将上式写成

$$f'(x)=\frac{f(0+dx)-f(0)}{dx}。 \tag{5.5}$$

现在很容易看出右边就是无限接近的两个点，0 和 dx 之间的"平移的同时爬升"。让人吃惊地是，让这个简单式子表面上看上去更复杂（在里面加了一堆 0）实际上会让我们更容易看出这个式子其实是怎么回事：右边正好就是 f 在点 $x=0$ 的导数。有了这些，我们可以将等式（5.5）的右边重新写成 $f'(0)$，从而得到

$$f'(x)=f'(0), \tag{5.6}$$

但这个必须对任何数 x 都成立，因此 f 的陡峭度处处相等［即都等于 $f'(0)$］。因此 f 必定为直线，从而（根据我们在第 1 章的发现）得到 AA 型机器的成员都为 $f(x)=cx+b$。而且我们还证明了当喂它们 0 时，这些成员都吐出 0，因此必定有 $b=0$。综合所有这些，可以得出：

AA 型机器

AA 型机器定义为所有将加转换为加的机器：

$$f(x+y)\stackrel{\text{须}}{=}f(x)+f(y)。$$

我们发现这种机器的所有成员都可以表示为

$$f(x)=cx。$$

因此，仅仅根据这种机器的**性质**，我们就想办法搞清楚了它们的**样子**。我们并没有什么完善的方法，只是随意逗弄了一番，给机器喂东西，

结果发现这种机器的所有成员都具有不变的陡峭度。这说明它们是直线，从而我们也知道了如何描述它们。让我们看看对其他类型的机器有没有类似的东西。

5.2.2　AM 型机器

现在假设我们捕获了一台 AM 型机器。同前面一样，我们只知道它的性质，不知道它长什么样。定义 AM 型机器的性质为：

$$f(x+y)\overset{\text{须}}{=}f(x)f(y)。 \tag{5.7}$$

我们来逗弄一下。如果设 x 和 y 都等于 0 呢？我们得到 $f(0)=f(0)f(0)$。这并不足以确定 $f(0)$，因为 1 和 0 都有这个性质（即 $0=0\cdot 0$，$1=1\cdot 1$）。因此继续寻找。如果让其中一个输入为 0（例如 $y=0$），另一个不做假设呢？我们会得到

$$f(x)=f(x)f(0)。$$

这好多了。这个语句告诉我们 $f(0)=1$。**除非** $f(x)$ 是一台永远吐 0 的乏味机器，这样上面的语句也会成立，但这样 $f(0)$ 就不会等于 1。基于避免乏味的原则，让我们假设这台 AM 型机器不会一直吐 0。这样上面的论证就说明 $f(0)=1$。

好了，我们不知道该怎么做，不过可以像上次一样尝试一下让两边像导数。上次我们只需处理相加，因此更容易让两边像导数。也许我们还是可以利用导数，不过方式不一样。记住我们只是用 x 和 y 表示两个可能喂进机器的东西，不是横坐标和纵坐标；我们可以在不改变 x 的情况下改变 y，因此有 $\frac{\mathrm{d}x}{\mathrm{d}y}=0$，这意味着 $\frac{\mathrm{d}}{\mathrm{d}y}(x+y)=1$。据此，我们对 y 求导。利用重新缩写锤子（即"链式法则"），可以得到

$$f'(x+y)=f(x)f'(y)，$$

其中撇号表示对 y 的导数。我们能从中得到关于机器 f 的任何有意思的结论吗？嗯，如果我们让 $x=0$，会得到语句 $f'(y)=1\cdot f'(y)$。这不会告诉我们任何东西，没什么用。我们再试一下让 $y=0$，这回得到

$$f'(x)=f'(0)f(x)。$$

嘿！这说的是 AM 型机器的成员**差不多**就是它们自己的导数。它们乘以某个固定的数刚好就是自己的导数。这样的机器我们之前没见过。例如，加乘机器都没有这样的性质，因为导数会将各项的指数减 1：$(x^n)' = nx^{n-1}$。如果 AM 型机器的某个特殊成员有 $f'(0) = 1$，则它**正好**就是自己的导数！而如果机器 f 是自己的导数，则它乘以任何常数得到的机器也会是自己的导数。也就是说，如果 f 是自己的导数，即 $f'(x) = f(x)$，则任何机器 $m(x) \equiv cf(x)$ 也将满足 $m'(x) = cf'(x) = cf(x) \equiv m(x)$，因此 m 也是自己的导数。因此我们会得到无穷多台是自己导数的机器——每台对应一个数 c——但这些机器中只有一台是 AM 型机器的成员。为什么？因为我们已经看到了 AM 型机器具有性质 $f(0) = 1$。因此只有一台极其特殊的机器**既是**自己的导数**也是** AM 型机器的成员。我们不知道这样的机器长什么样，但我们可以称这台特殊的机器为 E，表示"极其(Extremely)特殊"。因此 E 是唯一满足以下条件的机器：

$$E'(x) = E(x) \text{ 且 } E(0) = 1。$$

我们还是不知道 AM 型机器长什么样，但至少有了大致的想法，因为我们**知道了**它们与我们以前见过的机器都不一样。我们还能做什么呢？只能围绕着一个事实，就是这些野兽将加转换为乘。因此如果 n 是整数，f 是 AM 型机器，则有

$$f(n) = f\underbrace{(1+1+\cdots+1)}_{n次}$$
$$= \underbrace{f(1)f(1)\cdots f(1)}_{n次}$$
$$= f(1)^n。$$

有意思……输入跑到上方变成指数了，而 $f(1)$ 就是某个我们不知道的数。我想知道这个是不是对任何数 x 都成立。之前我们发现了可以用形为 $\frac{n}{m}$ 的数逼近任何数，其中 n 和 m 是整数。因此如果我们能证明这个"输入上移"性质对任意类似 $\frac{n}{m}$ 的数都成立，我们就会坚信它对任意数 x 都成立。假设某个数 x 可以写为 $x \equiv \frac{n}{m}$，其中 n 和 m 是整数。则我们又

可以玩相同的手法，只是反过来

$$f(n)=f\left(m\cdot\frac{n}{m}\right)=f\underbrace{\left(\frac{n}{m}+\frac{n}{m}+\cdots\frac{n}{m}\right)}_{m\text{次}}\overset{AM}{=\!=\!=}\left[f\left(\frac{n}{m}\right)\right]^{m},$$

其中符号 $\overset{AM}{=\!=\!=}$ 表示依据的是 AM 型机器的定义。因此上面的等式说 $f(n)$ 等于最右边那个东西。但就在刚才，我们发现 $f(n)=f(1)^{n}$。因此我们用两种方式描述了同一个东西，可以将这两个表达式结合到一起得到

$$\left[f\left(\frac{n}{m}\right)\right]^{m}=f(1)^{n}\,。$$

现在怎么办？最好能将 $f\left(\frac{n}{m}\right)$ 项分离出来，这样就能对 AM 型机器长什么样有更好的认识。我们可以将两边的指数同时乘以 $\frac{1}{m}$，从而将左边的 m 指数消掉：

$$f\left(\frac{n}{m}\right)=f(1)^{\frac{n}{m}}\,,\tag{5.8}$$

因此现在我们相当有把握 AM 型机器的所有成员对任何数 x 都有"输入上楼"的性质，因为任何数 x 都能用形为 $\frac{n}{m}$ 的数任意逼近。因为 $f(1)$ 只不过是一个我们不知道的数，因此同样可以写成 c，然后将我们刚才所说的总结为

$$f(x)=c^{x}\,。$$

我们来检查一下我们的推理，确保形为 $f(x)=c^{x}$ 的机器的确是 AM 型机器的成员：

$$f(x+y)=c^{x+y}=c^{x}c^{y}=f(x)f(y)\,。$$

完美！这样这些 c^{x} 就的确都是 AM 型机器，无论正数 c 是多少，而且这些机器的性质与我们定义的幂契合得非常好！前面我们发现了必然存在某台极其特殊的 AM 型机器 $E(x)$ 是其自身的导数，当时我们还不知道 AM 型机器都可以表示为 c^{x}。现在我们知道对每个正整数 c 都可以得到一台不同的 AM 型机器。我们用方框总结一下所发现的关于这种机器的一切。

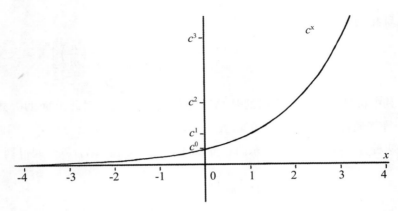

图 5.1　我们发现 AM 型机器的所有成员都可表示为 $f(x)=c^x$，不同的正数 c 对应 AM 型机器的不同成员。这些机器画成图是这样。

AM 型机器

AM 型机器定义为所有将加转换为乘的机器：

$$f(x+y)\overset{\text{须}}{=}f(x)f(y),$$

我们发现这种机器的所有成员都可以表示为

$$f(x)=c^x,$$

其中 c 为某个数。

不动之物

我们还发现存在某台极其特殊的 AM 型机器是它自身的导数。我们将这台机器命名为 E，表示"极其特殊"。这台机器是求导的"不动之物"。结合我们对 AM 型机器的这个发现，我们可以说：必定存在某个极其特殊的数 e，使得 AM 型机器

$$E(x)\equiv\mathrm{e}^x$$

是其自身的导数。我们现在还不知道这个数是多少，但它一定存在。

5.2.3　MA 型机器

接下来我们会看到，MA 型机器在某种意义上是 AM 型机器的"反

面"，因此两种机器可能都与神秘的数 e 有关。我们来看一下。我们将
AM 型机器定义为所有具有以下性质的机器的集合：

$$f(x+y) \overset{\text{须}}{=} f(x)f(y),\tag{5.9}$$

MA 型机器则定义为所有具有以下性质的机器的集合：

$$g(xy) \overset{\text{须}}{=} g(x)+g(y),\tag{5.10}$$

我们用不同的字母描述这些机器以免混淆。设 g 是一台 MA 型机器，f
是一台 AM 型机器。那么，虽然我们不知道 MA 型机器长什么样，还是
可以得到

$$g(f(x+y)) \overset{f\,\text{是 AM}}{=\!=\!=\!=} g(f(x)f(y)) \overset{g\,\text{是 MA}}{=\!=\!=\!=} g(f(x))+g(f(y))。$$

但这其实是说，如果我们将 AM 型机器的输出管和 MA 型机器的输入管
连到一起建造一台大机器，则整体上就是一台 AA 型机器！也就是说，
如果我们定义 $h(x) \equiv g(f(x))$，则我们刚才证明了机器 h 有如下性质：

$$h(x+y) = h(x)+h(y),$$

因此 h 是一台 AA 型机器。注意我们没有特意要求这三个思想以如此优
雅的方式相互关联，这个事实一直隐藏在我们的定义中，是它们的一个
必然推论。然后呢？嗯，我们可以从我们对 AA 型机器的辛勤工作中获
益。之前我们发现了任何 AA 型机器都可以表示为 ax。而这里我们发现
h 就是 AA 型机器，因此有

$$h(x) \equiv g(f(x)) = ax,$$

其中 a 是某个数。哪个数？我们不知道，但如果将 1 喂给上面的等式会
得到 $g(f(1))=a$，因此可得

$$g(f(x)) = g(f(1))x。\tag{5.11}$$

有意思……这表明如果我们将 AM 型机器的输出喂给 MA 型机器，它们
的作用**几乎**会相互抵消。如果 $g(f(1))$ 等于 1，则有 $g(f(x))=x$。因此
f 和 g 会执行相反的动作，让我们刚好得到放进去的东西。我们进一步
搞清楚了 AM 型机器是 MA 型机器的"反面"是什么意思。

　　我们在前面发现了 AM 型机器都可以表示为 $f(x)=c^x$，其中 c 就是
$f(1)$ 的缩写。不同的 c 值对应不同的 AM 型机器，因此我们给缩写加个

下标，写成 $f_c(x) \equiv c^x$。这样更便于谈论 AM 型机器的特定成员，也不会与其他 AM 型机器搞混。有了新的缩写，等式(5.11)说的是对于任何**特定的** AM 型机器 f_c，可以得到

$$g(f_c(x)) = g(f_c(1))x = g(c^1)x = g(c)x, \tag{5.12}$$

因此现在我们可以说如果 $g(c)=1$，则 f_c 和 g 可以相互抵消。与不同的 c 对应不同的 AM 型机器一样，现在不同的 c 也对应不同的 MA 型机器。因此虽然我们还不知道 MA 型机器长什么样，我们还是知道**每台 MA 型机器都有一台 AM 型机器与之对应**：分享相同 c 值的那台。

由于有这种对应关系，现在我们也给 g 加上下标来表示特定的 MA 型机器，就像我们刚才对 AM 型机器做的那样。即，g_c 是满足 $g_c(c)=1$ 的 MA 型机器的缩写。例如，$c=2$，我们得到 AM 型机器 $f_2(x) \equiv 2^x$，与其对应的 g_2 则是满足 $g_2(2)=1$ 的 MA 型机器。发现了这两种机器的对应关系以及刚好是其自身导数的神秘机器后，我们可以将这一切都写到方框里，好好地自我欣赏一下。

AM 型与 MA 型机器的对应：

AM 型机器定义为所有将加转换为乘的机器：

$$f(x+y) \overset{须}{=\!=} f(x)f(y)。$$

我们发现这种机器的所有成员都可以表示为

$$f_c(x) \equiv c^x。$$

MA 型机器定义为所有将乘转换为加的机器：

$$g(xy) \overset{须}{=\!=} g(x) + g(y)。$$

我们不知道这种机器"长什么样"，也就是说我们无法用我们知道的东西来描述它们。不过，我们还是知道了每台 AM 型机器都有一台对应的 MA 型机器能消除它做的事情。MA 型机器 g_c 定义为能让以下语句成立的那台机器：

$$g_c(f_c(x)) \equiv x。 \tag{5.13}$$

虽然我们还是不知道什么数 e 能使得机器 $E(x) \equiv e^x$ 是其自身的导数，我们还是可以谈论这台机器的对应机器，$g_e(f_e(x)) \equiv x$，或者写成 $g_e(e^x) = x$。我们对这台机器一无所知，除了它有"特殊的关联"。我们之所以关注它，是因为它是求导的不动之物——求导数时保持不变的机器——的反面。

5.2.4　MM 型机器……待续

我们还有一个类型有待探索：MM 型。不过，这个讨论有点抽象，我们需要确保对自己所做的感到舒服，因此我们会在后面再回来讨论 MM 型机器。就目前来说，我们刚发现了一堆关于 AM 型机器与 MA 型机器的对应的有趣事实，以及是自身的导数的特殊机器。趁现在还有印象，我们再花点时间进一步非正式地探究一下我们的不动之物。

5.3　形式与非形式

5.3.1　拿出怀旧装置

作者： 数学！请出来！

……

读者： 数学！我们有东西给你看！

……

读者： 我们往前走吧，不等——

作者： 再等一会。

（某个时间量 t 过去了，其中 t 定义为表现得很像"一分钟"足以让旁白继续的任意时间量。）

作者： 好吧，我想他不会来了。我希望我们不需要动用这个……

（作者从口袋里掏出一个小瓶。）

读者： 那是什么？

作者：我几年前捡到的小玩意。

（作者将小瓶递给读者。）

读者：哦。上面写着，**赫金水，ℵ白金级，年份 1949**。这是做什么用的？

作者：很难解释。可以说是用来消除语法和语义界线的语言化学试剂。用于形式语言，不过对非形式语言也可能有效……

读者：……什么？

作者：它给名字赋予力量。撒一点在地上。然后**保持安静**！等一会儿。别让它失效。

（读者将瓶子中的东西倒了出来。）

作者：(默念)数学！数学！数学！

（嘭！）

数学：哦，你们俩好啊！

作者：怎么那么久！

数学：抱歉！我忘记时间了。在没有时间的虚空里要想不忘掉时间是很难的。

读者：好吧……我们有东西给你看。

数学：噢，是吗？是什么？

读者：我们四处游荡，发现了必定有某种机器 E 是它自身的导数。

数学：有意思。那会是什么样子？

作者：我们也不是很清楚。

读者：我们一开始称它为 E，表示"极其特殊"。

作者：然后我们又发现它必须是"某个数的 x 次方"。

读者：是的。所以我们就又称它为 e^x，其中的 e……还是表示"极其特殊"。

数学：但是你们不知道这个 e 是多少？

读者：是的。我们希望你能和我们一起来把它求出来。

作者：另外，我认为你还是需要怀旧装置。我们认为它可能用得上。

数学：噢。再次抱歉。我觉我有点迷糊了。住在虚空里很难不迷糊——

作者：没关系！给我们就行了。

（数学拿出怀旧装置。）

作者：哦，我还真怀念这玩意。

数学：那是副作用。就算它在你身边你也会怀念它。

作者：真古怪。

数学：恰恰相反。我认为这正说明它在起作用。

读者：我们开始吧。先把 E 放进怀旧装置。

$$E(x) = \sum_{n=0}^{\infty} \frac{E^{(n)}(0)}{n!} x^n 。$$

读者：然后呢？

数学：你说过这个东西是它自身的导数，对吗？

读者：是的。因此 $E'(x) = E(x)$。

数学：接下来它的所有阶导数都是它自身，对吗？例如，二阶导数就是导数的导数，也就是导数，即它自身。

读者：是的！所以你说的是对所有 n，都有 $E^{(n)}(x) = E(x)$。从而对所有 n，都有 $E^{(n)}(0) = E(0)$。

作者：嘿，记得我们对 E 应用了怀旧装置吗？

读者：（对数学说）为什么他会回闪到 20 秒前发生的事情？

数学：（对读者说）还是副作用。别理他。

读者：好吧，我们到了那儿？对了，因此对所有 n 都有 $E^{(n)}(0) = E(0)$。$E(0)$ 是多少呢？

作者：哦，根据我们在插曲 2 中对幂的推广，$E(0) \equiv e^0 = 1$。怀念那些日子……

数学：喔！那会让怀旧装置的输出简单得多！现在它就是

$$E(x) = \sum_{n=0}^{\infty} \frac{x^n}{n!},$$

或者换一种方式表示

$$E(x)=1+x+\frac{x^2}{2!}+\frac{x^3}{3!}+\frac{x^4}{4!}+\cdots。$$

等一下，确定我们是对的吗？这看上去太棒了。

读者：我不知道。我们可以检查一下这个式子是不是它自身的导数。应该不太难，因为这只不过就是一台大的加乘机器。我们来看看。根据你刚才写的，可以得到：

$$E'(x)=\frac{\mathrm{d}}{\mathrm{d}x}\left(1+x+\frac{x^2}{2!}+\frac{x^3}{3!}+\frac{x^4}{4!}+\cdots\right)$$

$$=0+1+\frac{2x^1}{2!}+\frac{3x^2}{3!}+\frac{4x^3}{4!}+\cdots \qquad (5.14)$$

数学：但是 $n!$ 其实就是这个的缩写：

$$n! \equiv (n)(n-1)\cdots(2)(1),$$

因此对任何 n，$\dfrac{n}{n!}$ 其实就是 $\dfrac{1}{(n-1)!}$，等式(5.14)也就变成了

$$E'(x)=1+x+\frac{x^2}{2!}+\frac{x^3}{3!}+\cdots。$$

读者：这同怀旧装置吐出来的 E 一模一样，我想它说的就是 E 是它自身的导数。成功了！然后呢？

数学：我不知道。我们本来是想干什么？

读者：求出 e 是多少。

数学：是的，我想我们最好是用 e 来表示 E 的缩写，就像这样：

$$\mathrm{e}^x=1+x+\frac{x^2}{2!}+\frac{x^3}{3!}+\cdots。$$

读者：但 e^1 就是 e 啊，因此只要代入 $x=1$ 就可以得到

$$\mathrm{e}=1+1+\frac{1}{2!}+\frac{1}{3!}+\cdots,$$

或者写成另一种形式

$$\mathrm{e}=\sum_{n=0}^{\infty}\frac{1}{n!}。$$

嘿，我觉得我们求出 e 是多少了。

作者：真的吗？我没明白！我……算了。管他呢，那个数是多少？

读者：我们不知道确切值。只知道把所有 $n!$ 的倒数相加就可以得到这个数，从 $n=0$ 开始直到永远。

作者：噢！和会不会是无穷大呢？

数学：哦……我还没想过这个问题。

读者：有什么理由认为它是无穷大吗？

作者：无穷项之和怎么会是有穷数呢？

读者：嗯，0.11111（到永远）就是有穷数，对吗？

作者：当然。我的意思是，它小于 0.2。显然是有穷的。

读者：但这个数可以视为无穷项相加，就像这样：

$$0.11111（到永远）$$
$$=0.10000（到永远）$$
$$+0.01000（到永远）$$
$$+0.00100（到永远）$$
$$+0.00010（到永远）$$
$$（到永远），$$

这个我想可以这样写：

$$0.11111\cdots = \sum_{n=1}^{\infty} \frac{1}{10^n},$$

因此至少说明无穷项相加**有可能**得到有穷数，只要相加的项减小得足够快——大概就是这么个意思。

数学：我们怎么才能知道它们减小得足够快呢？

读者：对我举的那个例子来说很显然。不过对于 e，我不太确定……

数学：我们卡住了？

读者：我想是的。

作者：算了，让我们先忘掉无穷项之和。也许有更简单的办法可以求出 e 是多少。

读者：有什么办法？

作者：试一下导数的定义怎么样？

读者：怎么试？

作者：我不知道。我们曾"告诉数学"e^x 是它自身的导数，因此我想我们应当用导数的定义来试试。

读者：你的意思是这样？

$$e^x \overset{须}{=\!=\!=} (e^x)' \equiv \frac{e^{x+dx} - e^x}{dx}, \qquad (5.15)$$

这能有什么用？

作者：哦，我也觉得没用。

数学：等一下，我想到了一个主意。这样做怎么样？

$$e^x \overset{(5.15)}{=\!=\!=\!=} \frac{e^{x+dx} - e^x}{dx} = \frac{e^x e^{dx} - e^x}{dx} = e^x \left(\frac{e^{dx} - 1}{dx}\right)。 \qquad (5.16)$$

作者：嘿！这样最左边和最右边就都有 e^x。如果消掉就得到

$$1 = \frac{e^{dx} - 1}{dx}。$$

也许我们能试着将 e 分离出来，找到这个数的另一种表示，这样就不用把无穷多项相加了。

读者：嗯，两边同乘以 dx 得到

$$dx = e^{dx} - 1,$$

因此我想

$$e^{dx} = 1 + dx。$$

这又能有什么用呢？

数学：嗯⋯⋯如果我们将两边的指数同乘以 $\frac{1}{dx}$，就得到：

$$e = (1 + dx)^{\frac{1}{dx}}。 \qquad (5.17)$$

读者：这个指数 $\frac{1}{dx}$ 太怪异了。我能把这个改写成其他形式吗？

作者：当然。

读者：好的，dx 是无穷小，但我们不知道怎么处理无穷小或无穷大次幂，至少在求具体数值时不想这样。dx 很小，因此 $\frac{1}{dx}$ 很大，我用 $N \equiv \frac{1}{dx}$ 来作为很大的数的缩写。这样我们就能这样写：

$$e \overset{???}{=\!=\!=} \left(1 + \frac{1}{N}\right)^N。$$

作者：但原来的等式只有在 $\mathrm{d}x$ 无穷小时才成立，因此得让 N 变得无穷大。我们可以这样写，以便提醒我们自己：

$$e=\lim_{N\to\infty}\left(1+\frac{1}{N}\right)^{N},$$

或者我们始终将 N 视为 $\frac{1}{\mathrm{d}x}$。一样的意思。

数学：我们做完了吗？

作者：我想是的。

读者：不，还没有！我们只是写了两条语句说 e 是什么，但是我们还是没有求出它是多少！

作者：这怎么可能？

读者：不，我的意思是我们还不知道它的**具体数值**。我们得做些算术，把它算出来，才算做完了。

数学：我可不想算。

作者：就是，我不想真的做算术。我们就不能做些更有意思的事情吗，比如咬手指甲，或者——

读者：你在开玩笑吗？！我们就快求出这个东西是什么了，不试一下就放弃吗？

数学：如果你想做，我可以喊我的一个朋友来帮我们做。

读者：那太好了。我们快点了结这件事情吧。

（数学借作者的手机拨了个号码。）

5.3.2　将乏味的计算外包给朋友的朋友的朋友

> 数学的任务不是……把算术做对。那是银行会计的工作。
> ——萨穆伊尔·施恰图诺夫斯基（Samuil Shchatunovski），
> 引自伽莫夫（George Gamow），《伽莫夫自传》
> （*My World Line：An Informal Autobiography*）

数学：嗨，A。我是数学……你好啊！……听我说，你建造的那个东

209

西完工了吗？……太好了，你能过来吗？……你现在在哪？……真的？……噢，太棒了！等你。

（数学挂了电话。）

数学：我的朋友 A. T. 愿意帮我们做这个算术，他正好就在附近——

A. T.：嗨，老伙计。

作者：噢！这么快。

数学：A！你能来太好了！来，我给你介绍一下。这位是读者。

读者：很高兴见到你。

A. T.：我也是。

数学：这位是作者。

作者：嗨！很高兴见到你。这位是你的朋友？

A. T.：噢！是的。请允许我介绍一下我的搭档。这位是硅（Silicon）搭档，不过他更愿意被简称为"傻子（Sil）"。它会帮你们解决算术问题。

傻子：01000111　01110010　01100101　01110100　01101001
01101110　01100111　01110011　00100000　01001000　01110101
01101110　01100111　01101110　01110011　00000000

A. T.：傻子，说人话！对不起，仨位，它经常这样。

（A. T. 拨动了一下傻子面板上的开关。）

傻子：$2^{\ulcorner 很 \urcorner}\ 3^{\ulcorner 高 \urcorner}\ 5^{\ulcorner 兴 \urcorner}\ 7^{\ulcorner 见 \urcorner}\ 11^{\ulcorner 到 \urcorner}\ 13^{\ulcorner 你 \urcorner}\ 17^{\ulcorner 们 \urcorner}\ 19^{\ulcorner ！\urcorner}\ 23^{\ulcorner 人 \urcorner}\ 29^{\ulcorner 类 \urcorner}\ 31^{\ulcorner ， \urcorner}\ 37^{\ulcorner 你 \urcorner}\ 41^{\ulcorner 们 \urcorner}$
$43^{\ulcorner 好 \urcorner}\ 47^{\ulcorner ！\urcorner}$

A. T.：不，傻子。哥德尔数不是人话。他们也不都是人类。我们之前说过，傻子。在同多个实体打招呼时，至少用类型泛化客套一下，搞清楚最能让大家接受的分类方式。否则可能有人会觉得被冒犯。

（傻子计算了一会。）

傻子：你们好，C 的实例，其中 C 是以人类和（数学）类作为子类的最小泛类。

读者：嗨！

作者：你好！

数学：很高兴见到你。

A. T.：傻子，这几位想知道你能不能帮他们自动化某件事情。

傻子：当然可以。请定义你们的问题。

读者：我们想请你帮我们计算这个：

$$\sum_{n=0}^{\infty} \frac{1}{n!}。$$

傻子：栈溢出。

读者：什么意思？

A. T.：傻子做事很快，但它只是有限存储容量的有穷生命。我们想增加多少存储磁带都可以，但如果你想要它在有限的时间内给你答案，你就只能交给它有限的任务。

作者：$n!$ 变大的速度很快，因此我估计算到前 100 项就差不多了。我们只想知道 e 大概是多少。不需要小数点后无穷多位。

A. T.：该你了！傻子，变魔术吧。

傻子：精确到小数点后 9 位：

$$\sum_{n=0}^{100} \frac{1}{n!} = 2.718281828。$$

读者：棒极了！

数学：好吧，不过我们怎么才能知道这是对的呢？我们可能会犯错，这家伙也可能会犯错。

作者：你不高兴它称你为人类。

数学：……

作者：不过也许你是对的。我们应当也看一下 e 的其他表达式。傻子，你愿意替我们计算这个吗？

$$\lim_{N \to \infty} \left(1 + \frac{1}{N}\right)^{N}$$

傻子：段异常。

A. T.：你们还没明白？不能是无限任务。

作者：对不起。傻子，你能计算 N 等于 100 时这个式子的值吗？

傻子：精确到小数点后 9 位：

当 $n=100$，

$$\left(1+\frac{1}{N}\right)^N = 2.704813829。$$

数学：这个答案和前面的好像不一样。

读者：不过我们给傻子的东西本来就不是一样的。

作者：哦，是的。就算我们是对的，我们的论证也只是证明了在 n 和 N 趋向无穷大时这些式子会得到 e。如果我们截取有限项，它们并不一定会相等。也许它们只是趋近正确答案的速度不一样。

数学：也许是这么回事。那我们再多算一点。傻子，你能计算 n 等于 10 亿时的和吗？

傻子：精确到小数点后 9 位：

$$\sum_{n=0}^{1000000000} \frac{1}{n!} = 2.718281828。$$

数学：一点没变。显然算出来的不是同一个数，没什么好讲的了。

读者：等一下，我们还没有重算后面这个式子。傻子，你能算 N 等于 10 亿时的结果吗？

傻子：精确到小数点后 9 位：

当 $N=1000000000$ 时，

$$\left(1+\frac{1}{N}\right)^N = 2.718281827$$

读者：这就对了。结果是一样的。

作者：太棒了！我想这是因为 e 的第二个式子随着 N 增大趋近正确答案要慢一些。这太棒了！让我们把这个正式写在方框里。

探索不动之物的总结

我们发现存在某个特殊的数 e 使得机器

$$E(x) \equiv e^x$$

是它自身的导数。这台机器与其他数相乘得到的机器也是它们自身的导数。但只有这台机器是 AM 型机器的成员。E 是唯一的**既**是自身的

导数**又**能将加转换为乘的机器。也就是说，对于所有 x 和 y，

$$E(x+y)=E(x)E(y)。$$

然后我们用怀旧装置计算了数 e，发现

$$e=\sum_{n=0}^{\infty}\frac{1}{n!},$$

其中 $n! \equiv (n)(n-1)\cdots(2)(1)$。我们不想完全信任怀旧装置，又用导数的定义计算了 e，发现

$$e=\lim_{N\to\infty}\left(1+\frac{1}{N}\right)^{N}。$$

然后 A. T. 的搭档傻子帮我们计算了当 n 和 N 很大但有穷时这些式子的具体数值。感谢他们的帮助，我们发现

$$e\approx2.718281828。$$

5.3.3 感谢一切

数学：A.T.，非常感谢你的帮助。如果依靠手算会非常繁琐。

A.T.：别客气，这没啥。也不用谢我，应该感谢的是傻子。

数学：非常感谢，傻子。

傻子：这是我的荣幸。

作者：嘿，A.T.，你和数学是很久的朋友了？

A.T.：当然，我们从基础阶段就是朋友了。

作者：为什么你的名字叫"A"呢？是什么的首字母？

数学：(对作者说)他很内向。

作者：得了吧，别隐瞒了。我们都是朋友。应该毫无保留，对吗？A.T. 表示什么？自动叙述者(Automated Teller)？

A.T.：不是

作者：安德鲁·坦南鲍姆(Andrew Tanenbaum)？

A.T.：有点接近！但不是。

作者：……阿喀琉斯与龟(Achilles and the Tortoise)？

(A.T. 苦笑着举起了手。)

A.T.：你赢了。

作者：什么？真是这个？

A.T.：哈，不是。我的名字是 Al。

Al T.：明白吗？

数学：(偷笑)我想死你了，Al。你最近还好吗？

Al T.：好得很。我独处了一阵子，直到最近我无法正确对问题分类，这是我的公理内省前提的基本错误导致的：即孤独是独处的函数。它不是……这个前提耽误了我对答案的追寻很长时间，因为周围有人只会让感觉更糟。他们从来都不理解我；我更不理解他们。和机器在一起我感觉更自在，但是和它们交谈很难。至少大部分机器是这样。自从有了傻子之后情况好多了。它是我的苹果——

作者：我知道你是谁了！你是他！IEKYF ROMSI ADXUO KVKZC GUBJ！！！

Al T.：(睁大眼睛)你怎么知道的？！

作者：哦，得了吧。这还不明显？

读者：你们俩在说什么？

作者：没什么。你知道不？Al，现在他们说不理解计算就无法理解大脑和行为。

Al T.：谁说的？

作者：以研究这类事情为生的人。

Al T.：喔……人们总算开窍了……

作者：真遗憾你没有亲眼见到。要是你能和我们在一起就太好了。

Al T.：(尴尬地说)……我还是走吧。不管怎么说很高兴见到你们。

作者：怎么？……就走？……

数学：再见，老伙计。

读者：再见！

(Al 和傻子转身离去。)

作者：(对 Al 说)谢谢你们。谢谢你们所做的一切。

Al T.：(有些不解)……不用谢。

（Al 和傻子逐渐远去。）

作者：（远远地对 Al 说）噢！Al！英国人说他们**真的**很抱歉。

Al T.：现在说这些太晚了……不过请转告他们我心领了。如果你们还需要自动化数值计算啥的，尽管打电话。

作者：好的。有机会再见……

5.4　MA 型机器动物学

好了……继续……在前面探索不动之物 e^x 之前，我们讨论了"四种机器"。我们发现 AM 的成员可以表示为 $f_c(x)\equiv c^x$，后来我们又发现 AM 这些成员在 MA 型机器中都有与之对应的作用相反的成员。也就是说，任何正数 c 都对应两台机器。一台是 AM 型机器中的成员 $f_c(x)\equiv c^x$。还有一台是 MA 型机器中的成员 g_c，它具有以下性质：

$$g_c(f_c(x))=x，对所有 x， \qquad (5.18)$$
$$f_c(g_c(x))=x，对所有 x。$$

不知你有没有意识到，MA 型机器的成员其实就是标准课本上说的"对数"。在课本上，它们被标记为 $\log_c(x)$，而不是我们在这里用的 $g_c(x)$，但两者是一回事。

怎么称呼它们都没问题。问题在于，我们通常都是在学习微积分之前学习这些内容，这又是一个逆向教学的例子。不知怎么回事，学生们在学习微积分之前，很早就得学习数 e、机器 e^x 和对数。更糟糕的是，在令人困惑的对数中，还莫名其妙地提出了一个特殊的对数。它被称为"自然对数"，或"以 e 为底的对数"，标记为 $\ln(x)$。然后，学生记忆了一堆关于这些东西的让人无法理解的符文，想着可能在他们以后学习微积分的时候用得着。毫不奇怪学生们会不明所以，不知道这些奇怪的对数到底是什么，e 是什么，又为什么将它们混到一起魔术般地得出函数 $\ln(x)$。事实上，非数学专业的许多研究生和教授都承认自己对对数没什么概念，虽然他们都曾学过这些。

这种迷惑的源头**不**在于这些概念本身。就像我们在这一章已经看到的，我们不仅仅是需要微积分才能计算 e，我们之所以关心这个数，根本原因就在于它与其导数的关系！即，我们关注 e 就是因为机器 e^x 正好是其自身的导数，而我们之所以关心 $\ln(x)$，或 $\log_e(x)$，也是因为它抵消了 e^x 的作用。也因此，如果我们还没学导数，就没有理由要关心 e、e^x 或 $\ln(x)$，或它们的任何性质。我怀疑，"没有理由关心"正是大多数学生在高中学习这些东西时的感觉。能怪他们吗？

知道了这些被称为"对数"的奇怪玩意的思维源头后，我们对它们知道得还是不多，面对着它们时感觉也不自在。虽然我们想办法知道了 AM 型机器成员的样子（即它们都是数的 x 次方机器），我们还是不知道 MA 型机器成员的样子，也就是说我们不知道怎样用我们知道的东西来描述它们。这是我们用**它们有怎样的性质**而不是用**它们是什么**来定义这四种机器的副作用。如果我们只依靠性质来定义数学对象，那么发现这些对象**是什么**并不那么显而易见时就不要太惊讶。

这一章之所以让初学者感到迷惑，这是另一个深层次原因。用对象的性质来定义对象，这个奇怪的舞蹈虽然简单，却与人类典型的与世界交互的方式不一样。在人类大部分进化历程中，大脑对用性质来定义对象的经验基本为零，直到今天，我们的神经机制也不习惯处理以这种方式定义的对象。在人类进化的过程中，从古至今，也包括现在，人类遇到的几乎所有"事物"都可以归结为以下几类：人、动物、植物和菌类、看不见的致病微生物、人造物（比如斧头和计算机）、以及地理的非生命特征。在处理这些种类的事物时，假设它们已经存在大量我们未知的事实是很稳妥的做法。在所有这些事物中，没有哪一样是**人类可以通过某个简单的原则就可以发现关于它的所有事实的**。在我们的天然设定中，就不习惯这种思维方式。

因此我估计，当学生第一次学到"对数"时，他们会赋予这些对象很多隐藏的属性，并认为（就像动物学一样）存在一个教授们没有揭示的关于它们的信息的世界。从某种意义上来说，这是对的。只是奇怪的是它们**所有的**性质都蕴涵在它们的定义中。虽然数学中的所有对象都是这样，就对数来说这一点却更重要也更让人望而生畏，因为当学生们初次接触它们时，这**差不多**也是他们第一次**直接**接触到这种新奇的依据性质进行定义的方式：他们仅仅被告知对数有怎样的性质，而不是"它们是什么"。对于 $m(x) \equiv x^2$ 这样更熟悉的机器，右边的定义告诉了我们机器的内在机理，以及如何从具体的输入计算出具体的输出。而对数的定义则没有告诉我们这种机器的内在机理，只有它们在加乘运算时的性质：对数可以是满足性质 $\log(xy) = \log(x) + \log(y)$ 的**任何东西**。

现在我们能根据 MA 型机器的定义来证明标准课本中所有的"对数性质"。就目前来说，我们对它们的性质的了解已经够多了，可以用怀旧装置来分解它们，给出简单的无穷加乘机器描述。从原则上来说，有了这个描述，只要用加和乘，我们就能以任意精度计算出任何数的对数。

5.4.1　**另一些他们从不告诉你的事情**

我们先选择一些更好的缩写。前面我们用 $f_c(x) \equiv c^x$ 描述 AM 型机器的成员，用 $g_c(x)$ 表示 MA 型机器的成员。因为 AM 型机器就是所有的"幂（Power）机器"，我们可以将它们缩写为 $p_c(x) \equiv c^x$。而 MA 型机器其实就是幂机器的反面，我们就将它们缩写为 $q_c(x)$，因为字母 q 很像反写的 p。

好了，根据我们对 MA 型机器的定义（是 AM 型机器的反面），关于它们的事实也应当成对出现。对于相对简单的 AM 型机器的每一个事实，我们都应当能推演出一个关于更神秘的 MA 型机器的事实。因此关于 AM 型机器的事实可以作为某种货币，用来交换对 MA 型机器的更多理解。那么哪里有关于 AM 型机器的事实呢？嗯，既然所有这种机器的样子都是 c^x，关于 AM 型机器的所有事实**也必定**遵循我们对幂的定义！因为我们自己发明了幂，我们知道的关于它的一切都遵循下面两个语句：

$$s^{x+y} \overset{须}{=\!=} s^x s^y \tag{5.19}$$

和

$$(s^x)^y \overset{须}{=\!=} s^{xy}, \tag{5.20}$$

其中 x、y 和 s 可以是任何数。现在，根据我们对 MA 型机器的定义，我们知道它的所有成员都有以下性质：

$$q_s(xy) = q_s(x) + q_s(y), \tag{5.21}$$

这就是"对数性质"，它的"反面"是式（5.19）。课本上通常将它写成这样：

$$\log_b(xy) = \log_b(x) + \log_b(y)。 \tag{5.22}$$

关于 MA 型机器有对应的语句是等式（5.20）的"反面"吗？我们来看一下。尝试对式（5.20）的两边取"以某某为底的对数"来消除 AM 型机器的作用，也就是用 q_s 包围等式两边。我们之前发现 MA 型机器可以消除对应的 AM 型机器的作用，即对于任意数 ♯ 有 $q_s(s^\sharp) = \sharp$。利用这个思想，可以得到

$$q_s(s^{xy}) \xonequal{(5.18)} xy。 \tag{5.23}$$

用式（5.20）处理左边，可以得到

$$q_s((s^x)^y) \xonequal{(5.20)} q_s(s^{xy}) \xonequal{(5.18)} xy。 \tag{5.24}$$

现在这一点已被**彻底**证明，由于它是我们用式（5.20）得出的关于"对数"的事实，它应该就是我们寻找的式（5.20）的"反面"。我们可以就此收手。不过这个式子有点丑。如果我们想得到只谈论对数（即 MA 型机器）的语句，最好还是消除 s^x 这样的项。怎么才能消掉呢？嗯，如果式（5.24）对于**所有数** x 和 y 都成立，则对任何特定的数 z，当 $x = q_s(z)$ 时也应当成立。如果我们将式（5.24）中的 x 替换为 $x \equiv q_s(z)$，就可以消除 s^x 项，通过巧妙的缩写选择，我们可以得到 $s^x \equiv s^{q_s(z)} = z$，其中第二个等号是根据 AM 型机器消除了对应的 MA 型机器的作用这个事实。利用这个巧妙的缩写，我们就能将式（5.24）表述为另一种等价的方式：

$$q_s(z^y) = y \cdot q_s(z)。 \tag{5.25}$$

这个式子比式（5.24）更容易理解，虽然它们都是同一类思想的伪装。它们说的是我们能"将指数移到对数的外面"。这是我们利用式（5.20）中关于 AM 型机器的事实建立的关于 MA 型机器的事实。我们再次看到关于这两种机器的事实成对出现。式（5.25）就是课本上通常表述为以下形式的"对数性质"：

$$\log_b(x^c) = c \cdot \log_b(x)。 \tag{5.26}$$

如果上面的等式看着还是很吓人，感觉不好理解，只需记住它说的其实

与看上去简单得多的式(5.20)是一回事就行了。我们可以继续打破砂锅问到底。你可能会说，"好吧，因为式(5.20)成立所以式(5.26)成立，但为什么式(5.20)成立呢？"问得好！式(5.20)之所以成立，简而言之，是因为我们在插曲 2 中发明幂的思想时**要求**它成立！数学中经常是这样，如果我们不断问"为什么"的问题，我们最终会发现对形为"为什么这个成立"的问题的答案就是"因为我们之前作出的某个决定"。

　　好吧，我们发现了关于这些野兽的一些事实。但还有没有其他的呢？嗯，如果式(5.21)对所有 x 和 y 都成立，则当 y 是多少分之一时也应当成立。也就是说，如果 $y \equiv \dfrac{1}{z} \equiv z^{-1}$，则根据我们发明负指数的方式，可以将式(5.21)重新表述为：

$$q_s\left(\frac{x}{z}\right) \equiv q_s(xz^{-1}) \overset{(5.21)}{=\!=\!=\!=} q_s(x) + q_s(z^{-1}) \overset{(5.25)}{=\!=\!=\!=} q_s(x) - q_s(z)。$$

$$(5.27)$$

看最左边和最右边，上面的语句说的是：

$$q_s\left(\frac{x}{z}\right) = q_s(x) - q_s(z)。 \tag{5.28}$$

这就是课本上通常表述为以下形式的"对数性质"：

$$\log_b\left(\frac{x}{y}\right) = \log_b(x) - \log_b(y)。 \tag{5.29}$$

MA 型机器的不同成员之间有没有什么关联呢？嗯，记得 MA 型机器的不同成员是与它们能"消除"作用的 AM 型机器成员 c^x 对应的，也就是说，它们由特定的数 c 决定。因此我们可以将这个问题重新表述为："给定两个数 a 和 b，q_a 和 q_b 之间是不是存在某种关联？"如果我们将显然的语句 $x = x$ 写成吓人的形式

$$x = b^{q_s(x)}， \tag{5.30}$$

然后将两边用函数 q_a 包围起来，可以得到

$$q_a(x) \overset{(5.30)}{=\!=\!=\!=} q_a(b^{q_s(x)}) \overset{(5.25)}{=\!=\!=\!=} q_b(x) \cdot q_a(b)，$$

或者等价地，

$$q_b(x) = \frac{q_a(x)}{q_a(b)}。 \tag{5.31}$$

这就是课本上通常表述为以下形式的"对数性质"：

$$\log_b(x) = \frac{\log_a(x)}{\log_a(b)} \, 。 \tag{5.32}$$

这太棒了，因为它告诉我们完全可以无视 MA 的所有成员！为什么？
$\log_a(b)$ 项就是一个数，与 x 无关，因此式(5.32)告诉我们 MA 型机器的
所有成员只不过是相互之间乘了一个常数，因此没必要再谈论 MA 型机
器的所有成员了。我们只需选出最喜欢的那个，然后谈论它就够了。也
就是说选一个我们喜欢的"底"。我们可以选 2 或 52 或 10 或 93.785，什
么都可以。不过我们已经有了让人着迷的不动之物 e^x，它是唯一的**既是
自身的导数又是** AM 型机器成员的机器。因此，纯粹出于美学动机，我
们应该选择 MA 型机器成员中与不动之物相对应的那台机器，可以称之
为机器 $q_e(x)$。我们唯一留下的 MA 型机器 $q_e(x)$ 就是课本上说的"自然
对数"，或 $\ln(x)$。抛弃了所有的对数，只留下以 e 为底的对数后，我们
可以轻装上路了。

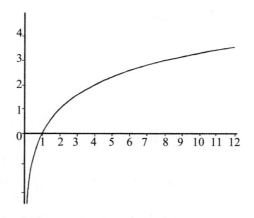

图 5.2　发现所有对数相互之间可以通过相乘得到后，如果可以画出其中一个，我
　　　　们就能知道其他所有对数的样子。这里我们描绘了"以 2 为底"的对数，因
　　　　为它很容易解释。我们知道 $2^0=1$，$2^1=2$，$2^2=4$，$2^3=8$，$2^4=16$，等等。
　　　　也就是说 $\log_2(1)=0$，$\log_2(2)=1$，$\log_2(4)=2$，$\log_2(8)=3$，$\log_2(16)=4$，
　　　　等等，如图中所描绘的那样。

5.4.2　重新缩写锤子救场

由于只留下了一台 MA 型机器，我们不再需要 $q_e(x)$ 的下标了。从现在起，我们就称它为 $q(x)$。现在我们能对机器 $q(x)$ 求导了吗？嗯，我们不知道 $q(x)$ 的导数，但我们知道

$$q(E(x)) = q(e^x) = x，$$

因此如果将机器 $M(x) \equiv x$ 写成某种复杂的形式，也许就能说服数学告诉我们所谓的自然对数 $q(x)$ 的导数。另一方面，上面式子中这个东西（相对于 x）的导数其实就是 1，因为它就是 x。我们可以用重新缩写锤子来尝试以另一种方式求出它的导数。将 e^x 缩写为 s，s 表示**某个东西**。这样就得到 $q(s) = x$，我们想知道 q 相对于其中的变量的导数。可以得到

$$1 = \frac{\mathrm{d}q(s)}{\mathrm{d}x} = \frac{\mathrm{d}q(s)}{\mathrm{d}s} \frac{\mathrm{d}s}{\mathrm{d}x}。$$

咦……$\frac{\mathrm{d}s}{\mathrm{d}x}$ 是什么东西？哦，我们将 s 定义为 e^x 的简写，因此

$$\frac{\mathrm{d}s}{\mathrm{d}x} = \frac{\mathrm{d}}{\mathrm{d}x} e^x = e^x \equiv s。$$

结合上面两个等式得到 $1 = s \dfrac{\mathrm{d}q(s)}{\mathrm{d}s}$。将 s 移到另一边得到

$$\frac{\mathrm{d}q(s)}{\mathrm{d}s} = \frac{1}{s}。 \tag{5.33}$$

嘿！这个等式里面根本没有 x，虽然我们将 s 定义为 e^x 的简写，现在我们可以忘了那个，直接将其当作无意义的缩写。式(5.33)说的是："q 相对于其变量的导数就是这个变量的倒数。"我们可以将 s 替换为 x，因为现在它只不过是一个符号。为了强调这个重新缩写的自由，我们用几种不同但等价的方式来总结一下我们从式(5.33)中学到的东西：

$$\frac{\mathrm{d}q(x)}{\mathrm{d}x} = \frac{1}{x} \ 或 \frac{\mathrm{d}}{\mathrm{d}x} q(x) = \frac{1}{x} \ 或 \ q'(x) = \frac{1}{x}， \tag{5.34}$$

或者像课本上一样：

$$\frac{\mathrm{d}}{\mathrm{d}x} \ln(x) = \frac{1}{x}。 \tag{5.35}$$

好耶！

5.4.3 撒谎然后改正让我们止步从而前进

这真是相当离奇的论证，对这个结果我们也许相信也许不信。同我们以往发明数学时一样，我们进行了论证，但又不是很确信这是对的。能用另一种方法得到相同的结果吗？让我们用导数的定义试一下。不过这一次，我们用课本上的奇怪标记 $\ln(x)$，以示自己不拘泥于任何特定的缩写选择。我们开始吧。

$$\frac{\mathrm{d}}{\mathrm{d}x}\ln x \equiv \frac{\ln(x+\mathrm{d}x)-\ln(x)}{\mathrm{d}x}$$

$$\underset{(5.29)}{=}\frac{\ln\left(1+\frac{\mathrm{d}x}{x}\right)}{\mathrm{d}x}$$

$$\equiv\left(\frac{1}{\mathrm{d}x}\right)\ln\left(1+\frac{\mathrm{d}x}{x}\right)$$

$$\underset{(5.26)}{=}\ln\left(\left[1+\frac{\mathrm{d}x}{x}\right]^{\frac{1}{\mathrm{d}x}}\right). \tag{5.36}$$

现在我们卡住了，但卡住的地方似乎有些熟悉。回想一下这一章前面的对话，我们曾发现

$$\mathrm{e}=(1+\mathrm{d}x)^{\frac{1}{\mathrm{d}x}}. \tag{5.37}$$

这与我们刚才卡住的地方很像。如果不是里面有个烦人的 x，式(5.36)的最后一行正好就是 e。也许我们可以去掉它。让我们尝试梳理一下式(5.36)的最后一行，让它更像式(5.37)。

其实，式(5.37)中的标记 $\mathrm{d}x$ 没有什么特别的。它只是表示无穷小量，真正重要的是式(5.37)中的两个 $\mathrm{d}x$ 是**相同量**。如果 $\mathrm{d}x$ 是无穷小，而 x 不是，则 $\frac{\mathrm{d}x}{x}$ 也是无穷小。因此，假如式(5.36)最后一行的指数是 $\frac{x}{\mathrm{d}x}$ 而不是 $\frac{1}{\mathrm{d}x}$，我们就可以偷偷定义缩写

$$\mathrm{d}y\equiv\frac{\mathrm{d}x}{x}, \tag{5.38}$$

并利用这个得到

$$\ln\left(\left[1+\mathrm{d}y\right]^{\frac{1}{\mathrm{d}y}}\right)=\ln(\mathrm{e})=1.$$

不过这是撒谎，而撒谎会改变问题。但这个论证表明熟悉的撒谎然后改正手法也许会有用。我们来试一下！首先我们撒个谎，将指数从 $\frac{1}{\mathrm{d}x}$ 变成 $\frac{x}{\mathrm{d}x}$。这会让问题更简单。不过我们后面得将指数变回 $\frac{1}{\mathrm{d}x}$ 从而改正这个谎。整个过程中我们哪儿也不会去，不过**现在**我们可以看看将 $\frac{1}{\mathrm{d}x}$ 重写为 $\frac{x}{(x\cdot\mathrm{d}x)}$ 是不是能帮助我们通过卡住的地方。重写了指数后，现在我们可以将式 (5.36) 中的无穷小量 $\frac{\mathrm{d}x}{x}$ 重新缩写为 $\mathrm{d}y$。总结一下：

$$\frac{1}{\mathrm{d}x}=\frac{x}{x\cdot\mathrm{d}x}\equiv\frac{1}{x\cdot\mathrm{d}y},\qquad(5.39)$$

现在我们可以用这个来突破之前的障碍。我在等号上添加了数字以便提醒我们每一步的依据。从卡住的地方开始，我们可以得到

$$
\begin{aligned}
\frac{\mathrm{d}}{\mathrm{d}x}\ln(x) &\overset{(5.36)}{=\!=\!=}\ln\left(\left[1+\frac{\mathrm{d}x}{x}\right]^{\frac{1}{\mathrm{d}x}}\right)\\
&\overset{(5.38)}{=\!=\!=}\ln([1+\mathrm{d}y]^{\frac{1}{\mathrm{d}x}})\\
&\overset{(5.39)}{=\!=\!=}\ln([1+\mathrm{d}y]^{\frac{1}{x\cdot\mathrm{d}y}})\\
&\overset{(5.20)}{=\!=\!=}\ln(([1+\mathrm{d}y]^{\frac{1}{\mathrm{d}y}})^{\frac{1}{x}})\\
&\overset{(5.37)}{=\!=\!=}\ln(\mathrm{e}^{\frac{1}{x}})\\
&\overset{(5.26)}{=\!=\!=}\frac{1}{x}\ln(\mathrm{e})\\
&\overset{(5.13)}{=\!=\!=}\frac{1}{x},\qquad(5.40)
\end{aligned}
$$

如我们所愿，我们得到了和前面一样的答案。在两种情形中，我们都发现机器 q（即"自然对数"）的导数是 $\frac{1}{x}$。用两种不同方式得到相同结论后，我们对这个的确正确的答案更有信心了。

5.4.4　怀旧装置再次让生活简单

虽然知道了 $q(x)$ 的导数是 $\frac{1}{x}$，我们还是不知道如何用更简单的东西

来描述 $q(x)$。也就是说，我们不知道计算 $q(3)$ 或 $q(72)$ 具体的数值。这同我们在第 4 章遇到的困难一样，当时我们除了画图之外不知道如何描述机器 V 和 H（课本上说的"正弦"和"余弦"）。当时，我们最后发现怀旧装置可以让我们将 V 和 H 写成有无穷多项的加乘机器，从而缓解了我们对它们的担忧。有了 V 和 H 的加乘机器展开，我们就有把握在需要的时候计算出它们的具体数值，只需要算一堆加和乘就可以了。

也许我们可以用怀旧装置来探索一下"自然对数"机器 $q(x)$ 是什么样子，尝试计算 $q(9)$ 或 $q(42)$ 之类的具体数值。可能行不通，但不妨一试。将 q 放进怀旧装置，我们得到

$$q(x) = \sum_{n=0}^{\infty} \frac{q^{(n)}(0)}{n!} x^n \ ,$$

嗯……这个行不通。因为 q 的导数是 $\frac{1}{x}$，在 $x=0$ 时会变成无穷大。为什么 q 在 0 附近的行为会如此古怪呢？原来，机器 q 是根据性质 $q(e^x)=x$ 定义的。而 e^x 总是为正：当 x 变成越来越大的负数时它会变得越来越小，只有当 x 为 $-\infty$ 时它才会逼近 0。根据这个推理，会有 $q(0)=-\infty$，因此也许我们不应当直接对 q 使用怀旧装置，因为 q 在 0 附近变得有点疯狂。

如果我们对机器 $q(1+x)$ 使用怀旧装置呢？机器是一样的，只是平移了一下。而且在 $x=0$ 时的表现好多了，因为 $q(1+x)=q(1)=0$。这样来思考这台机器也许会更简单。不过我们能求出这台机器在 $x=0$ 处的所有阶导数吗？嗯，它们其实就是原机器 q 在 $x=1$ 处的导数，因此我们需要对所有 n 求出 $q^{(n)}(1)$。我们将 q 的前面几阶导数求出来，看有没有什么模式：

$$q'(x) = x^{-1},$$
$$q''(x) = -x^{-2},$$
$$q'''(x) = 2x^{-3},$$
$$q^{(4)}(x) = -(3)(2)x^{-4},$$
$$q^{(5)}(x) = (4)(3)(2)x^{-5}。$$

嘿，其实很简单！只需反复应用在第 3 章发现的熟悉模式 $(x^\#)' = \# x^{\#-1}$ 就可以了。指数是负数，因此每次求导时都会反号。第 n 阶导数的指数

就是负的 n，前面的数则是 $(n-1)!$，因此确实存在模式。我们可以将我们发现的这些简写为：

$$q^{(n)}(x)=(-1)^{n+1}(n-1)!\ x^{-n}。$$

好的，这样我们就得到了 $q(x)$ 的任意阶导数。那 $q(x+1)$ 的导数呢？嗯，用重新缩写锤子，我们发现 $Q(x)\equiv q(x+1)$ 的导数就是将 $x+1$ 代入 $q(x)$ 的导数，因为 $\dfrac{\mathrm{d}}{\mathrm{d}x}(x+1)=1$。棒极了！这样我们就得到，若 $n\geqslant1$，

$$Q^{(n)}(x)=(-1)^{n+1}(n-1)!\ (x+1)^{-n}。$$

应用怀旧装置需要 $q^{(n)}(1)$，也就是 $Q^{(n)}(0)$。利用上面的等式可以得出，若 $n\geqslant1$，

$$Q^{(n)}(0)=(-1)^{n+1}(n-1)!。 \tag{5.41}$$

若 $n=0$，$Q^{(n)}(0)=Q(0)\equiv q(1)=0$。现在我们终于可以应用怀旧装置了：

$$q(x+1)\equiv Q(x)=\sum_{n=1}^{\infty}\frac{Q^{(n)}(0)}{n!}x^n=\sum_{n=1}^{\infty}\frac{(-1)^{n+1}(n-1)!}{n!}x^n。 \tag{5.42}$$

上面的等式（5.41）中的 $(n-1)!$ 会与底下的 $n!$ 部分抵消，因为 $n!=n\cdot(n-1)!$。结果留下：

$$q(x+1)=\sum_{n=1}^{\infty}\frac{(-1)^{n+1}}{n}x^n。$$

这其实就是以下式子的缩写

$$q(x+1)=x-\frac{x^2}{2}+\frac{x^3}{3}-\frac{x^4}{4}+\cdots。$$

由于 $q(x)$ 会在 0 处变得无穷大，相应的 $q(x+1)$ 也会在 -1 处变得无穷大，因此不清楚我们是不是对所有 x 都能信任这个表达式。但现在至少我们对 MA 型机器的认识更具体了。上面的等式让我们可以将所谓的"自然对数"q 视为无穷加乘机器。由于 MA 型机器的所有成员只不过就是 q 乘以常数，我们从而也就有了描述"对数"（MA 型机器）的一种方式，不用再只会说"它们所做的就是消除幂机器 c^x 的作用"。

5.5 MM 型机器

在结束这一章之前我们还有一个类型没有探索：MM。MM 型机器定

225

义为具有以下性质的所有机器：对所有 x 和 y，

$$f(xy) = f(x)f(y)。$$

我们来看看能否搞清楚它们长什么样。我们不知道该怎么做，也许可以
用类似 AM 型机器的做法：求这些野兽的定义相对于其中一个变量——
比如 y——的导数。这样可以得到

$$xf'(xy) = f(x)f'(y)，$$

其中撇号表示求导，将 y 作为变量。这个等式对所有 x 和 y 都应当成立，
但我们不需要那么多信息，因此给 x 或 y 代入具体的值也许能将其化简
为意义更明显的形式。如果我们设 $x=1$，则可以得到

$$f'(y) = f(1)f'(y). \tag{5.43}$$

我怀疑这个说明 $f(1)=1$。如果我们设 $y=1$ 而不是 $x=1$ 呢？这样会
得到

$$xf'(x) = f(x)f'(1)。$$

由于 $f'(1)$ 只是某个我们不知道的数，我们可以将这个重写为

$$f'(x) = c\,\frac{f(x)}{x} \tag{5.44}$$

这是在数学中许多让人不知道该怎么办的情形之一，在探索这个问题的
过程中，任何人都有可能在这里卡住。头脑清醒的人不会认为这个问题
会马上解决，但是如果（无论出于何种愚蠢的理由）我们对 $f(x)$ 的"自然
对数"求导，就会看出这些等式在说什么。回想一下我们在前面发现的

$$\frac{\mathrm{d}}{\mathrm{d}x}q(x) = \frac{1}{x}，$$

其中 $q(x)$ 就是教科书上所谓的"自然对数"，或"以 e 为底的对数"，写作
$\ln(x)$。我们可以随心所欲地缩写，因此上面的等式说的其实和下面这些
是一样的：

$$\frac{\mathrm{d}}{\mathrm{d}\bigstar}q(\bigstar) = \frac{1}{\bigstar}, \quad \frac{\mathrm{d}}{\mathrm{d}s}q(s) = \frac{1}{s}, \quad \frac{\mathrm{d}}{\mathrm{d}f(x)}q(f(x)) = \frac{1}{f(x)}。$$

其中最后这个式子对我们这里有帮助。现在，如果我们利用重新缩写锤
子取 $q(f(x))$ 相对于 x 的导数，可以得到

$$\frac{\mathrm{d}}{\mathrm{d}x}q(f(x)) = \underbrace{\frac{\mathrm{d}f(x)}{\mathrm{d}x}}_{f'(x)}\underbrace{\frac{\mathrm{d}}{\mathrm{d}f(x)}q(f(x))}_{\frac{1}{f(x)}} = \frac{f'(x)}{f(x)}。$$

利用我们在式（5.44）中的发现，可以将上面等式最右边的 $f'(x)$ 换成 $\dfrac{cf(x)}{x}$，从而得到

$$\frac{\mathrm{d}}{\mathrm{d}x}q(f(x))=\frac{cf(x)}{xf(x)}=c\,\frac{1}{x}\,。$$

注意上面等式最右边的 $\dfrac{1}{x}$ 可以认为是自然对数 $q(x)$ 的导数。利用这个以及对数的性质 $c\cdot q(x)=q(x^c)$ 可以得到

$$\frac{\mathrm{d}}{\mathrm{d}x}q(f(x))=c\,\frac{\mathrm{d}}{\mathrm{d}x}q(x)=\frac{\mathrm{d}}{\mathrm{d}x}(c\cdot q(x))=\frac{\mathrm{d}}{\mathrm{d}x}q(x^c)\,。\qquad(5.45)$$

我们得到了一个形为"（一个东西）的导数等于（另一个东西）的导数"的命题。但如果这个成立，则必然有"（一个东西）＝（另一个东西）＋（某个数）"。为什么？因为如果两台机器的斜率处处相等，则这两台机器必定处处一样，只是它们的图形相对有垂直的移动。这个一般性结论让我们可以从式（5.45）得到结论

$$q(f(x))=q(x^c)+A\,，$$

其中 A 是某个我们不知道的数。但不知道 A 与不知道它的对数是一样的，因此我们可以用 $q(B)$ 替代 A，其中 B 是某个我们不知道的数，这不会改变我们的无知。利用这个手法我们可以得到

$$q(f(x))=q(x^c)+q(B)=q(Bx^c)\,。$$

最后，将这个等式的两边放进 q 的反面机器（即 e^x），可以得到

$$f(x)=Bx^c\,。$$

代入 $x=1$ 得到 $f(1)=B$，但我们在前面发现[①]对 MM 型机器的所有成员有 $f(1)=1$，因此必定有 $B=1$。将这些合到一起，我们发现 MM 型机器的所有成员都可以表示为

$$f(x)=x^c\,，$$

其中 c 的不同选择可以得到 MM 型机器的不同成员。这种机器我们已经很熟悉了，不用再花时间讨论。

---

① 等式（5.43）后面那一行。

5.6 整合

我们总结一下这一章做的事情。

1. 考虑到到目前为止加和乘在我们旅程中的重要性，我们根据机器与这些运算的互动关系定义了四种机器。分别用 A 和 M 表示加和乘，这四种类型可以定义为任何能（1）将 A 转换为 A，（2）将 A 转换为 M，（3）将 M 转换为 A，（4）将 M 转换为 M 的机器。

2. 我们逗弄了一下 AA 型机器，发现它的所有成员都可以表示为 $f(x) \equiv cx$，其中 c 是某个固定的数。

3. 我们逗弄了一下 AM 型机器，发现它的所有成员都可以表示为 $f(x) \equiv c^x$，其中 c 是某个数。不仅如此。我们还发现这种机器中有一台具有惊人的性质，它是自身的导数。结合这些事实我们发现必然存在某个极其特殊的数 e 使得 e^x 是其自身的导数。用这种机器乘以常数得到的机器也都是其自身的导数，但我们发现只有这台机器**既是**其自身的导数**也是** AM 型机器的成员。

4. 我们逗弄了 MA 型机器，发现其每个成员都有一台 AM 型机器与之对应。也就是说，对每一台 AM 型机器 $f_c(x) \equiv c^x$，总有一台 MA 型机器 $g_c(x)$ 对所有 x 都会产生与之相反的作用，即

$$g_c(f_c(x)) = x \text{ 和 } f_c(g_c(x)) = x,$$

但我们不知道 MA 型机器的成员"长什么样"（也就是说，不知道怎么用我们知道的东西来描述它们）。

5. 我们发现极其特殊的数 e 的两个不同的表达式：

$$e = \sum_{n=0}^{\infty} \frac{1}{n!}, \ e = \lim_{N \to \infty} \left(1 + \frac{1}{N}\right)^N,$$

从这两个表达式都可以得出 e 约为 2.71828182…

6. 然后我们开始逗弄 MA 型机器（用课本上的行话说就是"对数"）。我们选择将这种机器记为 $q_c(x)$，因为它们的作用与"幂机器"$p_c(x) \equiv c^x$ 相反，而 p 反过来就像是 q。

7. 根据我们对 MA 型机器的发现，我们推导出了在数学课上听过的

各种"对数性质"。同时，我们还发现所有 MA 型机器相互之间都可以通过乘以常数得到，因此我们只需选出自己最喜欢的那个就可以了，其他的都可以忽略。我们选择了 $q_e(x)$，不动之物 e^x 的反面。去掉已经多余的下标后，我们称它为 $q(x)$。这其实就是课本上的 $\ln(x)$。

8. 我们用两种不同的方式求出了 q 的导数。用两种方式都得到了：

$$q'(x) = \frac{1}{x}。$$

同第 4 章中的机器 V 和 H 一样，我们在找出 q 的加乘机器表达式之前就确定了它的导数。

9. 我们尝试将怀旧装置应用于 q，结果发现它在 0 附近的表现不好，因此我们将它平移了一格，研究机器 $q(x+1)$。这样做之后，我们发现

$$q(x+1) = x - \frac{x^2}{2} + \frac{x^3}{3} - \frac{x^4}{4} + \cdots,$$

这让我们得以将"自然对数"q 视为无穷加乘机器。不过我们不知道这个表达式是不是对所有 x 都有效。

10. 然后我们发现 MM 型机器的成员都可以表示为 $f(x) = x^c$，其中 c 是某个固定的数。

插曲5：
两朵乌云

再也没有疑问了？

1894 年，著名物理学家迈克耳孙（Albert Michelson）认为，物理学的基本疑问似乎都已经解决了。因此，物理学的未来将主要是完善一些细节。据说迈克耳孙的原话是这样的：

> 物理学最重要的基本定律和事实都已经被发现了，现在的基础已经非常牢固，它们被新的发现取代的可能性极低……未来只能指望在小数点第六位后才会有新的发现。

6 年后，威廉·汤姆孙（William Thomson），即开尔文勋爵，也说了类似的观点。据他说：

> 动力学理论已经将热和光都归结为运动的形式，它的优美和清澈现在却被两朵乌云遮蔽。第一朵来自光的波动理论，菲涅尔（Fresnel）和托马斯·杨（Thomas Young）博士研究了这个理论；它涉及这样一个问题，地球如何能够通过本质上是光以太这样的弹性体运动呢？第二朵是麦克斯韦—玻尔兹曼关于能量

均分的学说。

开尔文的两朵乌云后来被证实远不仅是技术细节的问题；它们现在构成了自然的现代观念的两大基础支柱。第一个疑问后来被爱因斯坦的狭义相对论解决，对第二个疑问的解答则引出了更为神秘的量子力学。虽然这两个理论可以被合并到所谓的量子场论中，爱因斯坦的**广义**相对论还是不能与量子力学"和睦相处"，现在的物理学一个主要的未解之谜就是如何将两者成功合并为引力量子理论。在迈克耳孙和汤姆孙的评论过去一百多年后，我们对宇宙的理解还是存在许多谜题。纵观历史就会发现，开尔文和迈克耳孙的评论只不过是相当普遍的现象的一个特例：人们总是不断错误地认为，一切都已被发现，一切都已被解决，一切都已被探索。下面列举一些：

一切能够被发明的都已被发明出来了。

——查尔斯·迪尤尔(Charles H. Duell)，

美国专利局专员，1899 年①

我们可能已经接近了我们所能知的天文学的极限。

——西蒙·纽科姆(Simon Newcomb)，

资深美国宇航员

发明很早以前就达到了极限，我看不到还有进一步发展的可能。

——弗朗提努斯(Julius Sextus Frontinus)，

杰出的罗马工程师(约 40—103)

---

① 这句"名言"是许多长久流传的错误名言之一。这类名言处于虚构和非虚构之间，并且已经无需最初来源就能自我复制和演化。虽然必定有某个原始出处，但很可能与专利局专员之类的没什么关联，更有可能是出于某时某地的一次无目的的宣泄。就算推测是对的，也很难找到最初来源。

已有的事，后必再有。

已行的事，后必再行。

日光之下并无新事。

——《旧约传道书》(Ecclesiastes) 1：9

所有这些"关于 X 的一切都已经知道了"的说法结果都是大错特错。如此的自以为——

（作者在电脑上搜索。）

作者：嘿，你知道怎么拼写"自以为是"不？

读者：怎么呢？

作者：我写书要用。

数学：什么书？

作者：没什么。

场景

三个角色坐在数学的房子里，

（虚空西北部，虚空大街 ∅ 号）。

角色们都很无聊，不知道怎么打发时间。

他们谁也没有意识到，自己陷入这种状态，

正是因为虚空的无时间性。

读者坐在未定义的位置，读着《读者》。

作者拖拖拉拉地写着一本书。

数学正在仔细看着这个星期的

《虚空完全空白报》，

上面是长长的绘画评论，

画的是约翰·凯奇的 4′33″活页乐谱，

画家好像是罗伯特$\frac{1}{2}$（赖曼＋劳森伯格）。

作者：百无聊赖。

232

数学： 当然无聊啦。你以为这是哪儿？

作者： 哦，我不是在抱怨。我们能做的都做了。可以发明的一切都已经发明出来了。

读者： 你怎么知道？

作者： 你还能想出我们有什么没做的吗？

读者： 当然。我们还不知道怎么计算♯。

作者： 哦，是的。但那只是技术细节问题。剩下的只是计算♯的更多小数位了。那有什么重要的？

读者： 等一下⋯⋯

（我们的角色等待了不定长的时间。）

作者： ⋯⋯一下还没到？

读者： 我不知道！我们在虚空中！时间在这里几乎不存在。不管怎样，我的意思并不是真的"等一下"。我只是说你不应当那么肯定我们已经做好了一切。

作者： 那好吧，你还能想出有什么重要的我们还不知道的吗？

读者： 我为什么要知道我们还不知道什么？如果我知道，我不就已经知道了？

作者： 那倒未必。

（读者想了一会。）

读者： 算了，我想你是对的。嗯，为什么我们不计算♯呢？

作者： 我们不知道怎么算。

读者： 为什么我们不知道？

作者： 因为我们不会算弯曲的东西的面积。

数学： 还有弯曲的长度。这些我们都算不出来。

作者： 好吧，看来还是有两个我们不知道的东西。等我们把这些解决了，我想我们就无所不——

（一道闪光照亮了房间。）

233

数学：咦！门铃。

读者：为什么你用闪光做门铃？

数学：普通门铃在这里无效。你明白不，虚空中没有空气，声音无法传播。以前这里没人卖闪光门铃，因为他们认为光同空气一样，需要介质才能传播——如果你愿意的话可以称之为"以太"。这种物质被认为充满了外太空，当然大家都知道虚空没有以太，因为虚空就是虚空。然后在以前某个不定的时候，一个聪明的家伙意识到了这种介质不存在——光可以直接在空中传播！幸运的是，这个家伙也在专利局工作，所以他申请了闪光门铃专利，现在虚空居民可以及时知道有人在敲门了。

（这会儿，三个角色闲聊着门铃，门铃闪光已经过去了不定长的时间。虽然数学声称虚空居民可以及时知道有人在敲门，这三个角色却完全忘了在门外耐心等待的客人。）

作者：好了，我们说到哪了？

（门铃又闪了几下。）

数学：咦！门铃。

读者：为什么你用闪光做门铃？

数学：普通门铃在这里无效。你明白不，虚空中没有空气，声音……

作者：别说了，这些我们都说过了。

（数学浏览了一下上面的讨论。）

数学：哦，天……我们是说过了。

读者：这里的时间很奇怪。

数学：门口会是谁呢？

作者：我怎么知道？

（作者向门口跑去，读者和数学跟在后面。）

内曲：元和斯蒂夫

(门外站着一位笑容可掬的秃头男人。

作者眼睛睁得大大的。)

作者：哦，我的上——

斯蒂芬·克莱尼：你们好！我是为基础的事情来的。自然打电话给我说你们有一些问题。

作者：(仰慕地)很高兴见到你！我是作者。请让我介绍一下我的朋友们。这位是读者，这位是数学。

数学：你好！

读者：很高兴见到你，斯蒂芬。

斯蒂芬·克莱尼：我也很高兴见到你们。就叫我斯蒂夫吧。我也顺道介绍一下我的朋友。请稍等片刻。它在停车。

(一辆深蓝色的面包车停得不怎么到位。

面包车侧面写着简陋的白字：

克莱尼(基础)和(概念清理)服务。

始自 1952。

克莱尼近于哥德尔①。

终于有东西下车向门口过来了。)

斯蒂芬·克莱尼：啊，棒极了。作者、读者、数学，请允许我介绍我的朋友和商业搭档，元数学。

元数学：……

斯蒂芬·克莱尼：你们相互认识一下吧。

作者：嗨。

---

① 原文为"Kleeneliness is next to Gödeliness，"取谚语"cleanliness is next to godliness"的谐音，意为"洁净近于美德"。——译者注

读者：你好。

元数学：……

斯蒂芬·克莱尼：它不是很健谈，并不是不礼貌。

数学：你能让它不要盯着我吗？

斯蒂芬·克莱尼：（讪笑）抱歉，我做不到。

（元数学好奇而又面无表情地盯着数学。数学往后退了退，有点鄙夷，又有点拿不准该如何应对这种不自在的尴尬局面。）

斯蒂芬·克莱尼：我的商业搭档需要一点时间检查基础。在这期间，我们仨可以出去喝点东西。

读者：虚空有酒吧吗？

斯蒂芬·克莱尼：只有一家。元和我最近受雇去做了清洁，我觉得那里还可以。它的名字是证明酒吧①。

作者：那我们就去那里。

斯蒂芬·克莱尼：哦……好的……把这个穿上吧？……朋友，那是很正式的地方。你们仨最好是换下衣服。

数学：我没有外套。

斯蒂芬·克莱尼：哦。当然。好吧，好歹把这个戴上吧。

（斯蒂夫递给数学一个像字母 A 的小胸针。）

数学：这是什么意思？

作者：带上吧，我们去了再说。读者和我都已经换好了。

数学：你什么时候……

读者：虚空没有时间。

作者：我们好像没戴这个吧？

数学：……

（数学 λ·不情愿地别上胸针，

---

① 证明（Beweis）与百威啤酒谐音。——译者注

大致就在西服翻领的位置，

其中 $\lambda \in [0，1]$。）

斯蒂芬·克莱尼：你戴反了……

（数学（$1-\lambda$）· 调皮地朝克莱尼笑了笑，

将胸针旋转了 $\sharp$ 角，

其中 $\sharp$ 的定义同第 4 章一样，

λ 则同前面一样。）

斯蒂芬·克莱尼：好了。大家往后站。元，做你的事情。

元数学：设：

$\forall \mathbb{C}((是角色（\mathbb{C}）\wedge（\mathbb{C} \in \mathcal{BMC} 第 197 页）\wedge（\mathbb{C} \neq 我））\Rightarrow \mathbb{C} \in 证明酒吧）$

子内曲：证明酒吧

（作者、读者、数学和斯蒂夫突然发现自己坐在了一栋小房子里。菜单上写着"证明酒吧，要求着装正式。每个夜晚都是 $\models \wedge \neg \vdash$ 夜晚"）

斯蒂芬·克莱尼：好极了。我们到了。伙计！

服务生：有什么需要效劳吗？

斯蒂芬·克莱尼：我同往常一样。

服务生：还是玛洛鸡尾酒。

作者：我要巴拿赫和汤力水。

服务生：可分的还是不可分的？

作者：可分的，谢谢。写书的时候不想喝太多。

服务生：（对数学说）您呢？

数学：泛数学漱口冲击波是什么？

服务生：最受欢迎的饮品之一。我们对传统口味的改良。

数学：给我来一份。

读者：我看不到菜单……有什么推荐的吗？

服务生：你以前没来过，我建议你尝尝 WKL。一口闷。它们比较柔和。

读者：为什么说"它们"？

服务生：这个问题很难回答。不好说 WKL。一口闷是什么。是这样，我们的饮品只根据同构定义——这基本是虚空唯一的法律。

读者：什么是同构？

服务生：差不多就是无意义的缩写变化。两个东西如果全部性质都一样就是同构的，就算看上去不同也是如此。如果两个东西从性质上不可区分，就虚空所关注的层面来说它们就是同一个东西，我们不可以将它们视为不同。这是虚空的规矩。

读者：嗯，你能举个例子吗？

服务生：可以啊。就用这个做例子怎么样？

读者：啥？什么例子？你只说了"可以啊。就用这个做例子怎么样？"

服务生：正是这个！虽然我在上面都加了帽子，你还是听懂了我说的话。上面有帽子的字和我现在用的字就是同构的，因为只不过是毫无意义的重新标记——你也可以认为是缩写的变化。一旦认识到同构的事物其实是一样的，虚空就没有那么嘈杂了。

读者：哦，我想我明白了。如果两个语句是同构的，它们说的就是同一个东西，虽然可能**看上去**它们说的是不同的东西。类似的，如果我们用罗马数字做算术，我们可以写 Ⅲ＋Ⅳ＝Ⅶ 之类的，但这个语句其实与 3＋4＝7 是一回事，因此这两种做事的方式是"同构的"？

服务生：是的！你理解得很快！

读者：是吗？难道平时解释这个思想挺难的？它似乎相当简单啊。

服务生：嗯，我们通常在虚空采用的解释与我对你的解释不完全一样，但也是对同构是什么的相当同构的一个解释。当然具体说法可能不一样，我们说的大概是这样：设 S 和 T 为两个集合，设对 S 和 T 分别定义了两个二元操作○和◇。如果存在从 S 到 T 的可逆映射 ϕ，使得对 S 中的所有元素 a 和 b，都有 $(a○b)=\phi(a)◇\phi(b)$，则 S 和 T 同构。明白不？思想是一样的！

　　读者：这完全不像是一样的思想！

　　服务生：不像吗？我不确定。

　　读者：你在字上面加帽子时意思更清楚。这样"同构的"东西无论从哪个角度来看都是一样的，但容易理解的程度并不一样？这是不是意味着理解的容易程度没有意义？

　　服务生：正确！是没有。我来给您调酒。

　　读者：等一下，你还没解释这个 WKL。我想知道我喝的是什么。

　　服务生：不用操心它是什么。那不重要。它与作者要的酒烈度是一样的，因此就虚空所关注的层面来说它们是一样的酒。总之，你们这样的新人受得了。

（服务生笑着离开桌子。）

　　读者：我不确定自己是不是还是迷糊的。

　　斯蒂芬·克莱尼：很遗憾，朋友，不过这种感觉在证明酒吧很常见。乐观一点。在你确定自己是不是还迷糊之前，至少你绝对能确定你是元迷糊的。

　　读者：我不知道这管不管用。

　　斯蒂芬·克莱尼：正是！

　　读者：……

（服务生端着饮料过来了。）

　　读者：喔，这么快！

　　作者：你确定吗？

　　读者：哦……我不确定……

　　作者：那好吧，斯蒂夫！你怎么样？

　　斯蒂芬·克莱尼：好极了。你们仁呢？

　　作者：被一个发明卡住了。

　　斯蒂芬·克莱尼：噢！有我能效劳的吗？我就是爱好发明。

　　读者：我们想找到处理弯曲东西的面积的办法。

　　斯蒂芬·克莱尼：你们怎么做的呢？

239

作者：嗯，我们想不出办法，所以我们也不知道应当作些什么。

斯蒂芬·克莱尼：我不认为这有什么关联。

读者：斯蒂夫是对的。

作者：好吧……那我们应该做些什么呢？

斯蒂芬·克莱尼：你们以前怎么处理这些"弯曲的东西"？

读者：(指着作者)是这样的，之前他一直在摆弄无穷放大镜看是不是用得上。

作者：是的，不过我们只是用来求弯曲的陡峭度，不是弯曲的面积。

斯蒂芬·克莱尼：你们怎么做的呢？

读者：是这样，我们放大然后假装东西是直的来处理弯曲的陡峭度。

作者：有点像是作弊，但行是得通。

斯蒂芬·克莱尼：请说得更详细点。

读者：在思考弯曲的陡峭度时，我们将弯曲的东西视为某种机器的图形——出于方便起见——然后我们想象把它放大。一旦放大了，我们就可以应用第 1 章的陡峭度定义。

斯蒂芬·克莱尼：我想到了一个主意。

作者：真的？是什么？

斯蒂芬·克莱尼：注意到读者说的那两个语句吗？

作者：是的。怎么呢？

斯蒂芬·克莱尼：(1)将"陡峭度"这个词替换为"面积"。(2)试一试。

作者：噢……

读者：噢……

数学：噢……

放大镜回归

作者：好吧，假设我们得到了某台机器 M。

读者：是的。

数学：什么机器？

读者：最好不要限定。我们可以先设它为未知。

作者：是的，这样我们就得到了某台绘制出来为弯曲的机器。斯蒂夫建议我们照以前的方法处理。

读者：也就是选个点然后无穷放大。

数学：然后呢？

读者：是这样，一旦我们放大，它就像是直的。这样我们也许就可以假装在那一点处弯曲东西下面的微小面积为矩形。

数学：能够画出来吗？这样我才能跟上思路。

作者：可以。

（读者画了图 5.3。）

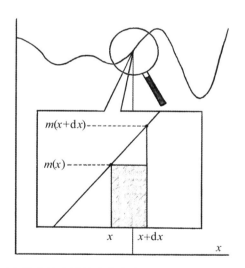

图 5.3　尝试用无穷放大镜来计算弯曲的东西下面的面积。我们目前的设想是这样。第 1 步：画出弯曲的东西。第 2 步：选一个位置放大。第 3 步：看能不能将弯曲东西那一点下面的面积写为无限薄的矩形。如果能做到，每个薄矩形的面积就是"长乘以宽"或 $m(x)\mathrm{d}x$。然后我们就能对每一点 x，将所有这些微小的面积加到一起。因此如果我们知道怎么把无穷多个无穷小量加总，也许我们就能做到！

作者：等一下。在你画的图里，少了一些面积。看到那个空白三角形了吗？我认为得把它填上，否则我们就得不到正确答案。

241

数学：那倒不一定有问题！……

［数学开始了一段（（相当）冗长的）（可有可无的（！））（半）题外话。］

数学：你们看，这些无穷小量似乎是分层次的，至少看上去是这样。也就是说，3 和 99 这样的数在某种意义上说比 $7\mathrm{d}x$ 或 $52\mathrm{d}s$ 这样的数"高一层"，比 $6\mathrm{d}x\mathrm{d}y$ 或 $99\mathrm{d}s\mathrm{d}t$ 这样的数高两层。当不同层的多个项相加时，在某种意义上似乎只有最高层才重要。例如 3 与 $3+2\mathrm{d}x$ 无穷接近，因此当我们问 $3+2\mathrm{d}x$ 多大时，我们的答案不会远离 3。但在另一种意义上，在开始问这个数的大小之前，低层也重要。低层不能忽视，因为有时候，我们进行的运算可能会将高层的项相互抵消。在你们对导数的定义中就可以看到这一点。我用"拉扯 X"作为"减去 X 的最高层的数，将结果除以 $\mathrm{d}x$"的缩写。现在如果我们问 $9+6\mathrm{d}x+(\mathrm{d}x)^2$ 多大，答案就是 9。当然，9 这个数也会告诉我们同样的事情。因此似乎一开始就可以将低层的数忽略掉。其实不能忽略。一旦拉扯它们，9 和 $9+6\mathrm{d}x+(\mathrm{d}x)^2$ 就会有不同的表现。拉扯 $9+6\mathrm{d}x+(\mathrm{d}x)^2$ 会得到 $6+\mathrm{d}x$，这个数的大小是 6。而拉扯 9 会变成 $\dfrac{0}{\mathrm{d}x}$，这就是 0。因此对无穷小量，低层不能忽略，但一旦我们开始问这个数有多大，就只需要关注最高层的数了。

［数学的（半）题外话结束。］

斯蒂芬·克莱尼：我不确定自己对此有何看法。

读者：我也是。

作者：这与忽略空白三角形有何关系？

数学：哦，是的，回到图 5.3。点 x 下面的瘦高矩形的面积为 $m(x)\mathrm{d}x$。缺失的三角形面积为 $\dfrac{1}{2}\mathrm{d}x\mathrm{d}M$，这个要低一层。因此我们可以忽略它，因为我们只是把面积相加，而不是拉扯它们。

读者：这有点吓到我了。

作者：是的，我也不明白你的意思。

斯蒂芬·克莱尼：为什么你老是说"拉扯"？

数学：抱歉……

作者：我认为我们可以只考虑常规矩形，不是无穷小的那些，然后想象将它们越缩越小。

数学：怎么做？

作者：就像这样：

（作者画了图 5.4，然后在图题中说明了一切。）

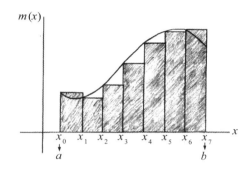

图 5.4　作者：噢，比我预想的要挤一些。是这样，我们想求出点 $x=a$ 和 $x=b$ 之间弯曲的东西下面的面积。如果觉得无限多个薄矩形太古怪了，我们可以想象用有限个矩形。就像图中画的那样。想象在 $x=a$ 和 $x=b$ 之间选一堆点。给这些点命名为 x_1，x_2，$\cdots$，x_n，这样就可以方便地重新缩写为 $a \equiv x_0$ 和 $b \equiv x_{n+1}$。对每个点 x_i，机器的图形的高度就是矩形的高度。这样高度就有了。每个矩形的宽度则是点与下一个点之间的距离，如图所示。每个矩形有一个小的宽度 $\Delta x_i \equiv x_{i+1} - x_i$。因此每个矩形的面积就是"高乘以宽"，即 $m(x_i)\Delta x_i$。如果我们将所有矩形的面积相加，不会得到刚好正确的面积，但应该很接近。如果我们想象增加越来越多的矩形，让每个矩形变得越来越薄，我们就越来越接近正确的面积。因此不难。我的意思是，不难想象。真这样去做可能有点痛苦。因此最好还是别去做……喔，这个图题有点长。不知道他们还在不在听。

数学：我们还在听。[①]

---

　　① **读者**：什么？**数学**：哦，我想这可能有点乱。去读一下图 5.4 下面的文字吧。我在这里等你。

（作者从图题回来了，

数学从脚注回来了，

读者似乎是同时从图题和脚注回来了，

旁白查看了他的脚本，确保所有人都回来了……

……

唉，斯蒂夫和服务生不知去了

……哪里。）

数学：（对作者说）我想我明白了你的意思，图题中给出的答案基本是对的。我想我们也可以用这种方式思考。

读者：我不知道我理解得对不对，你是说弯曲的东西下面的面积几乎……但不完全……就是这个？……

$$\sum_{i=1}^{n}(矩形面积) \equiv \sum_{i=1}^{n}(高_i)(宽_i) \equiv \sum_{i=1}^{n} m(x_i)\Delta x_i。$$

作者：喔，这比我说的简洁多了。不过，是的，就是这么回事。我就是这个意思

读者：为什么我们要用矩形做这个呢？根据图题？

作者：噢，不用。至少我不想。我的意思是，无限多个矩形的思想很棒。但我们不知道如何实际**应用**，去算出某个东西。因此图题中的思想并不是说我认为要实际去**做**。但至少可以让我们计算具体的数。假想的计算。如果我们想算的话就可以算。而且随着我们增加更多矩形，我们就会逐渐接近数学所说的那个正确答案。

数学：我更喜欢我的思路。

作者：我也是。我已经想放弃这个问题了。

数学：我也是。

读者：好吧。那我们就放弃吧！我们能再次用莫里哀手法吗？

作者：当然！我们以前决定放弃的时候都是这么干的。虽然我们还不知道如何计算确切的答案，给它命个名不会碍事。不过取的名字最好能提醒我们它是什么。

读者：是的，我们可以这样来表示这个近似答案：

$$\sum_{i=1}^{n} m(x_i)\Delta x_i,$$

所以我们就用这个来给确切答案构建一个缩写。你之前提到课本上用 △ **某个东西**作为"**某个东西**中两点之间的差异"的简写，因为 △ 就是希腊字母中的 d，而 d 表示差异（Difference），或者距离（Distance）。我觉得我们还没有决定。

作者：我也觉得。

读者：管他呢，既然这样，在我们发明微积分的时候，我们需要用另一种方式谈论差异，只是这次是无穷小。因此我们就把希腊字母 △ 替换为拉丁字母 d。这样 dx 或 dt 或 d(**某个东西**)就都表示无限接近的两个点之间某个量的差异。这样新的思想就有点像原来的思想。

数学：这对我们有什么用呢？

读者：我们放弃了，记得吗？因此我们要用莫里哀手法给我们求不出的这个东西取一个名字。

数学：哦，是的。我忘了。那我们给它取什么名字呢？

读者：是这样，我刚才已经在上面写了近似答案。作者在图题中对此进行了描述。因此我们可以用那个缩写，将 △ 换成 d，因为我们的矩形是无限薄的。这样我们就得到

$$\sum_{i=1}^{n} m(x_i)dx_i,$$

但我想这并没有意味着什么，因为我们一次只改变了一个缩写。

作者：是的！确切的答案应当有无穷多个矩形，每个 x 点对应一个，因此 x_i 标记就不再适用了——i 是对矩形计数，但如果线上每个点都对应一个矩形，我们就无法计数了。因此不能再用 i。i＝1 到 n 也没法用了。它们只不过是告诉我们开始和结束的地方，但是现在我们又可以重新称它们为 a 和 b。因此我想现在我们可以这样缩写

$$\sum_{a}^{b} m(x)dx。$$

我们可以就停在这里然后——

数学：好了！我在等你说完。现在轮到我来改了。

作者：喔，已经没有什么可以改的了。我们基本已经做完——

数学：作者，我们是三个人。读者将希腊字母 Δ 改成了拉丁字母 d。你把下标去掉了。要让我也改点什么才公平。公平性关系到不变性。你喜欢不变性吗？

作者：（不情愿地）……喜欢。

数学：那就好！我顺着读者的思路走。∑是希腊字母的 S，表示"求和（Sum）"。同以前一样，要将我们的缩写从有限转换成无限，可以将希腊字母换成相应的拉丁字母，就像这样：

$$\int_a^b m(x)\,\mathrm{d}x \, 。$$

读者：那是什么？！

作者：啊……嗯……数学？那不是 S。

数学：用笔对于你们手指灵活的灵长类来说很容易，但我不是物理存在。

作者：理解。只是看起来有点好笑。不过就这样吧。

数学：那这到底代表什么呢？

读者：嗯，我们命名时很小心，应该能搞清楚。这个 S 形的东西提醒我们它是求和，是用拉丁字母代替了希腊字母，$m(x)$ 是高，$\mathrm{d}x$ 是无穷小的宽。因此它表示的是对无穷多个东西求和，其中每一个都是一个无穷薄矩形的面积。而 a 和 b 则是提醒我们开始和结束的地方。

作者：棒极了！我们成功运用了莫里哀手法！

读者：也就是我们成功地……什么也没做？

作者：好吧，是的。不过我们可以将这个东西写成这样了：

$$(x=a \text{ 和 } x=b \text{ 之间 } m \text{ 的图形下面的面积}) \equiv \int_a^b m(x)\,\mathrm{d}x \, ,$$

但你是对的。我们还是不知道怎么计算它，我们并没有真的"做"什么。

读者：因此我们还是没有离解决问题更近？

斯蒂芬·克莱尼：正是！

（大家看着斯蒂夫。）

作者：（对斯蒂夫说）你不会是一直在这里听我们说吧？

斯蒂芬·克莱尼：没有，只是这似乎是一个很好的时机说"正是"。我回了数学的房子。元——

作者：我还以为你和服务生在一起呢。

斯蒂芬·克莱尼：没有。那是你写的我在那里。

作者：啊？我不记得我写——

斯蒂芬·克莱尼：管他呢，我告诉你们吧，元需要帮助，所以我就回去了。

数学：帮助什么？

斯蒂芬·克莱尼：我正要说这个。

（斯蒂夫从外套里拿出一个小装置，对着它讲话。）

斯蒂芬·克莱尼：元？……好吧。我们就来。

附加曲：存在性难题

（我们的角色听到一个词"设"，后面跟着一些听不懂的东西，与此同时他们发现自己回到了数学的房子里。）

斯蒂芬·克莱尼：元已经检查了基础。

数学：什么结果？

斯蒂芬·克莱尼：你的房子在下沉……

数学：我的房子在下沉？

斯蒂芬·克莱尼：是的。恐怕自然是对的。这个基础不是为物质实体建造的。嗯，不是物质……但是是实体。你们之前讨论过这些，对吗？

数学：我记得是的。

斯蒂芬·克莱尼：现在你存在了！它的广度让我惊讶。你与虚空的不匹配相当严重，而且会随着时间越变越糟。虚空中没有实体的位置。

数学：噢……

作者：等一下，那你呢？你不也是生活在虚空中吗？

斯蒂芬·克莱尼：确实。

作者：那为什么你没有同样的问题？

斯蒂芬·克莱尼：否定后件推理，朋友。

作者：嗯？

斯蒂芬·克莱尼：你假定我存在。请检查你的前提。

作者：什么？？？

读者：什么？？？

数学：什么？？？

元数学：……

作者：如果你不存在，你怎么会在这里？

斯蒂芬·克莱尼：虚空是不存在的一切事物的家。还有一个存在的。现在……

作者：这似乎是预兆。

斯蒂芬·克莱尼：这似乎是元预兆。

作者：预兆的预兆？我不希望它是。

斯蒂芬·克莱尼：不，不，只是隐喻影射。不是元预兆。别担心。

（奇怪的元沉默流逝。）

斯蒂芬·克莱尼：（对作者和读者说）尽你们所能帮助数学离开这里找一个新家吧。适合它这种新形式的新家。它需要一个归宿。

作者：当然，我们会竭尽所能的。

斯蒂芬·克莱尼：太好了，现在，元和我得退场了。祝你们仨好运。

作者：希望我们能再见面！

读者：再见斯蒂夫！

数学：替我向自然问好！

作者：好的，是时候进入下一章了。我们走吧！

（什么也没发生……就好像从没有人来过……）

第三幕

第二章

第 6 章

合二为一

6.1 两者等同

6.1.1 又一个变成思想的缩写

在前面的插曲中，我们讨论了求弯曲事物的面积的问题。我们最终放弃了，但是有了一点认识。如果我们在机器图形的任意点 x 进行放大，那一点下的瘦长条可以视为高为 $m(x)$ 宽为 dx 的无限薄的矩形。因此任意点 x 处机器图形下的面积就是 $m(x)dx$。因此，如果我们能将（比如 $x=a$ 和 $x=b$ 之间）所有点 x 处的无限薄矩形的面积都加起来，我们就能得到 m（可能弯曲）的图形下的总面积。

我们不知道具体该怎么做。不过我们写了一个很大的缩写来总结这个思想：$\int_a^b m(x)dx$。这个缩写体现了将弯曲面积视为无限多个无限薄矩形（因此面积为 $m(x)dx$）之和（因此用了 S 形的 $\int$）。但这只是对（未知）答案的缩写。它没有告诉我们具体该如何计算弯曲的面积。

任何人到这里都有可能被卡住。不过新缩写中的 dx 让人眼熟。我们之前见过这个符号，就在导数的下面。也许导数能帮助我们理解这个新的 $\int$ 思想。

导数也是机器。例如 $f(s) \equiv s^2$ 具有导数。$f'(s) \equiv 2s$，这个 $2s$ 就同 x^2 一样也是机器。因此，可以假设滑稽的 $\int$ 符号内部的 $m(x)$ 其实是某台机器 $M(x)$ 的导数。这可以写为

$$m(x) = \frac{\mathrm{d}M}{\mathrm{d}x}。 \tag{6.1}$$

如果我们这样看 m，就能用下面这个巧妙的变换重写（未知）弯曲面积的缩写：

$$\int_a^b m(x)\,\mathrm{d}x \xrightarrow{(6.1)} \int_a^b \left(\frac{\mathrm{d}M}{\mathrm{d}x}\right)\mathrm{d}x = \int_a^b \mathrm{d}M。 \tag{6.2}$$

符号 $\mathrm{d}M$ 其实就是 $M(x+\mathrm{d}x) - M(x)$ 的缩写，无限接近的两点之间高度的微小变化。因此符号 $\int_a^b \mathrm{d}M$ 的意思是：从 $x=a$ 走到 $x=b$，将沿途经过的微小变化累加起来。

现在，由于符号 $\int_a^b \mathrm{d}M$ 表示的是"a 和 b 之间高度的微小变化的求和"，因此它必定也就是 a 和 b 之间的高度的**总**变化，也就是 M（结束）$-$ M（起始），或者说 $M(b) - M(a)$。如果不明白，可以看一下图 6.1。据

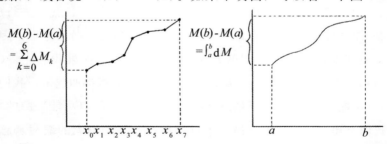

图 6.1 $\int_a^b \mathrm{d}M = M(b) - M(a)$ 的图形解释。左图揭示了图形由有限条线段构成的机器的思想。a 和 b 之间总的高度变化可以从两方面来认识。一方面，高度变化是 M（结束）$-$ M（起始）（右图是 $M(b) - M(a)$，左图是 $M(x_7) - M(x_0)$）。另一方面，总的高度变化就是沿着机器图形前进时每一"步"经历的微小高度变化的和。每一步的高度变化可以表示为 $\Delta M_k \equiv M(x_{k+1}) - M(x_k)$。在右边真正弯曲的情形中，这个思想同样成立，但现在是无限多个无穷小步，每一步都导致无穷小的高度变化 $\mathrm{d}M$。无穷小的高度变化之和（即 $\int_a^b \mathrm{d}M$）就是总的高度变化（即 $M(b) - M(a)$）。

此，我们可以进一步扩展上面的等式，将其要点总结为

$$\int_a^b \left(\frac{\mathrm{d}M}{\mathrm{d}x}\right)\mathrm{d}x = M(b) - M(a)。 \tag{6.3}$$

现在我们又卡……等一下。我们做出来了？

6.1.2　微积分基本锤子

这不可能是对的——太简单了。它说我们写下的这个新的∫符号，用来表示曲线下的面积的那个无意义缩写，其实就是我们之前发明的导数思想的某种反面。也就是说，从 M 开始，求它的导数，然后对其施加"我下面的面积"操作，我们就会得到只与 M 有关的某种东西。这个东西既不涉及导数也不涉及"我下面的面积"操作。等式(6.3)这个语句将我们迄今为止发明的两个主要的微积分思想——计算弯曲的陡峭度（导数）和弯曲的面积（课本上称之为"积分"）——联系到了一起。我们可以称之为**微积分基本锤子**。现在我们可以将式(6.3)重新写成：

$$\int_a^b m(x)\mathrm{d}x = M(b) - M(a), \tag{6.4}$$

其中 M 是导数为 m 的任意机器。因此它说的是，如果我们想求弯曲的东西 m 在两点 $x=a$ 和 $x=b$ 之间的面积，只需要找出 m 的"反导数"，即导数为 m 的机器 M。如果我们能找到 M，则 m 下的面积就是 $M(b)-M(a)$。因此只要我们知道给定机器的反导数，计算其（可能弯曲的）面积这个看似不可能的任务就很简单！只要有了 m 的反导数，只需相减就能求出弯曲的面积。

依照惯例，应该用几个我们知道答案的简单例子来检验一下这个新的想法。如果简单例子的答案都是错的，我们的新想法就不成立，只能重来。但如果上面这个疯狂的论证是正确的，就意味着我们买一赠一得到了两个想法；（计算弯曲面积的）∫思想就是（计算弯曲斜率的）导数思想的反面。我们可以实际测试一下我们的新思想。

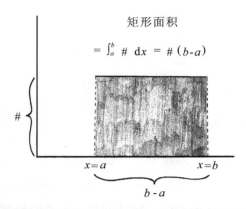

矩形面积

$$= \int_a^b \# \ \mathrm{d}x = \#\,(b\text{-}a)$$

图 6.2　我们无需微积分就能计算矩形的面积。这使得我们可以对我们的基本锤子思想进行一个简单的检验。在这个例子中，基本锤子得出了我们期望的结果，即 $\int_a^b \# \mathrm{d}x = \# \cdot (b-a)$。

6.2　基本锤子的实际测试

6.2.1　对常数应用基本锤子

我们知道如何求矩形的面积，所以我们用常数机器 $m(x) \equiv \#$ 的图形来检验一下这个思想。这台机器就是高度为 $\#$ 的水平线，它在 $x=a$ 和 $x=b$ 两点间的图形就是高为 $\#$ 宽为 $b-a$ 的矩形，因此面积应当是 $\# \cdot (b-a)$。现在，如果我们关于反导数的思想是正确的，就应该有

$$\int_a^b m(x)\mathrm{d}x = M(b) - M(a), \qquad (6.5)$$

其中 $m(x) \equiv \#$，$M(x)$ 则是 $m(x)$ 的"反导数"。也就是说，$M(x)$ 是导数为 $m(x)$ 的任意机器，即 $M'(x) = m(x) = \#$。我们还不知道怎么求反导数，因此只能利用我们熟悉的导数，再加上一点乐观精神，盯着机器 $m(x) \equiv \#$ 看，直到想起它是谁的导数。幸运地是，在这个例子中，这并不难，因为我们知道 $(\# x)' = \#$。这告诉我们 $M(x) = \# x$，我们可以用它来检验一下我们的思想能不能给出正确答案。

在 $x=a$ 和 $x=b$ 两点之间，水平直线 $m(x) \equiv \#$ 图形下面的面积必

定是 ♯ · (b－a)，因为它就是一个矩形。因此在这个特例中，我们奇怪的新符号 $\int_a^b m(x)\mathrm{d}x$ 应该等于 ♯ · (b－a)。我们还不确信这个新符号是否**真是**反导数的差，但现在可以检验了！由于我们发现 $M(x)＝♯x$，因此 $M(b)－M(a)＝♯b－♯a$，而这正好就是 ♯ · (b－a)。

太好了！我们用两种方法得出了同样的答案。注意我们没有**利用**等式(6.5)。这很好。我们还不想假定它成立。我们只是用不同方法计算两边，然后**证明**在这个简单情形中等式(6.5)成立。我们继续。

6.2.2　对直线应用基本锤子

那么直线呢？回到第 1 章，我们发现 $m(x)≡cx＋b$ 这类机器的图形是直线。选一个简单例子，我们来看一下 $\int_0^b cx\ \mathrm{d}x$ 如图 6.3。这个表示的是 $m(x)≡cx$ 在 $x＝0$ 和 $x＝b$ 之间的面积。幸运地是，这就是宽为 b 高为 cb 的三角形。用两个这样的三角形可以构成一个矩形，面积为$(b)(cb)＝cb^2$，因此三角形的面积就是$\frac{1}{2}cb^2$。不用微积分就能得到

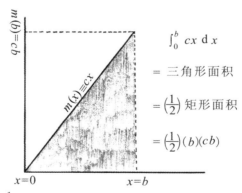

图 6.3　$\int_0^b cx\ \mathrm{d}x＝\frac{1}{2}cb^2$ 的图形解释。我们不用基本锤子就能计算这种简单情形的面积，因此也可以用它来检验基本锤子是否有效。

$$\int_0^b cx\ \mathrm{d}x＝\frac{1}{2}cb^2,$$

这里我们没有用到任何微积分。⌠符号只不过是面积的缩写，而我们已经知道了如何计算这个面积。现在再看基本锤子能否得出这个我们已知的答案。我们能想到什么机器的导数是 cx 吗？可以试一下 cx^2 看行不行。

如果对 cx^2 求导，可以得到 $2cx$。前面多了一个我们不想要的 2，可以在原来的猜测前面加上 $\frac{1}{2}$ 再试一下。如果对 $\frac{1}{2}cx^2$ 求导，可以得到 cx，这正是我们想要的。现在我们可以用它来再次检验我们的思想。从 $m(x)\equiv cx$ 开始，我们刚才发现了这台机器的反导数 $M(x)=\frac{1}{2}cx^2$，因此，

$$M(b)-M(0)=\frac{1}{2}cb^2-\frac{1}{2}c0^2=\frac{1}{2}cb^2,$$

完美。首先，我们将其视为三角形的面积，从而发现 $\int_0^b cx\ \mathrm{d}x=\frac{1}{2}cb^2$。

然后又思考了 cx 的反导数，发现 $M(b)-M(0)=\frac{1}{2}cb^2$。如我们所愿，基本锤子的两边一致。再强调一次，我们并没有**利用**基本锤子。我们是在用不同方法计算锤子[等式(6.5)]的两边来**检验**它，并证实了它的两边相等。这让我们对推导基本锤子的过程更有信心了。

6.2.3　一点担心

我们知道，求导会消除常数，因此如果机器 m 有反导数，则它必定有无穷多个反导数。为什么？如果 $\frac{\mathrm{d}}{\mathrm{d}x}[M(x)]=m(x)$，则对任何固定的数 ♯，都有 $\frac{\mathrm{d}}{\mathrm{d}x}[M(x)+♯]=m(x)$。因此每个可能的数 ♯ 都会给我们一个同样正确的 m 的"反导数"$M(x)+♯$。这让人有点担心。用我们的基本锤子计算**面积**需要求反导数。面积是实实在在的，照理说应该只有一个正确答案。因此，如果机器 m 存在无穷多个不同的反导数，则用它们计算出来的面积应当是一样的，否则我们的基本锤子就不成立。不过虽然我们目前还不知道我们的锤子会不会永远成立，至少可以确信这个担

心是多余的。基本锤子告诉我们计算面积时用的是差：$M(b)-M(a)$。因此形为 $W(x)\equiv M(x)+\sharp$ 的任何反导数都会给出相同的面积，因为 $W(b)-W(a)=[M(b)+\sharp]-[M(a)+\sharp]=M(b)-M(a)$。去掉了这个担心，我们可以继续前进。

6.2.4　全速前进！应用基本锤子

我们目前已经做了哪些？首先我们推导发现了微积分基本锤子：

$$\int_a^b m(x)\mathrm{d}x=M(b)-M(a)。 \tag{6.6}$$

但我们对推导过程不是很有把握，因此用一些答案已知的简单情形检验了它。到目前为止它对这些情形都成立，因此我们多了一点信心。下面我们看一下，当我们不知道答案时，它会给我们什么。

6.2.5　不熟悉的情形

同以往一样，机器 $m(x)\equiv x^2$ 提供了一个简单的测试。我们来看一下，如果我们想知道（比如）$x=0$ 和 $x=3$ 之间的面积，基本锤子会告诉我们什么：

$$\int_0^3 x^2\mathrm{d}x=M(3)-M(0)，$$

其中 $M(x)$ 是导数为 x^2 的某台机器。我们能想到是什么机器吗？嗯，由于求导会让指数减 1，因此应该类似 $\sharp x^3$。如果我们求导并将指数减 1，最后需要得到 x^2，因此有 $(\sharp x^3)'=3\sharp x^2=x^2$，从而得到 $\sharp$ 必须为 $\frac{1}{3}$。

因此 $M(x)=\frac{1}{3}x^3$ 是 x^2 的反导数，这样我们就可以继续展开上面的等式，得到

$$\int_0^3 x^2\mathrm{d}x=M(3)-M(0)=\frac{1}{3}3^3-\frac{1}{3}0^3=9。$$

有意思……这个特别的弯曲东西的面积刚好是整数。简单得让人心里没底。接下来我们该做什么？

6.3　打造反锤子

为了搞清楚这个新的∫思想，下一步该做什么？我们可以继续求一些特殊机器的反导数，不过基本只能靠猜，就像前面一样。不过，在我们最初发明无穷放大镜和研究导数概念的时候，让我们收获最大的不是对特定的机器求导，而是打造适用于**任何**机器的锤子。我得到第 3 章去一趟，偷一个描述我们所有的锤子的方框过来。请等我一下。我保证不会太久。

（时间流逝。）

好了，我回来了。这就是：

相加锤子

$$(f+g)'=f'+g'\text{。}$$

相乘锤子

$$(fg)'=f'g+fg'\text{。}$$

重新缩写锤子

$$\frac{\mathrm{d}f}{\mathrm{d}x}=\frac{\mathrm{d}s}{\mathrm{d}x}\frac{\mathrm{d}f}{\mathrm{d}s}\text{。}$$

既然∫似乎是导数的某种反面，如果原来的这些锤子对应有 3 个类似的"反锤子"就太棒了！那样我们就能用各种办法处理弯曲的面积了。我们来试试看能不能打造一些反锤子。

6.3.1　相加反锤子

对于导数我们曾发现过一个好东西，称为"相加锤子"。本质上它说的是"和的导数等于导数之和"，或者表示为：$(f+g)'=f'+g'$。如果新的"积分"思想也有类似的东西成立就太好了，这样我们就有了将难题打散为更容易问题的工具，就像原来的锤子一样。由于和的导数等于导数

之和，我们可以猜测和的积分等于积分之和。①也就是说，我们想知道这个是不是成立

$$\int_a^b (f(x)+g(x))\mathrm{d}x \stackrel{???}{=\!=\!=} \left(\int_a^b f(x)\mathrm{d}x\right)+\left(\int_a^b g(x)\mathrm{d}x\right)? \quad (6.7)$$

我们不知道它是否成立，如果成立就太好了，因为它正好是相加锤子的反面。如果你愿意，可以称之为"相加反锤子"。我们来看看它是否成立。

首先注意到我们可以将 $f(x)+g(x)$ 本身视为单台机器，我们甚至可以给它取个名字，比如 $h(x)\equiv f(x)+g(x)$。这样 $h(x)$ 就是如果喂进去某个数 x 会吐出 $f(x)$ 加 $g(x)$ 的机器。想象 $h(x)$ 的图形，可能是某个疯狂扭曲的东西，再想象在任意点 x 放置一个无限薄的矩形，从横轴往上（或往下）垂直拉伸至 h 的图形（见图 6.4 和图 6.5）。

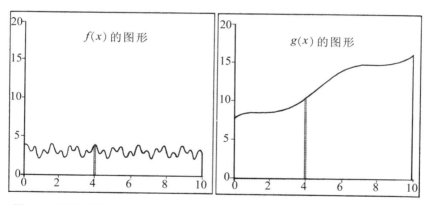

图 6.4　随机选取的两台机器。左图，小矩形的面积为 $f(4)\mathrm{d}x$。右图，小矩形的面积为 $g(4)\mathrm{d}x$。

---

① m 的"积分"就是教科书上说的 $\int_a^b m(x)\mathrm{d}x$。实际上，它们通常被称为 m 的"定积分"。"不定积分"通常指的是 m 的反导数，但这个术语容易误导，因为只有发现基本锤子**之后**它才有意义。在发现基本锤子之前，反导数与"积分"（即可能弯曲的面积）的关联并不明显。我们宁愿将 $\int_a^b m(x)\mathrm{d}x$ 直接称为 m 从 a 到 b 的积分。等基本锤子告诉我们积分与反导数是相关概念之后我们才会定义这个术语。

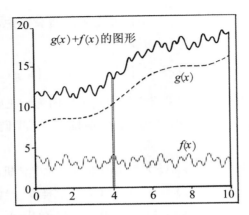

图 6.5 $f(x)+g(x)$ 的图形。小矩形的面积为 $[f(4)+g(4)]\mathrm{d}x=f(4)\mathrm{d}x+g(4)$ $\mathrm{d}x$。也就是说，小矩形的面积是图 6.4 左右两个小矩形的面积之和。由于对每一点 x 这个都成立，将每一点下面的面积加起来不会改变这个原则。

这个矩形的宽为 $\mathrm{d}x$，高为 $h(x) \equiv f(x)+g(x)$，因此面积为 $[f(x)+g(x)]\mathrm{d}x$。然后根据撕东西显然律，这个瘦高矩形可以拆分成两个更小的薄矩形，得到 $f(x)\mathrm{d}x+g(x)\mathrm{d}x$。现在我们有了两个矩形，一个高为 $f(x)$，一个高为 $g(x)$。因此可以用两种方式来分析每一点 x 处的无限小矩形，作为一个高的薄矩形，或者两个矮一些但一样薄的矩形。

很显然我们可以通过两种方式得到 h 下面的整个面积：将所有瘦高矩形相加得到 $\int_a^b ((f(x)+g(x))\mathrm{d}x$，或者将拆分的矩形相加得到 $\int_a^b f(x)\mathrm{d}x + \int_a^b g(x)\mathrm{d}x$。这两个表达式描述的是同一个东西：$f+g$ 下面的总面积。因此我们可以在两个表达式之间画等号，得到

$$\int_a^b (f(x)+g(x))\mathrm{d}x = \left(\int_a^b f(x)\mathrm{d}x\right) + \left(\int_a^b g(x)\mathrm{d}x\right). \qquad (6.8)$$

这正是我们想要证明的。我们将它正式写到方框里。

相加反锤子

我们发现了关于 $\int$ 的新思想的另一个事实，

和的 $\int$ 是 $\int$ 之和。

用另一种方式表述：对任意机器 f 和 g，有

$$\int_a^b (f(x)+g(x))\mathrm{d}x = \int_a^b f(x)\mathrm{d}x + \int_a^b g(x)\mathrm{d}x。$$

现在我们发明了相加反锤子，图 6.4 和 6.5 用图形对其进行了解释。字母 f 和 g 表示任意的两台机器，可能有很弯曲的图形。图 6.4 描绘了机器 f 和 g，以及它们下面的面积。图 6.5 描绘了 $h(x) \equiv f(x)+g(x)$，并用另一种方式描绘了相加反锤子的内容。

6.3.2　相乘反锤子

简单的相乘反锤子

我们实际上有两把相乘锤子，虽然其中一个是另一个的特例。在第 2 章我们曾证明 $(\sharp f(x))' = \sharp f'(x)$，其中 $\sharp$ 是 7 或 59 这类固定的数。因此我们可以"将常数从导数中提取出来"。我想知道能不能"将常数从 $\int$ 中提取出来"，使得 $\int \sharp ($**某个东西**$) = \sharp \int ($**某个东西**$)$。根据这两个式子的意义，这个想法相当直观。我们知道在表达式 $\int f(x)\mathrm{d}x$ 中，其实是将许多无限小的矩形的面积相加。如果将每个矩形的高度都加倍，（无限薄的）宽度保持不变，每个矩形的面积就应当为原来面积的两倍，因此总面积也应当加倍。这个论证并不仅限于"加倍"，任意放大 $\sharp$ 倍都应当成立。也就是说，对任意数 $\sharp$ 和机器 f，都应当有

$$\int_a^b \sharp \cdot f(x)\mathrm{d}x = \sharp \cdot \int_a^b f(x)\mathrm{d}x。$$

太好了！我们又发现了一个与原来的求导锤子相对应的积分"反锤子"。

不那么简单的相乘反锤子

前面我们发现可以将常数从积分中提取出来，就像将常数从导数中提取出来一样。不过，真正的相乘锤子要更复杂一些。它说的是

$$(fg)' = f'g + fg',$$

或者用另一种缩写表述一下，

$$[f(x)g(x)]' = f'(x)g(x) + f(x)g'(x)。$$

我们来尝试一下根据它建立类似的相乘反锤子。如果对上面等式的两边"积分"——也就是将两边都放进 $\int$ 里面——会得到

$$\int_a^b [f(x)g(x)]' \mathrm{d}x = \int_a^b [f'(x)g(x) + f(x)g'(x)] \mathrm{d}x, \quad (6.9)$$

上面等式的左边是导数的积分，因此可以用基本锤子处理得到

$$f(b)g(b) - f(a)g(a) = \int_a^b [f'(x)g(x) + f(x)g'(x)] \mathrm{d}x,$$

左边有点丑，但是思想很简单，我们可以缩写一下。将上面的等式重新写成这样：

$$[f(x)g(x)]_a^b = \int_a^b [f'(x)g(x) + f(x)g'(x)] \mathrm{d}x, \quad (6.10)$$

其中左边就是"全部代入 b，然后全部代入 a，然后取差值"的简写，即 $[f(x)g(x)]_a^b$ 就是 $f(b)g(b) - f(a)g(a)$ 的缩写。

现在，虽然等式(6.10)**成立**，但并不是**很有用**，因为只有在遇到正好形为 $\int_a^b f'(x)g(x) + f(x)g'(x) \mathrm{d}x$ 的东西时才用得上，而这样的事情不会经常遇到。如果真遇到了这样的事情，就可以直接算出结果来。因此我们可以就此打住，称它为相乘反锤子，因为它"抵消"了相乘锤子。不过如果我们用稍微不同的方式来思考上面的想法，就能得到有用得多的反锤子。我们可以用相加反锤子将式(6.10)的大积分分成两项，就像这样，

$$[f(x)g(x)]_a^b \equiv \int_a^b f'(x)g(x)\mathrm{d}x + \int_a^b f(x)g'(x)\mathrm{d}x, \quad (6.11)$$

然后将其中一项积分移到等式的另一边。这么做的目的可能不那么容易看出来，不过我们很快会解释。现在我们将它正式写到方框里。

相乘反锤子

我们发现了关于 $\int$ 新思想的另一个事实，

不过我们还不知道怎么使用它：

$$\int_a^b f'(x)g(x)\mathrm{d}x = [f(x)g(x)]_a^b - \int_a^b f(x)g'(x)\mathrm{d}x \quad (6.12)$$

怎么利用这个疯狂的语句呢？嗯，要记住相乘锤子（以及其他所有锤子）并不是告诉我们该怎么做的**规则**，而是让我们可以用特定方式解读事物的**工具**。以机器 $m(x) \equiv x\,\mathrm{e}^x$ 为例。我们并不是**必须**将这台机器视为两台不同的机器相乘，但我们可以这样想，只要对我们有用。我们可以选择将 $x\mathrm{e}^m$ 视为 $f(x)g(x)$，其中。$f(x) \equiv x$，$g(x) \equiv \mathrm{e}^x$。这样相乘锤子在后面的等式中缩写为 HM 就会告诉我们

$$m'(x) \equiv (x\mathrm{e}^x)' \xup01HM (x)'(\mathrm{e}^x) + (x)(\mathrm{e}^x)' = \mathrm{e}^x + x\mathrm{e}^x \,.$$

我们所有的锤子都带有同样的"只要对我们有用"说明，反锤子也是一样。但说了这么多，为什么上面方框中的等式(6.12)就比等式(6.9)更有用呢，何况它们**只不过**是把相同的句子用稍微不同的方式表述出来？问得好！等式(6.12)一般要比等式(6.9)更有用**不是**因为它们说了什么不同的东西，而是因为人类想象力的局限。解释一下我说的意思，假设我们在计算类似 $\int_a^b m(x)\,\mathrm{d}x$ 的东西时被卡住了。对于大多数人来说（包括我），与将 m 解释成如何由机器 f 和 g 构成下面这样的形式相比：

$$m(x) \xup01{解释} f'(x)g(x) + f(x)g'(x) \,,$$

将 m 解释成如何由机器 f 和 g 构成如下形式要容易得多：

$$m(x) \xup01{解释} f'(x)g(x) \,.$$

这一点很重要，我们之前遇到过几次这种情形：两种方法、思想、等式，等等，可能在**逻辑**上是等价的，却并不意味着在**心理**上等价。用不同方式表述完全一样的东西可能理解的难易程度截然不同。相乘反锤子给了我们一种将一个问题转换为另一个问题的方法。转换之后的问题**对我们来说**一定会更简单？那倒未必。但如果选择的转换方式足够巧妙，却是有可能的。这里举一个如何转换问题的例子。假设我们想计算这个：

$$\int_0^1 x\,\mathrm{e}^x\,\mathrm{d}x \,,$$

根据基本锤子，如果能想到某台机器 $M(x)$ 的导数为 $x\mathrm{e}^x$，我们就能说："啊哈！答案是 $M(1) - M(0)$。"听起来容易，其实不容易！现在我们还压根不知道怎么找到导数刚好是 $x\mathrm{e}^x$ 的机器。因此我们似乎卡住了。不过，

相乘反锤子提供了一个可能的前进方向。如果能构想出两台机器 f 和 g 使得 $f'(x)g(x)=x\mathrm{e}^x$，这把新的反锤子就能帮我们将问题转换为稍微不同的问题。我们先选择 $f'(x)\equiv\mathrm{e}^x$ 和 $g(x)\equiv x$，在应用相乘反锤子时，我们在等号上标注 AHM。这样我们就能将问题重新写成这样：

$$\int_0^1 x\mathrm{e}^x\mathrm{d}x \xeq{AHM} [f(x)g(x)]_0^1 - \int_0^1 f(x)g'(x)\mathrm{d}x。$$

我们选定了 f' 和 g，现在反锤子却吐出了包含 f 和 g' 的语句。这些我们都不知道，因此我们需要将它们求出来才能明白这个语句。f 很简单，我们定义了 $f'(x)\equiv\mathrm{e}^x$，这就是那台极其特殊的机器，它的导数是它自己，因此它的反导数也是它自己：$f(x)=\mathrm{e}^x$。那么 $g'(x)$ 呢？也简单。我们定义了 $g(x)\equiv x$，因此 $g'(x)=1$。现在我们可以将这些都代入上面的等式，得到

$$\int_0^1 x\mathrm{e}^x\mathrm{d}x \xeq{AHM} [x\mathrm{e}^x]_0^1 - \int_0^1 \mathrm{e}^x\mathrm{d}x，$$

第一项 $[x\mathrm{e}^x]_0^1$ 就是 $1\mathrm{e}^1-0\mathrm{e}^0$ 的缩写，也就是 e。第二项呢？哦，我们知道 e^x 是 e^x 的反导数，因此根据基本锤子，可以得到 $\int_0^1 \mathrm{e}^x\mathrm{d}x=\mathrm{e}^1-\mathrm{e}^0=\mathrm{e}-1$。合到一起得到

$$\int_0^1 x\mathrm{e}^x\mathrm{d}x \xeq{AHM} \mathrm{e}-(\mathrm{e}-1)=1。$$

漂亮！利用相乘反锤子将我们无法解决的问题转换为等价但形式不同的问题，就能轻松解决这个问题，我们发现答案就是 1。当然，很多时候不一定会这么顺利。如果我们对 f 和 g 作出同样正确但稍微不同的选择呢？我们来看一下。我们也可以选择 $f'(x)\equiv x$ 和 $g(x)\equiv\mathrm{e}^x$。这样问题就会变成：

$$\int_0^1 x\mathrm{e}^x\mathrm{d}x \xeq{AHM} \left[\frac{1}{2}x^2\mathrm{e}^x\right]_0^1 - \int_0^1 \frac{1}{2}x^2\mathrm{e}^x\mathrm{d}x$$

$$=\frac{\mathrm{e}}{2}-\int_0^1 \frac{1}{2}x^2\mathrm{e}^x\mathrm{d}x。$$

这比我们开始的问题还吓人一些。必须强调的是，我们没有做错什么。上面的推导是完全正确的。只是我们选择的 f' 和 g 没有让问题**对我们来**

说看起来更简单。就如前面讨论的，这对于锤子和反锤子是一个普遍原则。我们可以自由使用它们，但并不能保证它们会将问题转化成我们认为"更简单"的问题。这不是它们的错。这是人类想象力的局限。

6.3.3　重新缩写反锤子

我们先回顾一下原来的重新缩写锤子和它的用法。重新缩写锤子(课本上称为"链式法则")是我们发明用来撒谎然后改正谎言的有用工具。例如，假设我们在求外表吓人的机器 $m(x)\equiv[V(x)]^{795}$ 相对于变量 x 的导数时被难住了。[①] 我们需要计算 $\dfrac{\mathrm{d}m}{\mathrm{d}x}$。前面我们已经知道，可以借助重新缩写。首先，注意到 $[V(x)]^{795}$ 只不过是**某个东西**的幂，因此利用缩写 $s\equiv V(x)$，可以得到 $m(x)\equiv s^{795}$。一旦选定了缩写，重新缩写锤子就可以派上用场。我们可以这样写：

$$
\begin{aligned}
\frac{\mathrm{d}m}{\mathrm{d}x} &= \left(\frac{\mathrm{d}m}{\mathrm{d}s}\right)\left(\frac{\mathrm{d}s}{\mathrm{d}x}\right) \\
&\equiv \left(\frac{\mathrm{d}}{\mathrm{d}s}s^{795}\right)\left(\frac{\mathrm{d}}{\mathrm{d}x}V(x)\right) \quad\quad (6.13)\\
&= (795s^{794})H(x) \\
&\equiv (795[V(x)]^{794})H(x)。
\end{aligned}
$$

好了，我们回想起了重新缩写锤子，但还没有发明与之对应的反锤子。有一个办法。同以往一样，我们可以想怎么缩写就怎么缩写，但这不保证一定有用。我们来看一个特殊的例子。

摆弄重新缩写

假设我们遇到了类似这样的问题，我们被难住了：

$$
我们想要的东西 = \int_a^b x\mathrm{e}^{x^2}\,\mathrm{d}x，
$$

根据基本锤子，如果我们能想到某台导数为 $x\mathrm{e}^{x^2}$ 的机器 $M(x)$，就能知道

上面这一堆让人迷惑的符号等于 $M(b)-M(a)$。我们完全不清楚该如何找到这样的机器，但我们可以随便缩写。有一个办法：我们从没有处理过 e^{x^2}，但处理过 e^x。而 e^{x^2} 就是 e^s，其中 $s\equiv x^2$。因此可以得到：

$$\text{我们想要的东西}=\int_a^b x\,e^s\,\mathrm{d}x。 \tag{6.14}$$

我们并没有真做什么，甚至都没有撒谎，只是重新缩写了。不过现在出现了两个字母，s 和 x。这并没有错，只是有点让人迷糊，也不清楚我们能不能应用基本锤子，因为基本锤子只涉及一个变量。因此如果可以去掉所有的 x，只用 s 来谈论这个问题，生活也许会轻松一点。好吧，如果 $s\equiv x^2$，则 $x=s^{\frac{1}{2}}$，因此我们可能会想这样写：

$$\text{我们想要的东西}=\int_a^b (s^{\frac{1}{2}})\,e^s\,\mathrm{d}(s^{\frac{1}{2}})， \tag{6.15}$$

这没错，但是看着有点吓人，所以还是算了，回到不那么吓人的等式 (6.14)，再琢磨一下。我们想把 $\mathrm{d}x$ 项变成用 s 表述的某种东西，因此将 $\mathrm{d}x$ 和 $\mathrm{d}s$ 关联起来可能有用。它们和导数有关，所以计算导数可能有用。也许没用，不过不妨试一下。根据 $s\equiv x^2$ 可得

$$\frac{\mathrm{d}s}{\mathrm{d}x}=2x，\quad\text{从而}\quad \mathrm{d}x=\frac{\mathrm{d}s}{2x}。 \tag{6.16}$$

我们太幸运了，当我们将这个代入等式 (6.14) 时，一切都变简单了。x 项相互抵消，从而得到

$$\text{我们想要的东西}\overset{(6.14)}{=\!=\!=}\int_a^b x\,e^s\,\mathrm{d}x$$

$$\overset{(6.16)}{=\!=\!=}\int_a^b x\,e^s\left(\frac{\mathrm{d}s}{2x}\right)$$

$$=\int_a^b\left(\frac{1}{2}\right)e^s\,\mathrm{d}s$$

$$=\left(\frac{1}{2}\right)\int_a^b e^s\,\mathrm{d}s。 \tag{6.17}$$

但是等一下——a 和 b 其实是 $x=a$ 和 $x=b$ 的缩写。我们得提醒自己不要把语句 $x=a$ 混淆成了语句 $s=a$。我们这样写以便提醒自己

$$\text{我们想要的东西}=\left(\frac{1}{2}\right)\int_{x=a}^{x=b} e^s\,\mathrm{d}s，$$

好了，由于 e^s 就是它自己的导数（将 s 作为变量），它也是自己的反导数，所以我们可以利用基本锤子，得到

$$我们想要的东西 = \left(\frac{1}{2}\right) \int_{x=a}^{x=b} e^s \, ds$$

$$\overset{FH}{=\!=\!=} \left(\frac{1}{2}\right) \left[e^s \right]_{x=a}^{x=b}$$

$$\equiv \left(\frac{1}{2}\right) \left[e^{x^2} \right]_{x=a}^{x=b} \tag{6.18}$$

$$\equiv \left(\frac{1}{2}\right) \left[e^{b^2} - e^{a^2} \right],$$

我们成功了。我们刚才证明了

$$\int_a^b x e^{x^2} \, dx = \left(\frac{1}{2}\right) \left[e^{b^2} - e^{a^2} \right], \tag{6.19}$$

这个答案可能看起来不简单，但它告诉了我们一些不那么容易看出来的疯狂的东西。例如，当 $a=0$ 和 $b=1$ 时，它告诉我们

$$\int_0^1 x e^{x^2} \, dx = \frac{1}{2}(e-1) 。$$

这是怎样的一把反锤子？

上面这个特例是……嗯……一个**特殊**的例子，但是里面隐藏了一个更具一般性的原则。发掘出这个一般性的原则有助于进一步澄清为什么这种推理风格，在某种意义上，就是重新缩写锤子的"反面"。假设我们被类似 $\int_a^b m(x) \, dx$ 的问题难住了。如果可以通过某种方式想到导数为 m 的机器 M，就能利用基本锤子解决这个问题。但如果想不出来这样的机器 M 呢？通常，我们可以尝试重新缩写看有没有用。假设我们将积分里面一大块吓人的符号缩写为 s。我们先将积分里面现在的东西称为 $\hat{m}(s)$，$m(x)$ 和 $\hat{m}(s)$ 其实是同一个东西的不同缩写。我用戴了帽子的 $\hat{m}(s)$ 而不是 $m(s)$ 是为了强调 $\hat{m}(s)$ 是用 s 语言描述的机器 $m(x)$。它**不是**简单地用 s 替代 $m(x)$ 中的 x！例如，设 $m(x) \equiv [V(x)+7x-2]^{795}$，如果我们缩写 $s \equiv V(x)+7x-2$，则 $\hat{m}(s)$ 为 s^{795}。由于我们改变了两个字母，所以我把 a 和 b 改成 $x=a$ 和 $x=b$ 以提醒我们自己在说什么。借助这些思想，我

们得到：

$$\int_{x=a}^{x=b} m(x)\,\mathrm{d}x \equiv \int_{x=a}^{x=b} \hat{m}(s)\,\mathrm{d}x 。$$

因为涉及两个字母，不清楚如何应用基本锤子。我们尝试用 s 语言把 x 消掉。最右边我们需要 $\mathrm{d}s$ 而不是 $\mathrm{d}x$，因此撒谎然后改正，将 $\mathrm{d}x$ 写成 $\left(\dfrac{\mathrm{d}x}{\mathrm{d}s}\right)\mathrm{d}s$，然后尝试用 s 语言重新表述剩下的 x（$\dfrac{\mathrm{d}x}{\mathrm{d}s}$ 中的，以及语句 $x=a$ 和 $x=b$ 中的），

$$\int_{x=a}^{x=b} \hat{m}(s)\,\mathrm{d}x = \int_{x=a}^{x=b} \hat{m}(s)\left(\frac{\mathrm{d}x}{\mathrm{d}s}\right)\mathrm{d}s 。 \tag{6.20}$$

这个有用吗？我们不知道。我们还没有看到具体的问题！这其实就是前面处理 $x\mathrm{e}^{x^2}$ 的例子的抽象描述。我们用方框总结一下这个思想。

重新缩写反锤子

如果我们遇到了类似这样的问题：

$$\int_{x=a}^{x=b} m(x)\,\mathrm{d}x ，$$

则我们总是可以用 s 缩写 $m(x)$ 中的一大块吓人的东西，将 $m(x)$ 重写为 $\hat{m}(s)$，其中 $\hat{m}$ 最好是 $m(x)$ 的某种不那么吓人的写法。接下来我们就能撒谎然后改正，将问题重写为类似这样：

$$\int_{x=a}^{x=b} m(x)\,\mathrm{d}x = \int_{x=a}^{x=b} \hat{m}(s)\frac{\mathrm{d}x}{\mathrm{d}s}\,\mathrm{d}s 。$$

如果可以用 s 语言重写所有的 x，我们就能将原来的问题转化成另一个问题。这并不一定会让问题变简单，但如果重新缩写得足够巧妙，也许有用。出于某种原因，教科书上称这个过程为"换元积分法"，并用字母 u 而不是我们这里用的 s。但其实就是重新缩写。

虽然这个思想很简单，构造一个缩写然后搞清楚它到底有没有简化却并不容易。还有一种思考它的方法。假设我们在进行一系列烦人的过程：（1）将一堆吓人的东西重新缩写为 s，（2）通过撒谎然后改正将一切用 s 语言描述，以及（3）盯着原问题的重写版本看是不是更容易了一些。其实，如果 $m(x)$ 可以视为对某个来源应用重新缩写锤子，这个过程能自动

识别出这个来源。用一个特例来解释一下我的意思。假设我们计算类似这样的东西时被难住了：

$$\int_{x=a}^{x=b} \underbrace{51(x^5+17x-3)^{999}(5x^4+17)}_{\text{称这部分为}m(x)}\mathrm{d}x。 \tag{6.21}$$

其实，根据重新缩写锤子，机器 m 可以视为这个又大又丑的机器的导数：

$$M(x)\equiv\frac{51}{1000}(x^5+17x-3)^{1000},$$

但假设我们没有注意到这一点。我们只是绝望地被式(6.21)的计算难住了。我们来看一下，如果尝试重新缩写过程，它会给我们带来什么。假设出于运气或洞察力，我们选择了缩写 $s\equiv x^5+17x-3$。也就是式(6.21)中比较难看的那一块，这个策略就能起一些作用。这会将问题变为

$$\int_{x=a}^{x=b} 51s^{999}(5x^4+17)\mathrm{d}x。 \tag{6.22}$$

现在，除非我们将一切都变成 s 语言，否则这个过程没什么用，因此我们就试一下将 $\mathrm{d}x$ 项转换成 s 语言。由于 $s\equiv x^5+17x-3$，可以得到

$$\frac{\mathrm{d}s}{\mathrm{d}x}=5x^4+17，\quad 从而 \quad \mathrm{d}x=\frac{\mathrm{d}s}{5x^4+17}。$$

将这个式子代入式(6.22)替换 $\mathrm{d}x$，可以漂亮地消掉一切，得到

$$\int_{x=a}^{x=b} 51s^{999}(5x^4+17)\left(\frac{\mathrm{d}s}{5x^4+17}\right)=\int_{x=a}^{x=b} 51s^{999}\mathrm{d}s。 \tag{6.23}$$

现在这个问题看起来没那么疯狂了！我们能想到有什么机器（相对于自变量 s 的）导数是 $51s^{999}$ 吗？嗯，应该类似 $\#\cdot s^{1000}$，这样在求导时指数才会变成 999。然后我们就能根据 $1000\cdot\#=51$ 确定 $\#=\frac{51}{1000}$。合到一起，我们发现 $51s^{999}$ 的一个"反导数"是

$$M(x)=\frac{51}{1000}s^{1000}\equiv\frac{51}{1000}(x^5+17x-3)^{1000}。$$

而之前看起来很棘手的原问题的答案就是 $M(b)-M(a)$，其中 M 就是上面等式中的这个丑陋机器。请注意我们不需要意识到式(6.21)中的 $m(x)$ 来自对 M 应用重新缩写锤子。我们甚至都不必知道 M 是什么！相反，通过用 s 作为式(6.21)中最丑陋部分的缩写，然后将所有的 x 转换成 s 语

言，我们发现开始很难的问题转换成了简单得多的 $\int_{x=a}^{x=b} 51s^{999}\,\mathrm{d}s$。这个过程的净效应是，我们跳的这个数学舞蹈最后告诉了我们反导数 $M(x)$，即便我们自己无法一下就想出 $M(x)$。这个重新缩写过程——虽然很难用符号描述——有效地帮助我们克服了自己的无知，让我们得以通过重新缩写解决了我们本来无法解决的问题。

6.3.4　汇总反锤子

我们打造了与原来的锤子相对应的 3 把反锤子，在这里用缩写形式总结一下。

相加反锤子

（Anti-Hammer for Addition，AHA）

假设我们被类似这样的东西难住了：$\int_a^b m(x)\,\mathrm{d}x$，

如果能构想出机器 f 和 g 使得 $m(x)=f(x)+g(x)$，我们就能将

问题分解为这样，可能会更简单：

$$\int_a^b (f(x)+g(x))\,\mathrm{d}x = \int_a^b f(x)\,\mathrm{d}x + \int_a^b g(x)\,\mathrm{d}x。$$

相乘反锤子

（Anti-Hammer for Multiplication，AHM）

假设我们被类似这样的东西难住了：

$$\int_a^b m(x)\,\mathrm{d}x，$$

如果能构想出机器 f 和 g 使得 $m(x)=f'(x)g(x)$，我们就能将

问题转换为这样，可能会更简单：

$$\int_a^b f'(x)g(x)\,\mathrm{d}x = \left[f(x)g(x)\right]_a^b - \int_a^b f(x)g'(x)\,\mathrm{d}x。$$

重新缩写反锤子

（Anti-Hammer for Reabbreviation，AHR）

假设我们被类似这样的东西难住了：

$$\int_a^b m(x)\mathrm{d}x,$$

如果能想出缩写 s，使得 $m(x)$ 能够被重写为更简单的形式 $\hat{m}(s)$，

我们就能将问题转换为这样，可能会更简单：

$$\int_{x=a}^{x=b} m(x)\mathrm{d}x = \int_{x=a}^{x=b} \hat{m}(s)\frac{\mathrm{d}x}{\mathrm{d}s}\mathrm{d}s。$$

6.3.5　另一把基本锤子

在这一章开始的时候，我们发现了基本锤子，还讨论了积分与求导的对立。然而，我们真正建立的其实是导数在积分**内部**时积分与求导的对立。积分与求导相对立的一般性思想很容易让人记起，但如果对立只能以给定的秩序出现——即求导在先，积分在后——就不那么优雅了。以更优雅的方式叙述的渴望驱使我们想知道求导与积分是不是也能以另一种方式对立。我们可能想先看一下能不能计算

$$\frac{\mathrm{d}}{\mathrm{d}x}\int_a^b m(x)\mathrm{d}x, \tag{6.24}$$

但这个表达式其实有误导性。因为 $\int_a^b m(x)\mathrm{d}x$ 中的 x 其实不是 $f(x)\equiv x^2$ 中的 x 那种意义上的"变量"。用专业术语来说，积分中的 x 是所谓的"约束变量"，并不能用数代入，只是一个占位符。它与下面的表达式中的 i 起到的作用是一样的

$$\sum_{i=1}^{3} i^2, \tag{6.25}$$

这其实就是 14 的一种奇特写法（因为 $1+4+9=14$），因此不能将 $i=17$ 之类的东西代入式（6.25）。我们可以将式（6.25）中的 i 换成其他字母，例如 j 或 k，这个式子仍然是 14 的一种奇特写法。出于同样的原因，

$\displaystyle\int_a^b m(x)\mathrm{d}x$ 也不依赖于 x，它与 $\displaystyle\int_a^b m(y)\mathrm{d}y$ 和 $\displaystyle\int_a^b m(\bigstar)\mathrm{d}\bigstar$ 没什么不同。

这样看来我们的问题似乎可以解决。因为 $\displaystyle\int_a^b m(\bigstar)\mathrm{d}\bigstar$ 就是一个数，与 x 无关，我们可以这样写

$$\frac{\mathrm{d}}{\mathrm{d}x}\int_a^b m(\bigstar)\mathrm{d}\bigstar=0, \tag{6.26}$$

嗯……这不会是基本锤子的另一种版本。如果导数总是从外面干掉积分，则两个概念就似乎根本不是对立的。不过这个结论下得太匆忙。我们真正需要的是换一种思考这个问题的方式。积分（相对于 x）的导数等于 0，因为积分不依赖于 x。如果稍微改变一下问题，也许会得到更有趣的东西。我们可以取相对于积分顶上的数的导数：

$$\frac{\mathrm{d}}{\mathrm{d}x}\int_a^x m(s)\mathrm{d}s,$$

这里我们用 s 代替 x 作为"约束变量"，避免两者都用 x 造成混淆。有两种方式可以解开这个古怪的表达式。首先，如果用 M 表示 m 的反导数，我们就可以直接应用我们已经发现的原版基本锤子得到

$$\frac{\mathrm{d}}{\mathrm{d}x}\int_a^x m(s)\mathrm{d}s=\frac{\mathrm{d}}{\mathrm{d}x}\big(M(x)-M(a)\big)$$

$$=\Big(\frac{\mathrm{d}}{\mathrm{d}x}M(x)\Big)-\underbrace{\Big(\frac{\mathrm{d}}{\mathrm{d}x}M(a)\Big)}_{\substack{\text{这就是 }0\text{，因为}\\ \text{它不依赖于 }x}}$$

$$=\Big(\frac{\mathrm{d}}{\mathrm{d}x}M(x)\Big)$$

$$=m(x)\,。$$

还有一种方法是利用导数的定义作一个巧妙的非正式论证：

$$\frac{\mathrm{d}}{\mathrm{d}x}\int_a^x m(s)\mathrm{d}s\equiv\frac{\displaystyle\int_a^{x+\mathrm{d}x} m(s)\mathrm{d}s-\int_a^x m(s)\mathrm{d}s}{\mathrm{d}x}$$

$$=\frac{\displaystyle\int_x^{x+\mathrm{d}x} m(s)\mathrm{d}s}{\mathrm{d}x}$$

$$=\frac{1}{\mathrm{d}x}\int_x^{x+\mathrm{d}x} m(s)\mathrm{d}s,$$

其中第一行到第二行的推导可以想象为将整个面积分成两部分，即［从 a 到 $(x+\mathrm{d}x)$ 的面积］减去［从 a 到 x 的面积］就是［从 x 到 $(x+\mathrm{d}x)$ 的面积］。然后我们似乎困住了，但只要我们还记得这一切的意义，就不难摆脱困境。$\int_{x}^{x+\mathrm{d}x} m(x)\mathrm{d}s$ 指的是无限接近的 x 和 $x+\mathrm{d}x$ 两点之间 m 的图形下的面积。因此这就是宽为 $\mathrm{d}x$ 高为 $m(x)$ 的矩形的面积，当然也就是 $m(x)\mathrm{d}x$。上面最后一行就是 $\dfrac{1}{\mathrm{d}x}$ 与它相乘，因此最后一行就等于 $m(x)$。写到一起就是

$$\frac{\mathrm{d}}{\mathrm{d}x}\int_{a}^{x} m(s)\mathrm{d}s = m(x)。$$

这样我们就得到了同前面一样的结果：积分与求导在两种情况下顺序调换。为了总结我们证明的成果，我们将两个版本的基本锤子放到一起，其中老版本用稍微不同的方式写出来，以揭示与新版的关联：

基本锤子版本 1：$\displaystyle\int_{a}^{b}\left(\frac{\mathrm{d}}{\mathrm{d}x}m(x)\right)\mathrm{d}x = m(b)-m(a)$；

基本锤子版本 2：$\displaystyle\frac{\mathrm{d}}{\mathrm{d}x}\int_{a}^{x} m(s)\mathrm{d}s = m(x)$。

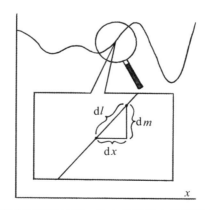

图 6.6　想办法计算弯曲东西的长度。放大的思想在前面很有用，这里也可以试一试。在某个点 x 处将某台机器 m 的图形无穷放大，弯曲看起来就变直了。然后用捷径公式计算微小长度段 $\mathrm{d}l$。然后把所有段都加到一起就可以了。是这样吗？

6.4　第二朵乌云

我们已经在两个不同的领域——先是陡峭度，然后是面积——征服了弯曲，但我们还不知道怎么计算弯曲东西的长度。现在可以回顾一下我们的整个旅程，看看过去是什么帮助了我们。

在处理陡峭度时，我们征服弯曲的方式是将弯曲的机器 m（在具体值保持未知的点 x 处）无穷放大，然后将其视为直线来计算其陡峭度。

在处理面积时，我们征服弯曲的方式是将每一点 x 处机器图形下的微小面积视为一个无穷薄的面积为 $m(x)\mathrm{d}x$ 的矩形。然后假想将所有微小的面积加到一起。一开始我们不知道该怎么做，但是我们给未知的答案取了个名字：$\int_a^b m(x)\mathrm{d}x$。在发现了基本锤子之后，我们发现 $\int$ 的新思想其实就是原来的导数思想反过来。

然后呢？我们已经有了很多无穷放大镜的经验，写出弯曲东西的长度表达式应该不会太困难。至于是不是要具体计算某个特例中的弯曲东西的长度则是另一回事，就像处理面积时一样。根据我们到目前为止的放大镜经验，我们从机器 m 开始，然后想象对其图形上的某个点无穷放大，对具体放大的点保持未知。然后同往常一样，关注与第一个点无穷接近的某个点。图 6.6 描绘了这种情形。

放大之后，这个问题就不那么熟悉了。我们得到了水平距离为 $\mathrm{d}x$ 的两个点，垂直距离记为 $\mathrm{d}m$。同以往一样，$\mathrm{d}m$ 就是 $m(x+\mathrm{d}x)-m(x)$ 的缩写，不过根据我们的目的，我们不用展开这个缩写。我们用 $\mathrm{d}l$ 作为两点之间实际距离的缩写——即沿着图形移动时体验到的距离。由于放大会将曲线变成无穷小的直线，我们可以利用捷径公式得到：

$$(\mathrm{d}l)^2 = (\mathrm{d}x)^2 + (\mathrm{d}m)^2,$$

或者等价地，$\mathrm{d}l = \sqrt{(\mathrm{d}x)^2 + (\mathrm{d}m)^2}$。将无穷小段 $\mathrm{d}l$ 全部加起来，得到的应当就是曲线的总长度。

曲线的"总长度"是什么意思呢？曲线可以无限延伸，这时答案应当为无穷大，但这并不是我们想问的问题。我们真正想知道的是在点 $x=a$ 和 $x=b$ 之间 m 的图形的长度。用符号总结这一段就是：

$$a \text{ 和 } b \text{ 之间的总长度} \equiv \int_a^b \mathrm{d}l = \int_a^b \sqrt{(\mathrm{d}x)^2 + (\mathrm{d}m)^2}。 \qquad (6.27)$$

好了……我们之前没有见过这样的东西。我们见过的涉及∫符号的表达式都是这个样子：

$$\int_a^b (\text{某台机器})\mathrm{d}x,$$

因此我们可以尝试让式（6.27）中的 $\sqrt{(\mathrm{d}x)^2+(\mathrm{d}m)^2}$ 像（某台机器）$\mathrm{d}x$。我们可以撒谎然后改正得到 $\sqrt{(\mathrm{d}x)^2+(\mathrm{d}m)^2}\dfrac{1}{\mathrm{d}x}\mathrm{d}x$。最右边的 $\mathrm{d}x$ 项就是我们需要的，但剩余的部分很丑。让我们将 $1/\mathrm{d}x$ 项移到剩下部分的里面。平方根符号很难联系到可行的操作，因此将平方根符号变成 $\dfrac{1}{2}$ 次幂。根据我们发明幂的方式，我们知道如果两项有相同的指数，就可以合到一起：

$$(\text{某个东西})^{\sharp}(\text{另一个东西})^{\sharp}=[(\text{某个东西})\cdot(\text{另一个东西})]^{\sharp},$$

$$(6.28)$$

因此如果我们想将 $\dfrac{1}{\mathrm{d}x}$ 移到让人迷惑的剩余部分的里面，可以再次采取撒谎然后改正的方法，将 $\dfrac{1}{\mathrm{d}x}$ 写成好笑的形式：

$$\frac{1}{\mathrm{d}x}=\left[\frac{1}{(\mathrm{d}x)^2}\right]^{\frac{1}{2}}。$$

$$(6.29)$$

这样做之后，我们就可以接着前面往下推。不要被这一大堆符号吓到了！这看起来好像是有一长串推导步骤，其实大部分都可以省略。我之所以给出详细步骤是因为我真的很喜欢这些推导，而且我希望每一步都尽可能容易理解。每一步真的都很简单。准备好了吗？开始吧：

$$\sqrt{(\mathrm{d}x)+(\mathrm{d}m)^2}=((\mathrm{d}x)^2+(\mathrm{d}m)^2)^{\frac{1}{2}}\left(\frac{1}{(\mathrm{d}x)^2}\right)^{\frac{1}{2}}\mathrm{d}x$$

$$=\left[((\mathrm{d}x)^2+(\mathrm{d}m)^2)\left(\frac{1}{(\mathrm{d}x)^2}\right)\right]^{\frac{1}{2}}\mathrm{d}x$$

$$=\left(\frac{(\mathrm{d}x)^2+(\mathrm{d}m)^2}{(\mathrm{d}x)^2}\right)^{\frac{1}{2}}\mathrm{d}x$$

$$=\left(\frac{(\mathrm{d}x)^2}{(\mathrm{d}x)^2}+\frac{(\mathrm{d}m)^2}{(\mathrm{d}x)^2}\right)^{\frac{1}{2}}\mathrm{d}x$$

$$= \left(1 + \frac{(\mathrm{d}m)^2}{(\mathrm{d}x)^2}\right)^{\frac{1}{2}} \mathrm{d}x$$

$$= \left(1 + \left(\frac{\mathrm{d}m}{\mathrm{d}x}\right)^2\right)^{\frac{1}{2}} \mathrm{d}x$$

$$\equiv \sqrt{1 + \left(\frac{\mathrm{d}m}{\mathrm{d}x}\right)^2}\, \mathrm{d}x \, 。 \tag{6.30}$$

然后是好玩的部分。我们可以通过这个洞察以更加清晰的方式写出式 (6.27)。将我们刚才推导出式(6.27)的等式都丢掉,我们发现任何曲线的总长度都可以写为:

$$a \text{ 和 } b \text{ 之间的总长度} = \int_a^b \sqrt{1 + \left(\frac{\mathrm{d}m}{\mathrm{d}x}\right)^2}\, \mathrm{d}x$$

$$\equiv \int_a^b \sqrt{1 + [m'(x)]^2}\, \mathrm{d}x \, 。 \tag{6.31}$$

漂亮!在这一章的开头部分,我们发现新的「思想其实就是原来的导数思想的反面,因此我们可以将两个思想合二为一。而刚才我们又有了计算曲线长度的新思想,将曲线放大,让它看起来像是直的,在微观层面上测量微小段的长度,然后将小段长度加总。令人惊讶地是,我们发现这个思想其实与「是一回事,同样是导数的反面。一切都井然有序,而且比我们所期望的更漂亮!式(6.31)是这一节的总结,虽然看起来复杂,其实它说的是:

问:嗨,我有一个弯曲的东西 $m(x)$。我该怎么计算它的长度?

答:我不知道,但这与 $\sqrt{1 + [m'(x)]^2}$ 下的面积是一样的。

问:这样更容易计算长度吗?

答:对某些 m 也许是这样。我不知道。别问我。

6.5 整合

1. 这一章我们给了弯曲东西下面积的一个缩写,$\int_a^b m(x)\mathrm{d}x$。这个缩写表现了我们将弯曲面积视为无限多个无穷薄矩形的面积之和(因此用了 S 形的「)的思想,但它没有告诉我们具体该如何计算弯曲的面积。

2. 最终,我们意识到如果将 $\int_a^b m(x)\mathrm{d}x$ 中的 m 视为另外某台机器 M

的导数，我们就能将弯曲的面积重新写为 $\int_a^b \dfrac{\mathrm{d}M}{\mathrm{d}x}\mathrm{d}x$，从而消掉 $\mathrm{d}x$。由于 $\mathrm{d}M$ 是我们对 $M(x+\mathrm{d}x)-M(x)$ 的缩写，我们知道 $\int_a^b \mathrm{d}M$ 就是从 $x=a$ 走到 $x=b$ 过程中高度变化的总和，也就是 $M(b)-M(a)$。因此

$$\int_a^b m(x)\mathrm{d}x = M(b)-M(a),$$

其中 M 是导数为 m 的任意机器（m 的"反导数"）。我们称这个为"微积分基本锤子"，因为它将我们原来的思想（导数）与新思想（积分）关联到了一起，证明了它们的相互对应。

3. 我们用几个无需微积分也能计算面积的简单例子检验了基本锤子。在这些例子中，基本锤子给出了我们所期望的答案，这让我们对自己的推导多了一点信心。

4. 我们发现任何给定的机器都有无穷多个反导数，但这并没有使得积分更难计算，也没有让基本锤子更难使用。因为，如果 M 是 m 的反导数，则 $M'(x)=m(x)$，因此所有机器 $M(x)+\sharp$ 都是 m 的反导数。

5. 我们发现在第 2 和第 3 章发明的所有导数锤子都有相对应的与积分有关的"反锤子"。然后我们发明了相加、相乘和重新缩写反锤子，其中每一个都有"消除"原来的同名锤子的作用。

6. 我们发现导数和积分还在另一种意义上相对应，这实质上提供了基本锤子的另一种写法，即

$$\frac{\mathrm{d}}{\mathrm{d}x}\int_a^x m(s)\mathrm{d}s = m(x)。$$

因此，我们的两个微积分概念可以视为相反，而且与我们施加它们的顺序无关。

7. 我们转而关注曲线长度的问题，发现也与积分有关。我们利用无穷放大和捷径公式发现机器 m 在点 $x=a$ 和 $x=b$ 之间的图形的长度为

$$\int_a^b \sqrt{1+\left(\frac{\mathrm{d}m}{\mathrm{d}x}\right)^2}\,\mathrm{d}x。$$

在将曲线长度问题化简为（同弯曲面积一样的）积分计算问题之后，我们没有再用大量特例来具体计算曲线长度。因为这些问题都转化成了积分语言，我们对这些问题发展出的任何技巧都是通用的。因此我们决定继续向新的领域前进。

插曲6：
干掉#

复仇

（作者正在忘我投入于什么，这时读者走进了插曲。房间里东西丢得到处
都是。作者在桌子旁来回踱步，琢磨着手中的几张稿纸。）

读者：这是什么？怎么啦？

　　　　　　（作者沉浸于自己的世界中。）

读者：嗨???

　　　　　　　（作者还忘我地思考着。）

读者：作者!!!

作者：(吓了一跳)哦，嗨。你来了。

读者：我们今天做什么？

作者：报仇。

读者：报什么仇？你在说什么？

作者：报复!

读者：报复？报复谁？我们遇到的所有人都很友善。

作者：我知道!

读者：你没问题吧？你最近有点不正常……

（数学走进房间。）

作者：你终于来了！

数学：怎么啦？有重要的事情？

作者：是的！

数学 & 读者：（几乎同时）我们要干什么？

（作者笑了。）

作者：我们要干掉♯。

读者：这一天终于来了！

数学：我还以为我们永远都不会考虑这个了！

作者：现在开始吧，我的伙伴。对时？

读者：对好了。

数学：我没有手表。虚空没有时间——

作者：戴好头盔了？

读者：戴好了。

数学：我还才来了半页不到——

作者：我们可能需要怀旧装置，因此它必须随时待命。首先最重要的事情。我们先要准备一个攻击计划，否则人家就会干掉我们。

数学：我也加入！

攻击计划

数学：怎么做？

作者：嗯，这是个开始，不过将这一节命名为"攻击计划"与制定攻击计划并不是一回事。哲学家称这个为"使用提及错误"。

数学：……

作者：好了。我们可以采取几种不同的策略，我们最好对它们心中有数。如果一种策略不成功，我们可以回过头来尝试另一种。我们知道

279

的与♯有关的任何语句都是可能的薄弱点，我们需要重点关注这些。♯喜欢在与圆有关的语句中出现，所以我们从这里着手。我们知道半径为 r 的圆的面积是

$$A(r) \equiv \sharp r^2 ,$$

因此♯正好就是半径为 1 的圆的面积。我们已经建造了一些武器来帮助我们计算弯曲东西的面积，所以这是一条可能的途径。

数学：什么？你们俩知道怎么计算∫事物了？

作者：是的，有时候可以。不一定能做到。

读者：哦，对了，你没来。

作者：不过这些都写下来了。你有空的时候可以回到第 6 章自己去看一下。不过现在我们先集中注意力。还有其他的攻击计划！

数学：好吧，♯在半径为 r 的圆的周长中也有出现：

$$L(r) \equiv 2\sharp r .$$

数学：r 是圆的直径的一半，因此♯刚好就是直径为 1 的圆的周长。

读者：在上一章的末尾我们发现了计算曲线长度的方法，因此这也是一条可能的途径。

数学：什么？

读者：哦，是的，这个你当时也不在。

数学：你们还发明了什么我不知道的？

读者：没有了，都在第 6 章。

数学：那好吧。我们目前已经发明了很多的微积分，比如那些锤子。

读者：还有反锤子。

作者：还有怀旧装置。

数学：对了，在第 5 章我们用怀旧装置计算了 e。这里也许也用得上。

读者：好主意。怎么用怀旧装置计算♯呢？

作者：在计算 e 的时候，我们有机器 $E(x) \equiv \mathrm{e}^x$，喂给它 1 的时候会吐出 e。怀旧装置告诉我们如何只用加和乘表述这台机器，就像这样：

$$\mathrm{e}^x = \sum_{n=0}^{\infty} \frac{x^n}{n!}, \quad \text{从而} \quad \mathrm{e} = \sum_{n=0}^{\infty} \frac{1}{n!} 。$$

这里我们也能这样做吗？

读者：我们需要想出一台机器，喂给它某个数的时候会吐出♯。

数学：很简单。$M(x) \equiv x$ 就可以，喂给它♯它就会吐出♯。

读者：我不认为这个行得通。

作者：是的……这个没错但没什么用。将怀旧装置应用于 x 又会给我们 x。$♯ = ♯$ 的确没错，但这个没有告诉我们♯是什么。

数学：那我们该怎么做？

作者：嗯，在 e^x 的例子中，我们拥有的不仅仅是一台喂进去**某个东西**会吐出来 e 的机器。我们拥有的是一台喂进去某个**简单的东西**(1)会吐出来 e 的机器。这样我们才能用我们已经知道的更简单的东西来描述 e。我们需要用尽可能简单的东西来描述♯。

数学：哦。我不知道该怎么做。

读者：我也不知道。

作者：我也不知道！不过不要气馁。看看这些我们用来解决问题的武器！（作者清了清嗓子。）我们有……

一大堆武器

（角色们环顾四周，的确散落着一大堆武器。有各种锤子，以及许多反锤子，无穷放大镜，怀旧装置，还有两个奇形怪状的东西，上面标着"撒谎"和"改正谎话"。角落里一块黑布盖着一个东西，旁边的牌子上写着"诱骗数学：过时了。"）

作者：看看这些东西！这个问题再也不可能打败我们了。

读者：你有把握？

作者：没有！不过来吧，让我们对它开火。我们需要什么？

数学：嗯，我们需要一台喂进去某个简单的东西能吐出♯的机器。

读者：我们已经有了类似的逆向机器。

作者：啥意思？

读者：是这样，还记得 V 和 H 不？课本上称为正弦和余弦？

作者：记得。

读者：记得我们把 $\frac{\sharp}{2}$ 喂给 V 它会吐出 1 吗？

作者：不记得了。

读者：你什么也不记得。但是这是你自己在第 4 章说的。我们用图形定义了 V，然后求出了

$$V\left(\frac{\sharp}{2}\right)=1,$$

这不就是类似 e 的情形反过来。

数学：解释一下？

读者：是这样，e^x 是喂给它某个简单的东西它会吐出来我们想要的数，V 是喂给它我们想要的数它会吐出来很简单的东西！我的意思是，如果我们能求出 $\frac{\sharp}{2}$，我们就也能求出 $\sharp$。

数学：噢！是的。因此，如果 V 有"反面"——大概是这个意思——它就能吃进去 1 吐出 $\frac{\sharp}{2}$，对吗？

作者：V 的反面是什么？

数学：我不知道。

作者：我也不知道。

读者：等一下，就算我们不是很了解 V 的反面又有什么关系呢？我们不能给它取个名字然后观察它有什么性质？

作者：当然，我想我们可以试一试。

数学：我们来取个名字！

作者：好的。

数学：我想将 V 的反面机器叫作……Λ。我们不知道 Λ 长什么样，但它应该满足这个：无论 x 是多少，都有

$$V(\Lambda(x))=x \quad \text{和} \quad \Lambda(V(x))=x,$$

也即是说无论 V 做什么，Λ 都反着来。

读者：是的！因此有

$$\Lambda(1)=\frac{\sharp}{2}, \quad 从而 \quad \sharp=2\Lambda(1)。$$

数学：也就是说只要我们能想办法计算出 $\Lambda(1)$，我们就成功了？

作者：我想是的。该怎么做呢？

读者：我们可以利用怀旧装置。

作者：不行，那行不通。我们不知道 Λ 的导数。我们需要知道**所有**阶导数才能应用怀旧装置。

数学：也许我们可以诱骗数学告诉我们它的导数是什么。

用重新缩写捶打

（作者和读者同时转向数学，都是一脸震惊的表情。）

读者：等等，我们最初认识的时候，我们这样说你气坏了。

作者：就是，怎么现在你不介意我们说"诱骗数学"了？

数学：哦，我说的这个是小写的数学，那不是说的我。我的名字是大写的。

读者：不都是一样的吗？

作者：不不不！数学是用"小写"说的。那是印刷的问题。与写大写时的表情完全不一样。

读者：等等……也就是说数学这个角色并不总是大声说话？

作者：什么？当然不是！你不会一直这样认为的吧？

读者：我不知道……我以为……

数学：够了，你们俩。听我说，我们也许可以这样诱骗数学：我们定义一台埋伏机器 $A(x)\equiv\Lambda(V(x))$。其实就是机器 $A(x)=x$，因此 $\dfrac{\mathrm{d}A}{\mathrm{d}x}=1$。现在我们可以利用重新缩写锤子，就像这样：

$$1=\frac{\mathrm{d}}{\mathrm{d}x}A(x)\equiv\frac{\mathrm{d}}{\mathrm{d}x}\Lambda(V(x))=\frac{\mathrm{d}V}{\mathrm{d}x}\frac{\mathrm{d}}{\mathrm{d}V}\Lambda(V(x))。 \tag{6.32}$$

作者：这有什么用？

读者：嗯，最右边有两项。其中一项我们知道，因为 $\dfrac{\mathrm{d}V}{\mathrm{d}x}=H(x)$。

数学：是的。这样我们就可以把刚才的重写，得到：

$$1 = H(x)\left(\frac{\mathrm{d}}{\mathrm{d}V}\Lambda(V(x))\right)。$$

作者：嗯，但 $\frac{\mathrm{d}}{\mathrm{d}V}\Lambda(V(x))$ 是什么？

读者：我不知道。

数学：行了，作者。记得不，我们总是可以改变缩写。如果我们把同样的东西写成这样说不定有用：

$$\frac{\mathrm{d}}{\mathrm{d}V(x)}\Lambda(V(x)) \qquad 或 \qquad \frac{\mathrm{d}}{\mathrm{d}V}\Lambda(V) \qquad 或 \qquad \frac{\mathrm{d}}{\mathrm{d}x}\Lambda(x)。$$

作者：不明白。

读者：哦！我明白了。既然我们总是可以改变缩写，这些就是一回事。

数学：是的！这就是我想说的。我们可以通过定义 $A(x) \equiv \Lambda(V(x))$ 然后以两种方式对 A 求导，诱骗数学告诉我们 Λ 的导数。一方面，$\frac{\mathrm{d}A}{\mathrm{d}x} = 1$。另一方面，我们可以像前面一样运用重新缩写锤子，我们发现了

$$1 = H(x)\left(\frac{\mathrm{d}}{\mathrm{d}V}\Lambda(V)\right), \tag{6.33}$$

因此我们可以将 $H(x)$ 移到另一边去，将 Λ 的导数提取出来，就像这样：

$$\frac{\mathrm{d}}{\mathrm{d}V}\Lambda(V) = \frac{1}{H(x)}。 \tag{6.34}$$

作者：抱歉打断一下，我还是不明白这有什么用。对没那么复杂的情形我能明白这种论证如何起作用。比如，如果你论证了

$$\frac{\mathrm{d}}{\mathrm{d}\bigstar}M(\bigstar) = \frac{1}{\bigstar}，\qquad 你就可以重新缩写为 \qquad \frac{\mathrm{d}}{\mathrm{d}x}M(x) = \frac{1}{x}，$$

但式(6.34)让人迷惑，我看不出它有什么用。我们想要 $\frac{\mathrm{d}}{\mathrm{d}x}\Lambda(x)$，并且知道如果用 V 替换 x 原来的式子还是一样的，因为我们可以想怎么缩写就怎么缩写，但如果你将 V 换成 x，右边的 $H(x)$ 怎么办？如果整个等式都是用 V 作为"自变量"，我就能明白你为什么能这样替换，但你里面已

经有了 x，而且……我不能明白是怎么回事。

数学：哦，好吧，那我们就用 V 表示 H。如果我们能做到，等式 (6.34) 就可以完全用 V 描述，这样我们就可以将所有的 V 重新缩写为诸 x，于是我们就能诱骗我告诉我们 Λ 的导数。

作者：好吧，我还是没有完全明白，但我想我知道你在做什么。捷径公式告诉我们 $V^2 + H^2 = 1$，我们可以将它重写为 $H = \sqrt{1 - V^2}$，这样等式 (6.34) 就变成

$$\frac{\mathrm{d}}{\mathrm{d}V}\Lambda(V) = \frac{1}{\sqrt{1 - V^2}}. \tag{6.35}$$

现在两边都只剩下 V 了，因此我们可以随心所欲地缩写，从而有下面的等式成立

$$\frac{\mathrm{d}}{\mathrm{d}x}\Lambda(x) = \frac{1}{\sqrt{1 - x^2}}. \tag{6.36}$$

作者：但是这个论证还是有点让人觉得奇怪。

读者：好吧，你总是说我们对这个论证没把握，那我们就来看看能不能用另一种方法得到相同的结果。我们可以试一试。

作者：也行……我想我们可以反过来进行同样的论证。

读者：怎么做？

作者：是这样，在前面的论证中我们用了语句 $\Lambda(V(x)) = x$ 来诱骗数学告诉我们 $\Lambda'(x)$。如果我们用 $V(\Lambda(x)) = x$，这一切会不会也是一样的呢？我的意思是说，如果我们这样做还是能得到一样的 $\Lambda'(x)$，我想我就不会那么担心了。你能等一分钟吗？

读者：一分钟？这本书我都忍到现在了，我应该是个极有耐心的人。你慢慢来。

作者：（叹了口气①）你太好了。好吧，我尽量快点。这次我们定义 $A(x) \equiv V(\Lambda(x))$，其实也就是 x，因为 Λ 和 V 相互抵消，因此 A 的导

---

① （读者对作者漫无边际的唠叨表现出来的耐心温暖了作者的心，作者也克服了 $\frac{1}{2}$（柏拉图式的＋未定的）爱的感觉，接着很快又因为公开暴露了之前这种感觉而感到深深的尴尬。作者想，无论怎样，在课本（或者诸如此类的书）中不应当说这些东西。我又离题了……）

285

数就是 1。现在用前面同样的论证：

$$1=\frac{\mathrm{d}}{\mathrm{d}x}A(x)\equiv\frac{\mathrm{d}}{\mathrm{d}x}V(\Lambda(x))=\frac{\mathrm{d}\Lambda(x)}{\mathrm{d}x}\frac{\mathrm{d}}{\mathrm{d}\Lambda(x)}V(\Lambda(x))\equiv\frac{\mathrm{d}\Lambda}{\mathrm{d}x}\frac{\mathrm{d}}{\mathrm{d}\Lambda}V(\Lambda),$$

(6.37)

第一个等号是因为 $A(x)=x$，第三个是用的重新缩写锤子，其他两个就是定义。现在最右边是 V 的导数，也就是 H。因此我们有

$$1=\left(\frac{\mathrm{d}A}{\mathrm{d}x}\right)H(\Lambda)。$$

这个 $H(\Lambda)$ 项看起来很奇怪，但它其实就是 $H($**某个东西**$)$，而 H 里面的任何东西总是可以看作一个角。因此我们可以用捷径公式得到 $H(\Lambda)^2+V(\Lambda)^2=1$。然后提取出 $H(\Lambda)$ 得到 $H(\Lambda)=\sqrt{1-V(\Lambda)^2}$，因此可得

$$1=\left(\frac{\mathrm{d}\Lambda}{\mathrm{d}x}\right)\left(\sqrt{1-V(\Lambda)^2}\right),\quad 从而\quad \frac{\mathrm{d}\Lambda}{\mathrm{d}x}=\frac{1}{\sqrt{1-V(\Lambda)^2}}。$$

等一下，这和我们上次得到的不一样。

数学：我不这么认为！我们没用 x 好让式子看起来不那么吓人，记得吗？就好像你用 Λ 代替 $\Lambda(x)$。

作者：哦，是的！因此 $V(\Lambda)$ 项其实是 $V(\Lambda(x))$，根据定义它就是 x。因此我们可以这样描述我们的发现：

$$\frac{\mathrm{d}\Lambda}{\mathrm{d}x}=\frac{1}{\sqrt{1-x^2}},$$

这与我们在等式(6.36)中得到的东西是一样的！

数学：现在相信了？

作者：比之前好了一点。

♯抵抗

作者：好吧，那现在呢？

数学：嗯，我们刚才确定了

$$\frac{\mathrm{d}\Lambda}{\mathrm{d}x}=\frac{1}{\sqrt{1-x^2}},$$

(6.38)

这么做是因为我们认识到 $2\Lambda(1)=♯$，因此如果我们想出了计算 $\Lambda(1)$ 的办法，我们就能计算 ♯！

作者：我们刚才做的这些怎么帮助我们计算 $\Lambda(1)$ 呢？

数学：哦……我不认为这个有帮助。

作者：哦噢……

数学：我们打算用怀旧装置，我们需要一台机器的**所有**阶导数才能用得上。而我们才找到一个。

作者：是的，真是让人痛苦。

读者：我们能利用基本锤子吗？

数学：哦，也许吧。你为什么这么想？

读者：是这样，基本锤子将机器与它们的导数关联起来，因此也许它能帮我们将刚才发现的 Λ 的导数的信息与 Λ 本身的信息关联起来。我不知道行不行。

作者：嘿，是的。根据基本锤子可以得到

$$\int_a^b \left(\frac{\mathrm{d}\Lambda}{\mathrm{d}x}\right)\mathrm{d}x=\Lambda(b)-\Lambda(a)$$

而我们想要的是 $\Lambda(1)$，因此如果令 $b=1$，然后应用等式(6.38)，我们就能得到

$$\int_a^1 \frac{1}{\sqrt{1-x^2}}\mathrm{d}x=\Lambda(1)-\Lambda(a), \tag{6.39}$$

喔，我们只想要 $\Lambda(1)$。要是可以把右边的 $\Lambda(a)$ 去掉就好了。

读者：有没有什么 a 能使得 $\Lambda(a)=0$？

数学：嗯，我们对 Λ 知道得不多——我们只是把它定义为能消除 V 作用的机器。我们知道 $V(0)=0$。而 Λ 能消除 V，因此 $\Lambda(0)=0$，对吗？

作者：好像是的。

读者：太好了！我们可以令等式(6.39)中的 $a=0$，得到

$$\int_0^1 \frac{1}{\sqrt{1-x^2}}\mathrm{d}x=\Lambda(1)-\Lambda(0)=\Lambda(1)。 \tag{6.40}$$

现在我们可以将这个与之前的 $♯=2\Lambda(1)$ 合并起来得到

$$♯=2\int_0^1 \frac{1}{\sqrt{1-x^2}}\mathrm{d}x。 \tag{6.41}$$

作者：漂亮！我们成功了？

数学：我想是的。

读者：不，还没有！我们还没有算出♯的具体数值！那样才算做完。

作者：好吧，怎么计算♯的具体数值呢？

读者：我们得计算等式(6.41)中的积分。怎么做？

作者：我不知道。

数学：我也不知道。

读者：你们在开玩笑……

回到黑板

读者：你们的意思是我们求♯到现在还是没有一点进展！？

作者：我不知道。我们算是有点进展。我们在攻击这个问题的过程中学会了很多……但我们还是卡住了。我们不知道怎么计算等式(6.41)中的积分。

读者：我们可以暴力破解。近似地。

作者：你的意思是将一大堆微小矩形的面积加起来？

读者：是的！

数学：那可不容易。我不想这么干。

读者：来吧！都已经拖了这么久了！

作者：好吧，如果你非要坚持。那我们就开始吧。

数学：祝你们愉快。我到一边去自己想一下这个问题。

（数学走到房间的另一边。）

作者：好吧，我们可以在 0 到 1 之间定一些点，比如

$$0, \ \frac{1}{n}, \ \frac{2}{n}, \ \frac{3}{n}, \ \cdots, \ \frac{n-1}{n}, \ 1$$

这些点可以表示为 $x_k \equiv \dfrac{k}{n}$，其中 n 是某个很大的数，k 则从 0 变到 n。

读者：好的，继续！

作者：嗯，相邻两点之间的距离都是一样的，即 $\Delta x_k = \dfrac{1}{n}$。

读者：是的。然后呢?

作者：然后我们就可以将等式(6.41)中的积分近似为

$$\int_0^1 \frac{1}{\sqrt{1-x^2}}\,\mathrm{d}x \approx \sum_{k=0}^{n} \frac{1}{\sqrt{1-x_k^2}}\Delta x_k = \sum_{k=0}^{n} \frac{1}{\sqrt{1-(k/n)^2}}\left(\frac{1}{n}\right).$$

喔，这看着有点吓人!

读者：继续!

作者：算了吧，没必要这么干。我们自己怎么算得出来?

读者：我们可以打电话给 Al 和傻子! 他们说过有任何数值问题都可以找他们。

作者：是的，但是让 Al 和傻子替我们做我们做不了的事情会让我有负罪感。在计算 e 的时候，我们发明了两个我们原则上**能够**计算的式子。我们只是不喜欢做算术。如果是那种情况，我不会介意喊 Al 和傻子来。

读者：那为什么这个不能算?

作者：这是很多项求和，但每一项都有一个平方根在里面。我们不知道怎么具体计算平方根。

读者：我们知道! 我们可以用怀旧装置!

作者：当然……我的意思是，我们可以计算任意**特定**的平方根到任意精度。但这是一大堆平方根之和。我们是可以用怀旧装置将所有平方根都展开，截取有限项，以任意精度求出总和，但这个求和太难看了。就算我们能算出正确答案，也很丑。这样我们也许能**求出**♯，但感觉不像是**干掉**了♯。

读者：那算了吧。

(读者离开作者向数学走去，数学正在房间的另一边忙着什么东西。)

读者：嗨，数学。有进展吗?

(数学继续忙着，头也不抬地跟读者说话。)

数学：我不知道。我在寻找喂进去简单的东西能吐出♯的其他机器。你和作者有进展吗?

读者：有一点。没什么用。我们得到了一个♯的表达式，但是用到了平方根，而且很丑，所以作者说他不觉得我们解决了这个问题。

数学：什么？为什么没有？

读者：因为我们无法自己计算答案。是可以算，但他有点挑剔。要做很多计算和近似。但我们已经很接近了！

数学：我能理解。很多计算和近似的确很丑。如果我们不喜欢，这一切又有什么意义呢？

读者：但如果我们这么挑剔，又怎么解决这个问题呢？我想除非答案确实很简单，否则你们俩不会觉得我们真的干掉了♯。我们到底该怎么做？

数学：我不知道。你刚才说作者的问题是什么？

读者：我想他其实就是不喜欢那些平方根。

数学：有意思……我想也许我知道该如何避开它们。

读者：等一下，真的吗？

数学：也许。那些平方根最初是从哪里来的？

读者：在我们重新缩写的时候。我们想全部用 V 表示。从 $H^2+V^2=1$ 中提取出 H 得到 $H=\sqrt{1-V^2}$。平方根就是这么来的。

数学：也就是说这是 V 的错。

读者：为什么这么说？

数学：那为什么我们最初要用 V 呢？

读者：因为我们想要喂进去简单东西能吐出♯的机器。我们知道 $V(♯/2)=1$，也就是说 $\Lambda(1)=♯/2$。因此如果我们知道怎么计算 $\Lambda(1)$，我们就能计算♯。为什么说这一定会涉及平方根呢？

数学：要算平方根是因为我们在只使用 V 本身来表示 V 的导数时需要它。V 的导数是 H，不是 V 本身，从而导致了丑陋的平方根。

读者：我不知道对这个还能做什么。

数学：我们想要一台喂进去简单东西会吐出来♯的机器，对吗？

读者：是的。

数学：我们又想避开讨厌的平方根，因此我们不想用 V 或 H 自身。

读者：是的。

数学：那好，我有一个疯狂的注意。还记得第 4 章作者曾抱怨过的"正切"之类的多余机器吗？

读者：有点印象。

数学：当时你们俩在一起，我在翻看书的前面。现在可能是唯一一次让它们中的一个真正起作用的机会。

读者：别让作者听到了。他会疯掉的。你想怎么做？

数学：是这样，作者在第 4 章曾提到机器"正切"。它被定义为 $T \equiv \dfrac{V}{H}$。刚才我翻看了第 4 章，我发现它的导数是 $T' = 1 + T^2$。它的导数用它自身表示的时候无需平方根，这似乎解决了我们之前遇到的困难。

读者：太好了，我们再试一下前面的论证。

挖出我们埋掉的东西

读者：好的，这样 $T(x) \equiv \dfrac{V(x)}{H(x)}$。如果我们喂给它 ♯/2，它会吐出……嗯……$\dfrac{1}{0}$。我不知道该怎么处理这个。$T$ 能吐出让人不那么迷惑的东西吗？

数学：嗯，如果我们喂给它 ♯/4，也就是一整圈的八分之一，这时 V 和 H 相等，因此 $T(♯/4) = 1$。这个很简单。

读者：好的。同前面一样，我们关心的不是 T。我们关心的是它的反面，因为我们想要喂进去简单东西能吐出来 ♯ 的机器。因此如果有机器 $\perp(x)$ 能抵消 T 的作用，就像这样：

$$\perp(T(x)) = x,$$

我们就有 $\perp(1) = ♯/4$，即 $♯ = 4\perp(1)$。

数学：（突然兴奋起来）这也许真能行……

读者：好吧，试一下我们对 Λ 的做法，也许这次会有收获。先定义 $A(x) \equiv \perp(T(x))$，其实就是 $A(x) = x$，因此它的导数是 $\dfrac{\mathrm{d}A}{\mathrm{d}x} = 1$。然后我们利用重新缩写锤子得到

$$1 = \frac{\mathrm{d}A}{\mathrm{d}x} \equiv \frac{\mathrm{d}}{\mathrm{d}x} \perp (T(x)) = \frac{\mathrm{d}T(x)}{\mathrm{d}x} \frac{\mathrm{d}}{\mathrm{d}T(x)} \perp (T(x)) \equiv \frac{\mathrm{d}T}{\mathrm{d}x} \frac{\mathrm{d}}{\mathrm{d}T} \perp (T) \, \text{。}$$

$$(6.42)$$

数学：现在我们可以利用第 4 章的

$$\frac{\mathrm{d}T}{\mathrm{d}x} = 1 + T^2$$

和等式(6.42)，得到 $(1 + T^2)\left(\frac{\mathrm{d}}{\mathrm{d}T} \perp (T)\right) = 1$，这个告诉我们

$$\frac{\mathrm{d}}{\mathrm{d}T} \perp (T) = \frac{1}{1 + T^2} \, \text{。}$$

读者：很好。全部都是用 T 表示，因此我们可以重新缩写，得到

$$\frac{\mathrm{d}}{\mathrm{d}x} \perp (x) = \frac{1}{1 + x^2} \, \text{。}$$

在前面对 V 的论证中，下一步我们做的什么？

（读者往回翻。）

是的，我们对导数应用了基本锤子。现在我们也可以对 $\perp$ 的导数应用基本锤子，得到

$$\int_a^b \left(\frac{\mathrm{d}\perp}{\mathrm{d}x}\right) \mathrm{d}x = \int_a^b \frac{1}{1 + x^2} \mathrm{d}x = \perp(b) - \perp(a) \, \text{。} \qquad (6.43)$$

数学：喔，我感觉很不错。我们想要 $\perp(1)$，因此令 $b = 1$。我们不想要另一项 $\perp(a)$，因此选择一个 a 让 $\perp(a) = 0$。

读者：好的，$T(0) = 0$，因此也有 $\perp(0) = 0$。这样等式(6.43)的最右边，$a = 0$ 和 $b = 1$ 时上面的积分就是 $\perp(1)$。

数学：太棒了。我们已经知道 $\sharp = 4 \cdot \perp(1)$，所以可以得到

$$\sharp = 4 \int_0^1 \frac{1}{1 + x^2} \mathrm{d}x \, \text{。} \qquad (6.44)$$

发动怀旧装置

数学：然后呢？

读者：我们知道怎么计算这个积分吗？

数学：我不知道。

读者：我也不知道。

数学：如果这样都不行，我可能不得不退出这本书。

读者：我也是。这太痛苦了。

（作者向读者和数学这边走了过来。）

作者：嗨，你们俩有没有进展？

读者：我们很接近了……但是又卡住了。

作者：你们做了什么？

数学：你自己去看。

（作者浏览了前面的对话。）

作者：（郁闷地）噢不……

（作者呆坐了一会。）

读者：（对数学说）哦噢，我想他是生气我们用了他在第 4 章抱怨过的机——

数学：是读者的主意！！！

作者：不不，不是这样的。只是……如果你们俩退出这本书……不管是谁退出……我想我都没法接受。我们一起经历了这么多……我没法一个人再重来一遍……

读者：哦。

数学：哦。

作者：请不要离开……当然，你们可以。如果你们想的话……你们可以这么做……我知道这很难。一次又一次太多血腥的细节，尤其是这一次。但，我的意思是说，唯一的办法就是对你们隐瞒一些东西。我不确信如果我这样做的话还能完成这本书。虽然工作量少一些，但却难得多。我不想对你们撒谎。所以，如果你们想走的话就走吧。但是在你们走之前……让我们一起完成这个……好吗？

读者：好吧。

数学：好吧。

293

$$\left(\frac{1}{2}(尴尬＋温暖)的沉默维持了一会儿。\right)$$

数学：我不确信如果我想走的话就能走……

作者：啊哈。不管怎样，你们俩刚才发现了一个不错的结果。

读者：那又怎么样？我们困住了！

作者：也许没有。在你们聊天的时候，我对有平方根的问题版本摆弄了一下怀旧装置。确实很丑，但还是给了我一些启发。你们来看看。你们俩刚才证明了

$$\sharp=4\int_0^1\frac{1}{1+x^2}\mathrm{d}x,\qquad(6.45)$$

现在能不能用怀旧装置展开$\frac{1}{1+x^2}$呢？

数学：那行不通。得求出它的所有阶导数才行。

读者：是的，但是零阶导数就是机器本身，对吗？

作者：是的！因此$M^{(0)}(0)\equiv M(0)=1$。

读者：而一阶导数是

$$M'(x)=\frac{\mathrm{d}}{\mathrm{d}x}(1+x^2)^{-1}=-1\cdot(1+x^2)^{-2}(2x),$$

因此$M'(0)=0$。

数学：二阶导数就是这个的导数：

$$M''(x)=(-1)(-2)(2x)(1+x^2)^{-3}+(-2)\cdot(1+x^2)^{-2},$$

因此$M''(0)=-2$。

作者：这个感觉很丑。我们能作弊吗？

读者：怎么作弊？

作者：是这样，$\frac{1}{1+x^2}$就是机器$m(s)\equiv\frac{1}{1+s}$代入x^2。

读者：然后呢？

作者：我们能不能就对$\frac{1}{1+s}$应用怀旧装置，然后再代入x^2？这似乎要简单得多。

读者：这能行吗？

作者：我不确定。好像可以。

读者：值得一试。

数学：等一下，我们又重来？

作者：不是，别担心。只是求稍有不同的机器的导数。看这里。
定义

$$m(s)\equiv\frac{1}{1+s},$$

零阶导数就是机器本身，因此 $m^{(0)}(0)\equiv m(0)=1$。

数学：m 的一阶导数是

$$m'(s)=-(1+s)^{-2}, \qquad 从而 \qquad m'(0)=-1。$$

读者：二阶导数是

$$m''(s)=(-1)(-2)(1+s)^{-3}, \qquad 从而 \quad m''(0)=2。$$

喔，这样简单多了！

作者：是吧？这样我们就能看出 n 阶导数是

$$m^{(n)}(s)=(-1)(-2)\cdots(-n)(1+s)^{-n-1},$$

从而

$$m^{(n)}(0)=(-1)(-2)\cdots(-n)。$$

嗯……那是什么？

数学：嗯，你得到的是 n 个负数相乘，对吧？

作者：是的。

数学：其实就是 n 个 (-1)。可以把它们都移到前面。剩下的就是
$n!$，对吧？也就是说，$m^{(n)}(0)=(-1)^n n!$。

读者：这样我们就能对 $m(s)$ 应用怀旧装置了，从而得到

$$m(s)=\sum_{n=0}^{\infty}\frac{m^{(n)}(0)}{n!}s^n$$

$$=\sum_{n=0}^{\infty}\frac{(-1)^n n!}{n!}s^n$$

$$=\sum_{n=0}^{\infty}(-1)^n s^n。$$

然后怎么办？

作者：这样，$M(x)=m(x^2)$，因此需要将 x^2 代进去：

$$M(x)=m(x^2)=\sum_{n=0}^{\infty}(-1)^n x^{2n},\qquad(6.46)$$

我们为什么要做这些?

数学:我们想给难住了读者和我的一个东西写出表达式。我们得到了

$$\#=4\int_0^1\frac{1}{1+x^2}\mathrm{d}x,\qquad(6.47)$$

但是现在我们以间接方式将怀旧装置应用于$\frac{1}{1+x^2}$,根据式(6.46)我们可以得到

$$\#=4\int_0^1\Big(\sum_{n=0}^{\infty}(-1)^n x^{2n}\Big)\mathrm{d}x。\qquad(6.48)$$

读者:这可能是我见过的最吓人的东西。

作者:是的,我不认为我们知道怎么处理这个。

数学:我们当然可以!

无穷次用反锤子打散

数学:这其实没那么吓人。我们可以这样写:

$$\#=4\int_0^1(1-x^2+x^4-x^6+\cdots)\mathrm{d}x。\qquad(6.49)$$

读者:哦,喔。这样好多了。

作者:我想现在我们可以用相加反锤子将积分解开。

读者:这对无穷求和也有用吗?

作者:我不知道,希望它对这个有效!没别的办法,试一试吧。如果我们可以将积分解开,我们就只需要考虑每一项的反导数。试试:

$$\#=4\cdot\Big[x-\frac{1}{3}x^3+\frac{1}{4}x^5-\frac{1}{7}x^7+\cdots\Big]_0^1,\qquad(6.50)$$

这就是如下式子的缩写:

$$\#=4\cdot\Big(1-\frac{1}{3}+\frac{1}{5}-\frac{1}{7}+\cdots\Big)。\qquad(6.51)$$

♯投降

读者：因此♯就是 4 乘以所有奇数的倒数的无穷正负和?

作者：我想是的。

数学：嘿，还有如果 n 是整数，$2n$ 就总是偶数，$2n+1$ 总是奇数，因此我们可以这样表述：

$$♯ = 4 \cdot \sum_{n=0}^{\infty} \frac{(-1)^n}{2n+1}。 \tag{6.52}$$

作者：太棒了——里面没有平方根之类的东西。我们只用算术就描述了♯! 原则上我们完全可以自己计算。

读者：我们能喊 Al 和傻子来了吗?

数学：当然。

(数学又借作者的电话拨了号码。)

数学：Al，听到了吗，你忙吗? ……很忙? ……你在忙什么? ……喔! 那太棒了。我很高兴你们俩终于……跟你说，我需要快点。时间很紧。我们知道你处理不了无穷任务，你能不能计算……

(数学对着电话描述了式(6.52)。)

到 N 等于 100,000?

作者：需要多久?

数学：他说大约是 3.141 60。

作者：喔! 真快。你能再麻烦他一下吗? 请他算前 100 万项。

数学：(过了一会)他说大约是 3.141 59。

读者：很好，小数点后前三位似乎已经稳定了，后两位变化也不大。

作者：还有，记得我们在第 4 章猜♯应当是在 3 附近吗? 我想我们猜对了。有了更多证据证明我们的这些论证可能在正确的轨道上。

数学：我不相信我们就做完了。

作者：我知道……这是迄今为止我们做过的最困难的事情。但是我

297

们成功了！我们干掉了♯。原来它只不过是

$$♯≈3.141\,59。$$

作者：看到教给我们圆的面积是 πr^2 时隐藏了多少东西吧，还有——

读者：嘿，我想起来了。你在第 4 章曾说过等我们知道怎么计算它了，我们就开始称它为 π。

作者：我说过吗？

（作者翻回到第 4 章。）

作者：好吧。你是对的。我好像是说过。

数学：π 到底是什么？

读者：哦，在课本上，π 是——

作者：算了吧。我们还是叫它♯。这是我们应得的。

读者：我也这么认为。

第 N 章
旧识新交

N.1　一座桥梁

N.1.1　坦诚相待

（作者和读者在不知名的地方的欧几里得小山上走着。）

作者：这可能是我最不喜欢的一章。

读者：我觉得你不应当跟我说这个。

作者：得了吧，真的吗？我们一起经历了这么多，我还需要对你隐瞒吗？

读者：不，我不是那个意思。我是说我们的教育告诉我们不应当在这样的地方……说这些。

作者：为什么？

读者：我不知道。职业素养？

作者：是的……我这方面做得不是很好……其实我应当那样做。不过说真的，为什么我不能告诉你这是我最不喜欢的一章？隐瞒的话不是会拉远距离吗？

读者：什么意思？

作者：比如，如果我不告诉你，然后这一章又不符合你的预期，你可能最后会说："一开始我认为这本书有 G 个单位的好……但是第 N 章有点[负面形容词]。现在我认为这本书只有 g 个单位的好了……其中 g 要小于 G。"

读者：你多虑了。再说，你也错了。我啥都没说，什么 G 啊 g 啊 N 的。这都是你替我说的。

作者：那就只能什么都不告诉你了……

（一段[未定义形容词]的沉默。）

读者：那你为什么最不喜欢这一章？

作者：它是一座桥梁。

读者：到哪的桥梁？

作者：某个更好的地方。某个我真正想展示给你的地方。

读者：我们多久能到？

作者：快了。在最后一章。我想称那一章为第 $\aleph$ 章。

读者：$\aleph$ 表示什么？

作者：没什么。它是希伯来字母阿列夫。用来表示无穷。

读者：我以为表示无穷的是 ∞。

作者：是的。但不一样。符号 ∞ 表示超越实数的非数值极限。它的用法不一样。通常就是表示一个无穷增长的序列。它描述的是行为，并不是描述一个数或通常的数学对象。当然，也有例外。一些人的用法不同。人们面对无穷时会心烦意乱。

读者：那 $\aleph$ 呢？

作者：更好的一种无穷。

读者：更好的？

作者：嗯，也不能这样说。这是审美偏好。不过这个符号是由不心烦意乱的人创造的。严肃对待了这个思想的人们。它用于无穷的形式理论。表示不同大小的无穷。他们称之为"超限数"。我们没有太多时间谈论它们……天哪，没时间了……说实话，称为第 ∞ 章可能更准确。但第 $\aleph$ 章感觉是对的。感觉更名副其实。

读者：我不是在苛责，但是……我需要知道这些吗？

作者：不需要。但是第 $\aleph$ 章是我们想去的地方。它是关于无穷维的微积分。它很漂亮。还没有哪本书表现出了它的简单。因此我想为你展示。

读者：那为什么还不去？

作者：我们需要先有这一章作为桥梁。我想这也并不赖。这一章的主题本身就很棒。只是我感觉自己的做法不是很公平。

读者：对什么不公平？

作者：这一章的主题。

读者：是什么？

作者：多变量微积分。

N.1.2 什么是多变量？

读者：什么是多变量？

作者：哦，没什么。这个词一般当形容词用，不作为名词。我只是觉得它会是一个有意思的节标题。

读者：那它到底是什么意思呢？我以前听说过"变量"这个词。

作者：在哪？

读者：就在这本书里。

作者：我可没说过这个词。

（读者把书往前面翻。）

读者：你说过！

作者：我说过？

（作者把书往前面翻。）

作者：嗯……我是说过。我的记性最近有点不好。麻烦再跟我说一下"变量"是什么。

读者：课本上给我们喂给机器的食物取的名字。

作者：哦，是的。这真是一个怪异的名字。

读者：他们也用这个词表示机器吐出来的东西。

作者：啊？为什么？

读者：我想是因为我们可以选择喂给机器不同的东西……也就是说我们喂给它的东西可以变化……所以叫作"变量"。

作者：哦，是的。我想起来了。然后机器吐出来的东西又取决于我们喂给它的东西，因此根据这个逻辑，它们吐出来的也是"变量"。

读者：是的。

作者：好吧。那什么是多变量呢？

读者：你刚才自己说它不是名词。不过，"多"表示"不止一个"，因此"多变量"可能表示"不止一个变量"。

作者：打住，我有一个问题。你刚才说他们用"变量"这个词表示我们喂进去的东西和机器吐出来的东西。

读者：是啊？

作者：那我们就有了不止一个变量了！那我们不是**已经**做了多变量微积分呢？

读者：嗯，我想我们已经做了。在不那么重要的意义上。但那只是对术语较真。我想我们要发明了它才会理解它。

作者：发明什么？

读者：多变量微积分。

作者：怎么发明？

读者：我不知道。不过虽然我们已经在做"多变量微积分"，以你刚才提到的较真的方式，"多"这个词也不仅仅就表示二……那干嘛停留在两个呢？

作者：你的意思是？

读者：我们能不能建造吃进去两个东西吐出来一个东西的机器？

作者：哦……或者也可以吃进去一个吐出来两个？

读者：是的！

作者：或者吃进去两个吐出来两个？

读者：或者吃进去 n 个吐出来 m 个？

作者：啊哈！或者吃进去无穷多个吐出来——

读者：不要冲昏了头脑。你自己说过这一章是桥梁。

作者：管他呢？试试再说！都放进去！

读者：但我们不知道该怎么试。

作者：怎么呢？

读者：我的意思是说，我知道怎么构造缩写之类的，但是……

作者：怎么？

读者：嗯，对吞进去两个吐出来一个的机器，我们可以像往常一样称它为机器 m，我们可以称喂进去的两个东西为 x 和 y，我们还可以称它吐出来的东西为 $m(x，y)$。如果一台机器吞进去 n 个东西吐出来一个东西，我们可以记为 $m(x，y，z)$…哦噢，字母不够用了。我的意思是，我们可以记为 $m(x_1，x_2，\cdots，x_n)$。

作者：其他的呢？

读者：比如吞进去一个吐出来两个东西的机器？

作者：是啊。

读者：嗯，我们可以用 m 表示机器，x 表示吞进去的东西，a 和 b 表示机器吐出来的东西。

作者：似乎还不错。不过等一下，我们原来对"机器吐出来的东西"的缩写提醒了我们输出可能取决于输入什么。不提醒的话我会忘记的。

读者：哦，好吧。我们可以用 m 表示机器，x 表示它吞进去的东西，用 $f(x)$ 和 $g(x)$ 表示机器吐出来的两个东西。

作者：很好！我有一个主意。记得你用 $m(x，y)$ 表示吞进去两个吐出来一个东西的机器？我们能不能将它看作吞进去**一个大东西然**后吐出来一个东西的机器？这样吞进去的还是一个东西，但不再是一个数了，它是两个数组成的列表：你写的那个古怪的 $(x，y)$。

读者：也行。我在写 $(x，y)$ 时没有把它当作单独的东西，但我想"列表"这个词听起来像是一个东西。所以，你要想这么认为也可以。噢！这样我们也可以对"一进二出"机器做同样的事情，将它记为 $m(x)\equiv(f(x)，g(x))$。

作者：然后我们就可以对这些做微积分了！

读者：但是我们还不知道怎么对它们做微积分。缩写没问题，但是……

作者：管他呢！试试再说！

N.1.3　当我们不知道该怎么做的时候怎么办？

读者：如果对新的东西我们不知道该怎么做，我们又怎么做新的东西呢？

作者：我很肯定我不知道如何回答。

读者：为什么不知道？

作者：根据定义就是这样。

读者：那我们该怎么办？

作者：只有一个选择。

读者：是什么？

作者：别做新的东西。

读者：这似乎不是一个很聪明的想法。

作者：是不聪明！但可以试一试！

读者：怎么试？

作者：嗯，我们最初是怎么发明"导数"的？

读者：我们将第 1 章的斜率思想应用无限接近的两个点。

作者：怎么做到的？

读者：嗯，我们有机器 m，喂给它某个食物 x，它吐出 $m(x)$。然后我们让食物有细微的变化 $\mathrm{d}x$，从 x 变为 $x+\mathrm{d}x$。我们把这个新的食物喂给机器，它吐出 $m(x+\mathrm{d}x)$。然后我们观察机器在之前和之后的表现差异，得到

$$\mathrm{d}(输出)\equiv 输出_{之后}-输出_{之前},$$

或者换一种方式记为

$$\mathrm{d}m\equiv m(x+\mathrm{d}x)-m(x)。$$

作者：对了，那导数就是

$$\frac{\mathrm{d}m}{\mathrm{d}x}\equiv\frac{m(x+\mathrm{d}x)-m(x)}{\mathrm{d}x}\equiv\frac{输出的微小变化}{输入的微小变化},$$

我们就照这个来处理我们的新机器！

读者：行吗？

作者：怎么不行？我们先试试我们刚刚缩写的那些机器。

读者：先从哪个开始？

作者：我不知道，随你选。

读者：试一下 $m(x) \equiv (f(x), g(x))$ 吧。如果行不通呢？

作者：别担心！我们先写出来再看行不行得通。如果行不通，我们再试别的。

读者：嗯……好吧。这样，我们定义 $m(x) \equiv (f(x), g(x))$。然后如果用单变量情形同样的定义，我们可以写成

$$\mathrm{d}m \equiv m(x+\mathrm{d}x) - m(x) \equiv (f(x+\mathrm{d}x), g(x+\mathrm{d}x)) - (f(x), g(x)).$$

读者：我搞不清了。我们不知道如何将两个列表相加或相减。怎么办？

作者：就做你能想到的最简单的事情。

读者：我能想到的最简单的事情是什么？

作者：我不知道。你自己想。

读者：好吧，我们不知道怎么将列表相加，但我们知道如何将数相加，因此如果要将两个列表相加，我们就一格一格地加，就像这样：

$$(a, b) + (A, B) \equiv (a+A, b+B).$$

相减也是同样的处理。我想如果我们这样做，相加的新想法其实就是原来的想法。我们怎么才能知道这个能不能成呢？

作者：你就说，"成了！"

读者：成……了。

作者：哪，有底气一点，就好像你在捕鱼游戏里逮住了蝙蝠侠。

读者：**成了！！！**

作者：这样就对了！

读者：这不可能成啊。

作者：当然能！列表相加并不是什么"这个世界已经存在的"我们随便说会说错的东西。它是我们自己定义的，好让我们的生活更轻松。就像我们在插曲 2 中发明的幂一样。

读者：好吧。那我们接着来。刚才我们定义了列表的加和减，可以这样写

$$\mathrm{d}m = (f(x+\mathrm{d}x) - f(x),\ g(x+\mathrm{d}x) - g(x)),$$

因此"导数"就是

$$\frac{\mathrm{d}m}{\mathrm{d}x} = \frac{(f(x+\mathrm{d}x) - f(x),\ g(x+\mathrm{d}x) - 9(x))}{\mathrm{d}x}。$$

读者：我又搞不清了。

作者：怎么呢？

读者：你看，我知道 $\mathrm{d}x$ 是一个很小的数，被**某个东西**除就是乘以 1/**某个东西**，因此我猜可以这样写

$$\frac{\mathrm{d}m}{\mathrm{d}x} = \frac{1}{\mathrm{d}x}(f(x+\mathrm{d}x) - f(x),\ g(x+\mathrm{d}x) - g(x)),$$

但这样我们还是不清楚。我们不知道怎么用列表乘一个数。

作者：能不能就同刚才一样？

读者：好吧。我不知道怎么用列表乘一个数，但我知道怎么让数和数相乘，因此我想我们可以就把"数乘列表"定义为一格一格相乘，就像这样：

$$c \cdot (x,\ y) \equiv (cx,\ cy)。$$

如果这样定义，我们就又可以继续了，我们可以这样写

$$\frac{\mathrm{d}m}{\mathrm{d}x} \equiv \left(\frac{f(x+\mathrm{d}x) - f(x)}{\mathrm{d}x},\ \frac{g(x+\mathrm{d}x) - g(x)}{\mathrm{d}x}\right) = \left(\frac{\mathrm{d}f}{\mathrm{d}x},\ \frac{\mathrm{d}g}{\mathrm{d}x}\right),$$

因此我猜这些怪异新机器的导数就是原来每一格的导数。

作者：这没有我想的那么难。我们把这个写在方框里庆祝一下！

我们刚才发明的

如果 m 是吞进去一个东西吐出来两个东西的机器，则

$$m(z) \equiv (f(x),\ g(x))。$$

如果我们用最笨的方法定义两个列表的和，就像这样：

$$(a,\ b) + (A,\ B) \equiv (a+A,\ b+B),$$

如果我们用最笨的方法定义"数乘列表"，就像这样：

$$c \cdot (x, \ y) \equiv (cx, \ cy),$$

则我们的新机器的导数是

$$\frac{\mathrm{d}}{\mathrm{d}x} m(x) \equiv \frac{\mathrm{d}}{\mathrm{d}x} (f(x), \ g(x)) = \left(\frac{\mathrm{d}}{\mathrm{d}x} f(x), \ \frac{\mathrm{d}}{\mathrm{d}x} g(x) \right),$$

或者换一种方式表述

$$m'(x) \equiv (f(x), \ g(x))' = (f'(x), \ g'(x)),$$

因此对于这种情形，新的"多变量微积分"思想并没有什么新的。只不过是对每一个应用我们原来熟悉的微积分。

读者：你知道吗，你老是说这些新东西并不新，但我还是感觉不是很习惯。就是感觉太……新了。

作者：不新。

读者：是的，我知道，我们能不能举几个例子呢？

作者：当然。我们来求机器 $m(x) \equiv (2x, \ x^3)$ 的导数怎么样？

读者：好吧。嗯，根据我们刚才做的这些，我想导数应该是 $m'(x) = (2, \ 3x^2)$。

读者：对不对？

作者：我怎么知道？你说得就好像是别的什么人已经发明了这个东西。好像它已经在哪个角落里一本盖满灰尘的书里面很久了。根据我们定义的列表加列表和列表乘数，我们刚才做的**必须**成立。你告诉我对不对。

读者：哦，我想是的。

作者：那就好！我们再举一个例子。设我们定义了一个新机器 m 为：

$$m(x) \equiv (x^2 + 7x, \ e^{2x} + H(x)),$$

怎么对它求导呢？

读者：嗯，根据我们刚才做的这些，列表的导数其实就是导数的列表，因此我想导数应该是

$$m'(x) = (2x + 7, \ 2e^{2x} - V(x)),$$

这里我应用了重新缩写锤子来对 e^{2x} 求导。另外我还回顾了前面，想起我们在第 4 章后面证明了 $\mathrm{d}H' = -V$。

作者：好的！让我们进入下一节——

读者：等一下。微积分不仅仅只有导数，对吗？我的意思是，"微积分"包含了我们能用无穷放大镜做的所有古怪的事情。先是导数，后来我们又产生了"积分"的思想，记得吗？

作者：哦，是的。但那其实就是相加，对吗？

读者：算是吧。我的意思是说，符号 $\int_a^b m(x)\mathrm{d}x$ 是我们对 $x=a$ 和 $x=b$ 之间曲线 m 下面的面积的缩写。而这个缩写是来自将其视为一大堆无限薄矩形的加总。因此 $\int$ 有某种相加的意思在里面，但它并不完全**感觉像相加**。

作者：那又怎样？感觉是靠不住的。我会感觉到各种不正确的东西。它仍然还是加。

读者：那我们怎么对这些新机器积分呢？

作者：我不知道。试一下。

读者：好吧，假设我们想弄明白 $\int_a^b (f(x)，g(x))\mathrm{d}x$ 这样的东西。$\mathrm{d}x$ 就是无穷小的数，因此我想，根据我们对数乘列表的定义，我们可以将它写为 $\int_a^b (f(x)\mathrm{d}x，g(x)\mathrm{d}x)$。

作者：而根据我们对列表相加的定义，＋好可以放进去，因此我猜把 $\int$ 放进去应该也可以，毕竟它也是相加。就像这样：

$$\int_a^b (f(x)，g(x))\mathrm{d}x \equiv \left(\int_a^b f(x)\mathrm{d}x，\int_a^b g(x)\mathrm{d}x\right)。$$

读者：那列表的积分其实就是两者积分的列表？

作者：我想是的！

读者：我们怎么才能知道对不对呢？

作者：同上次一样。我们不是在做数学。我们是在做，但不是那样做。你可以把这个论证当作"前数学"，如果这能让你更舒服的话。当我们在发明东西的时候，逻辑是反过来的。当我们在发明新思想的时候，我们会采用原来的思想，直到我们被困住。然后我们就会引入一些新的假设来让我们脱困。诀窍在于用尽可能少的假设来脱困。这样，我们最终发明的数学就会很"优雅"。而这并不是那种我们会对或错的论证。

读者：我还是很不习惯这样。能举些例子吗？

作者：当然！我们就把前面的例子反过来。比如我们得到了机器 $m(x) \equiv (2, 3x^2)$，$m(x)$ 从 $x=0$ 到 $x=7$ 的积分是多少呢？

读者：嗯，用我们刚才的发明，在应用基本锤子的地方标记 $\overset{FH}{=\!=\!=}$，我想我们可以这样写：

$$
\begin{aligned}
\int_0^7 m(x)\,\mathrm{d}x &\equiv \int_0^7 (2, 3x^2)\,\mathrm{d}x \\
&= \left(\int_0^7 2\,\mathrm{d}x, \int_0^7 3x^2\,\mathrm{d}x \right) \\
&\overset{FH}{=\!=\!=} \left([2x]_0^7, [x^3]_0^7 \right) \\
&= (2 \cdot 7 - 2 \cdot 0, 7^3 - 0^3) \\
&= (14, 7^3) 。
\end{aligned}
\tag{N.1}
$$

读者：能提醒我一下 7^3 是什么吗？

作者：一个数。

读者：什么数？

作者：管他呢？就写作 7^3 吧。算术让人犯困。让我们关注思想。你刚才在求导数时是怎么想的？

读者：让我看看。我想我就是用的基本锤子和"列表的积分是积分的列表"这个事实。其他步骤就是重新缩写和算术。是这样吗？

作者：肯定是的！这些新思想并不新！

读者：是的是的，但那是很简单的例子。如果我们想不出某个格子的反导数怎么办？

作者：嗯，在常规微积分中如果我们想不出反导数是怎么做的？

读者：（翻回到第 6 章）我们可以用那三把反锤子中的一把重新表述问题。多变量微积分遇到困难时也能这样吗？

作者：当然。

读者：我们怎么知道它们还有效呢……哦，对了，这就是每个格子里的常规微积分。它们一定行。但如果试过了还是不行呢？接下来怎么办？

作者：还是同以前一样：放弃！对常规微积分我们永远也做不到能解决任何可以想到的问题。我们不是无所不知，永远也做不到。我们只能根据定义解决我们能解决的问题。如果用我们发明的工具无法解决问题，我们就没什么办法了，除非用头去撞，或者将它扫到地毯下面，等我们想的时候再回来。

N.1.4 等等……当真？

读者：等等……当真？这些新东西其实不是新的？

作者：嗯，那取决于"是"这个词的意义。我们**迫使**这个新东西不是新的，因为这样生活最轻松。真正的新东西一定有什么是新的，根据定义就是这样，而我们定义新东西时没有用什么新的，至少这次没有。

读者：我迷糊了。

作者：别。这里没什么迷糊的。

读者：好吧……那现在怎么办？

作者：我不知道。这取决于我们。我很喜欢"多变量微积分"的思想，我们就再在这里玩一下。

读者：好吧，我们还有什么没做的？

作者：（往回翻了一下）我们还没有研究吞进去两个东西吐出来一个东西的机器。

读者：是的。假设我们得到了一台机器吞进去 x 和 y，吐出来 $m(x, y)$。然后，嗯……我们怎么做？

作者：我不知道。对单变量微积分我们是怎么做的？

读者：我们将喂给机器的食物做了小小的改变，将它从**食物**变成了**食物**＋d(**食物**)。

作者：嗯……这次我们有两个格子。**食物**是什么？喔！我有个主意……

（作者开始写着什么。）

读者：我想我们可以每次处理一个格子。这样我们就会有两个不同的导数。

作者：嗯？对不起，我没在听。我想我们可以将整个列表作为**食物**，然后记为 $v \equiv (x，y)$。这样**食物**的微小变化就是"微小列表"之类的，管他什么意思，我们可以缩写为 $dv \equiv (dx，dy)$。你刚才说什么？

读者：我是说我们可以每次选一个格子处理，这样我们就可以通过两个不同的路径"求导"，每次一个格子。

作者：噢！我更喜欢这个思想。别管我刚才说的——先试试你的。你说的两个不同的导数是什么意思？

读者：是这样，到现在我们处理新东西都不是做什么新的，而就是做原来的东西。因此这样怎么样：我们得到了机器 m，吞进去 x 和 y 吐出来 $m(x，y)$。首先，我想我们可以就把 x 作为**食物**，把 y 放到一边。我们让**食物**产生微小的变化，从 x 变成 $x+dx$。然后，同以往一样，我们比较机器在之前和之后的输出，也就是研究 d（输出）$\equiv$ 输出$_{之后}$ — 输出$_{之前}$，或者等同的

$$dm \equiv m(x+dx，y) - m(x，y)。$$

作者：等一下，你的意思是然后对 y 也做同样的处理，对吗？

读者：是的，怎么呢？

作者：我有点迷糊了，x 换成 y 之后用什么缩写呢？

读者：我想我们可以写成 $dm \equiv m(x，y+dy) - m(x，y)$……噢，我明白问题在哪了。两个缩写我都是用的 dm。而根据我对它们的定义，它们其实是两个不同的东西。换一个缩写怎么样？写成这样：

$$d_x m \equiv m(x+dx，y) - m(x，y)，$$
$$d_y m \equiv m(x，y+dy) - m(x，y)。$$

作者：哦，好吧。这样清楚多了。

读者：然后我想我们可以定义 m 相对于 x 的导数为用 $d_x m$ 除以 dx 得到的东西，就像这样

$$\frac{d_x m}{dx} \equiv \frac{m(x+dx，y) - m(x，y)}{dx}， \tag{N.2}$$

然后我们可以定义 m 相对于 y 的导数为

$$\frac{d_y m}{dy} \equiv \frac{m(x,\ y+dy)-m(x,\ y)}{dy}。\tag{N. 3}$$

作者：另外两种可能呢，$d_y m/dx$ 和 $d_x m/dy$？

读者：嗯，我不知道。我看不出这有什么意义。

作者：是吗？

（读者回顾了一下这一切是怎么定义的，想了一会。）

作者：哦！我明白了。你是对的。我们改变 x 的时候没有改变 y，就好比我们往东走没有往北走。如果要将导数解释为常规的某种陡峭度，则我刚才写的这些东西就没有什么意义。这就好比用喜马拉雅山的“爬升”去除阿巴拉契亚山道上的“平移”。我想我们想写的话可以写 $d_x m/dy$ 这样的东西，但它并没有谈论什么有价值的东西，所以我们可以无视它。

读者：就这么办！然后呢？

作者：我不知道。我想我们已经做完了。

读者：做完了？

作者：我想是的。你用式(N. 2)和(N. 3)给出的定义告诉了我们如何求这些导数。而且还有！这个“新”思想也没什么新的！我的意思是说，“双变量机器”$m(x,\ y)$相对于 x 的导数就是我们假装 y 为 7 或 52 这样的常数时得到的东西，然后做原来的常规微积分！相对于 y 的导数也是同样的。

读者：等一下，为什么这么说？

作者：这就是你在式(N. 2)和(N. 3)中说的。我只是按你的说法。

读者：是的！这是不是意味着我们也可以对这些机器应用原来的导数锤子？我的意思是说，前面我们对“一进二出”机器应用了它们。但现在有两个不同类型的导数。我们还能以相同的方式用我们的锤子吗？怎么知道它们有没有效？

作者：它们必须有效！这些新思想就是原来的！

读者：好的，我知道这些新东西不新，但还是觉得新。

作者：不仅你觉得。对缩写稍作改变会让我们都很迷惑，也可能更清楚。人类思维就是这样可笑。我们做一些新的例子来让我们习惯这些旧思想吧。假设 $m(x, y) \equiv x^2 y + 7y^2 - 12xy + 9$。它的 x 导数是什么呢？

读者：我想

$$\frac{\mathrm{d}_x m}{\mathrm{d}x} \equiv \frac{\mathrm{d}_x}{\mathrm{d}x}(x^2 y + 7y^2 - 12xy + 9)$$
$$= 2xy + 0 - 12y + 0$$
$$= 2xy - 12y,$$

对吗？

作者：什么意思？

读者：什么什么意思？

作者：比如我们做常规微积分，你想对 $x^2 \sharp + 7 \sharp^2 2 - 12 \sharp + 9$ 求导。你会担心答案对不对吗？

读者：不会。我对常规微积分更熟一些。或者，我的意思是，单变量微积分。

作者：那就是我们现在做的，记得吗？我们不用担心是不是在"做对的事情"，除非我们对单变量微积分没把握，因为这里没有别的。

读者：我的意思是，我**知道**这个。你已经说得我烦了——但我还是感觉到这个东西是新的。

作者：那再试一个例子。定义这些偏导数后我一直有点好奇。在第 2 章末尾，记得当时我们说导数能告诉我们哪里最高哪里最低吗？

读者：好像记得。也好像没有。不好说。

作者：不记得的话你回去翻一下。基本思想是机器的图形的最高点应该也是斜率为 0 的点。最低点也是一样。也有一些例外，不过先别管。就算我们画不出给定机器的图形，我们通常也还是可以找到最高或最低点。或者至少排除无穷多种可能，将范围缩小到有限多个数。

读者：这里我们能做到吗？

作者：这正是我想知道的。也许我们可以令两个偏导数都为 0 来找到最大和最小点。

读者：来试一下。怎么着手？

作者：我们先用我们知道最小值的简单例子试一下。比如 $m(x，y)\equiv x^2+y^2$。当 x 和 y 都为 0 时，m 吐出 0，但平方项总是正的，因此它能吐出来的最小的数应该就是 $m(0，0)=0$。

读者：哦，我想我明白了。根据我们对偏导数的定义，可以得到

$$\frac{\mathrm{d}_x m}{\mathrm{d}x}=2x \qquad 和 \qquad \frac{\mathrm{d}_y m}{\mathrm{d}y}=2y。$$

如果我们令两者都等于 0，

$$\frac{\mathrm{d}_x m}{\mathrm{d}x}=2x \overset{须}{=}0 \qquad 和 \qquad \frac{\mathrm{d}_y m}{\mathrm{d}y}=2y \overset{须}{=}0。$$

这也就是说 $x=0$ 和 $y=0$。嘿，成了！

作者：很好！对更复杂的情形行不行呢？

读者：我不知道。我们来试试 $m(x，y)\equiv(x-3)^2+(y+2)^2$。同前面一样，这次是 $x=3$ 和 $y=-2$ 时吐出 0。其他地方都大一些。我们再看会发生什么，将机器展开看数学能不能告诉我们最小值在哪里。

$$m(x，y)\equiv x^2+y^2-6x+4y+13，\qquad\qquad (\text{N.4})$$

这还是同样的机器，只是将一切都乘开了，但这样写不容易看出来最小值在 $x=3$ 和 $y=-2$。

作者：等一下，为什么你要展开？仅仅是因为这样最小值不那么明显？

读者：因为只有当我们没有它就做不出来时做这些才有意义。我的意思是说，只有在我们从机器的表达式**无法**明显看出最大和最小的位置在哪里时，寻找这些位置的方法才是有价值的。而如果"令两个偏导数都等于 0"技术真的有用，将它应用于我刚才在式(N.4)中写出的更让人迷惑的表达式时，它就应当能吐出 $x=3$ 和 $y=-2$。

作者：太对了！我们试一下！

读者：好的，取式(N.4)的两个偏导数，然后令它们等于 0，得到

$$\frac{\mathrm{d}_x m}{\mathrm{d}x}=2x-6 \overset{须}{=}0 \qquad 和 \qquad \frac{\mathrm{d}_y m}{\mathrm{d}y}=2y+4 \overset{须}{=}0。$$

嘿！第一个等式只有在 $x=3$ 时才成立，第二个只有在 $y=-2$ 时才成立。成了！

作者：太棒了！现在你对这个更习惯了不？

读者：好点了，不过还是感觉很新。

作者：不新。

读者：我知道。我们能再举一个例子吗？

作者：当然。什么样的？

读者：这次用积分怎么样？比如

$$\int_{x=1}^{x=3} (x^2 y^{72} + y e^x + 5)\,\mathrm{d}x,$$

如果将 y 视为固定的数，比如 7，那它的性质就应当同 7 一样。因此积分内部的这个东西的反导数就是 $M(x) \equiv \frac{1}{3} x^3 y^{72} + y e^x + 5x$。现在我想我们可以应用基本锤子了。

$$\int_{x=1}^{x=3} (x^2 y^{72} + y e^x + 5)\,\mathrm{d}x = M(3) - M(1)$$

$$\equiv \left[\frac{1}{3} 3^3 y^{72} + y e^3 + 5 \cdot 3 \right] - \left[\frac{1}{3} 1^3 y^{72} + y e^1 + 5 \cdot 3 \right].$$

作者：很好！成功了！

读者：不不不。我知道化简是人为构造的，但我还是想稍微整理一下。我的意思是，这里居然还有 1^3。上面的东西就是……

$$(\text{上面的东西}) = \left[9 y^{72} + y e^3 + 15 \right] - \left[\frac{1}{3} y^{72} + y e + 5 \right]$$

$$= \left(9 - \frac{1}{3} \right) y^{72} + (e^3 - e) y + 10.$$

然后我们可以找一个公分母——

作者：啥？！他们在学校教了你什么？我们**已经做完了**。

读者：好吧。毕竟是在学校里呆了多年，很容易强迫性地觉得应该"化简"。

作者：冲动没问题，只要那是你**自己**的冲动。我就很冲动！但不要把你自己的时间用于满足别人的冲动。否则，化简只会让事情更复杂。

读者：好吧，我想我们做完了。等一下，真做完了吗？积分里面还是有 y。

作者：是的，有点奇怪。

读者：等一下——我想没问题。我们刚才计算了 $x=1$ 和 $x=3$ 之间机器 $m(x) \equiv x^2 y^{72} + y e^x + 5$ 下面的面积。但我们让具体的数 y 保持未知，因此我们一次性做了无穷多个积分。我的意思是，每一个不同的 y 都会给我们一个不同的"单变量微积分"。例如，当 $y=1$ 时，刚才的结果就告诉我们

$$\int_{x=1}^{x=3} (x^2 + e^x + 5)\,\mathrm{d}x = \left(9 - \frac{1}{3}\right) + (e^3 - e) + 10。 \tag{N.5}$$

而当 $y=0$ 时，我们刚才得到的就是

$$\int_{x=1}^{x=3} 5\,\mathrm{d}x = 10。 \tag{N.6}$$

我们没有限定过 y 是多少，因此在答案中展示一般性并不赖。我们就让 y 保持未知，这样我们就可以说"我们做了无穷多个积分"这样让人印象深刻的话。因为我们得到的其实是无穷多条语句：每个 y 对应一条。一些语句看起来有点吓人，比如式（N.5），一些则看起来更简单，比如式（N.6），它其实就是说高为 5 宽为 $3-1=2$ 的矩形面积为 10。对我们来说，$y=0$ 对应的语句比 $y=1$ 对应的语句感觉更简单，但数学不关心这个。两者都是相同计算的结果。嘿，我想起来了。数学呢？

作者：我想还在寻找新家。我感觉上次的插曲耽误了搬家的进度。

读者：你做了什么？

作者：记得不？我当时着急干掉 ♯。本来我们应当帮数学找新家的——某个它属于的地方，现在它存在了。现在它已经有了很多存在。生活在某个它不是……至少不是在日常意义上……不是很习惯的地方。虚空中没有实体的位置。因此我会暂停这里的对话。我们需要一些时间把这些事情理顺。

读者：等一下，难道说现在我们在做最糟糕的事情？

作者：什么意思？

读者：我们发明了更多的数学！这难道不是让事情更糟糕了吗？

作者：不不，我们没有发明新东西，记得吗？你放心。看一章的标题。我们不会对我们的朋友这样做的。

N.2　多变量微积分的符号雷区

> 现代数学对大多数外行来说是未知的领域。它的边界被专业术语的浓密灌木丛包围起来；它的风景只是一大堆难解的方程和高深的概念。很少有人认识到现代数学的世界充满了生动的景象和迷人的思想。

> ——伊瓦斯·彼德逊(Ivars Peterson)，
> 《数学巡礼》(*The Mathematical Tourist*)

N.2.1　简单的概括和难解的缩写

在上面的对话中，我们"发明"了多变量微积分。我们研究了吞进去一个数吐出来两个数的机器，例如 $m(x)\equiv(f(x)，g(x))$。课本上称这些为"向量值函数"，意思是它们吞进去一个数吐出来的是向量。"向量"的意思同(我们说的)"列表"基本是一回事，在这本书后面的部分，我会交叉使用这两个术语。请注意我们这里的前数学论证对 n 个格子的向量同样成立。也就是说，我们可以要求 n 个格子的列表有如下性质：

$$(x_1，x_2，\cdots，x_n)+(y_1，y_2，\cdots，y_n)=(x_1+y_1，x_2+y_2，\cdots，x_n+y_n)$$
$$c\cdot(x_1，x_2，\cdots，x_n)=(cx_1，cx_2，\cdots，cx_n)。$$

同样，我们可以做能想到的最简单的事情。我们可以通过这些定义，以上面对话中一样的方式，证明"一进 n 出"的机器

$$m(x)\equiv(f_1(x)，f_2(x)，\cdots，f_n(x))$$

的导数是我们所能期望的最简单的东西，即

$$m'(x)=(f_1'(x)，f_2'(x)，\cdots，f_n'(x))。$$

类似的，对于吞进去两个数吐出来一个数的机器，可以缩写为 $m(x，y)$，我们也找到了与单变量微积分类似的处理方法。我们直接定义了两个不同的导数：每个输入一个。也就是说，我们有相对于 x 的导数(将 y 视为常量)，和相对于 y 的导数(将 x 视为常量)。我们决定将这些表述为：

$$\frac{\mathrm{d}_x m}{\mathrm{d}x} \equiv \frac{m(x+\mathrm{d}x,\ y)-m(x,\ y)}{\mathrm{d}x},$$

$$\frac{\mathrm{d}_y m}{\mathrm{d}y} \equiv \frac{m(x,\ y+\mathrm{d}y)-m(x,\ y)}{\mathrm{d}y}。 \qquad (\text{N.7})$$

课本上称这些为"偏导数"。它们把左边的称为"m 相对于 x 的偏导数"，把右边的称为"m 相对于 y 的偏导数"。但这些偏导数并不"偏"：它们的计算与第 2 章的导数的计算是一样的。注意我们可以在不改变 y 的条件下改变 x（反过来也是一样），因此我们可以写出这些式子：

$$\frac{\mathrm{d}_x x}{\mathrm{d}x}=1,\qquad\qquad \frac{\mathrm{d}_x y}{\mathrm{d}x}=0;$$

$$\frac{\mathrm{d}_y x}{\mathrm{d}y}=0,\qquad\qquad \frac{\mathrm{d}_y y}{\mathrm{d}y}=1。 \qquad (\text{N.8})$$

同样，$m(x,\ y)$ 的格子数量为两个也没有什么特殊的。我们可以对有 n 个格子的机器做类似的定义和论证。如果将 m 定义为吞进去 n 个数吐出来一个数的机器，写作

$$m(x_1,\ x_2,\ \cdots,\ x_n), \qquad (\text{N.9})$$

我们就有 n 个格子，因此有 n 个不同的导数：一个对应 x_1，一个对应 x_2，依此类推，直到 x_n。同前面一样，我们可以这样定义导数：

$$\frac{\mathrm{d}_i m}{\mathrm{d}x_i} \equiv \frac{m(x_1+\mathrm{d}x_1,\ \cdots,\ x_i+\mathrm{d}x_i,\ \cdots,\ x_n+\mathrm{d}x_n)-m(x_1,\ \cdots,\ x_i,\ \cdots,\ x_n)}{\mathrm{d}x_i},$$

$$(\text{N.10})$$

其中我们记为 d_i 而不是 d_{x_i}，因为后者有下标的下标，有点复杂。虽然上面的等式难看得足以让你血压升高，它所表达的内容却极其简单："n 进一出"机器相对于某个变量 x_i 的导数。就是前面一样的东西。我们只需无视不是 x_i 的一切，然后将 x_i 视为唯一的变量做单变量微积分。看得出来这其实没有新东西了吗？下一节我们就会用更简洁的缩写来表示上面这个标记。

N.2.2　拒绝简单表示的简单思想

我会论证几乎所有多变量微积分的混淆都来自标记的混淆，在这一章我们会了解在尝试为新的多变量世界构造缩写时会出现的一些困难。

在单变量微积分中，我们在整本书中对导数都一直用两种标记：$m'(x)$ 和 $\dfrac{\mathrm{d}m}{\mathrm{d}x}$。多变量微积分中相同的事情则要难得多：这些思想本身似乎拒绝被任何单独一组缩写清晰地表述。同前面一样，我们有两个选择。第一个选择是直接决定用一组缩写表示多变量微积分的所有思想，这时许多概念上很简单的表达式会显得复杂而且不直观。第二个选择是根据需要切换标记，用最适合手头的问题的那一种。这也有不好的地方，因为涉及多种符号语言。在这一章，我们只能采用后面这种，但是当我们需要切换时会提醒自己这些不同的标记是什么意思。

N.2.3　坐标轴：(不，能)(没，有)(它，们)

我们首先尝试发明一些缩写，将式(N.10)表述为更简单的形式。我们先用 v 作为机器的输出的缩写，因此

$$v \equiv (x_1,\ x_2,\ \cdots,\ x_n)$$

是所有 n 个变量组成的列表。课本上用"向量"表示它们，也就是 v。"向量"这个词听起来可能有点怪异和老旧，但说起来也有点意思，我们就把它留着。我们用粗体写向量 v 以提醒我们它与数是不同类型的东西。我们用 $\mathrm{d}v_i$ 作为除了第 i 格其他格都为 0 的向量，第 i 格为无穷小量 $\mathrm{d}x_i$。即：

$$\mathrm{d}v_i \equiv (0,\ 0,\ \cdots,\ 0,\ \underbrace{\mathrm{d}x_i}_{\text{第}i\text{格}},\ 0,\ \cdots,\ 0,\ 0)。 \tag{N.11}$$

有了这些约定，我们可以把式(N.10)的杂乱定义写成这样：

$$\frac{\mathrm{d}_i m}{\mathrm{d}x_i} \equiv \frac{m(v + \mathrm{d}v_i) - m(v)}{\mathrm{d}x_i}。 \tag{N.12}$$

这样好看了一点，当然也更节省空间，但是出于一个全新的理由，这个标记还是让人迷惑。为什么？嗯，上面这个等式一眼看过去让人感觉在新的多变量世界中的导数与单变量世界的导数似乎不一样。哪里不一样？在上面的等式中，上面的 $\mathrm{d}v_i$ 是一个"微小向量"，而底下的 $\mathrm{d}x_i$ 又是一个"微小的数"。也就是说，在这个等式中似乎有**两种不同类型的微小的东西**：微小的数和微小的向量。但这其实是因为我们选择新的缩写让等式(N.10)看起来不那么疯狂的缘故。

等式（N.10）虽然有缺陷，但还是清晰多了，因为上面和下面其实是同一种微小的东西。这反而澄清了这个导数具有它一贯具有的相同解释。即我们可以这样谈论导数：

1. 我们从机器 m 开始，喂给它某个东西 s，它会吐出来 $m(s)$。

2. 我们将喂给机器的东西做微小的改变，从 s 变成 $s+ds$。这会使得输出从 $m(s)$ 变成 $m(s+ds)$。

3. 我们将输出的变化缩写为 $dm\equiv m(s+ds)-m(s)$。如果我们有多个变量，可能需要改变我们的缩写以提醒自己改变的是什么。

4. 无论喂进去的 s 是一个数、向量，还是整台机器，导数的概念都是一样的。m 的导数定义为输出 dm 的微小改变除以输入 ds 的微小改变。

因此等式（N.10）和等式（N.12）这两个缩写各有利弊。我们面临着怪异的第 22 条军规。我们很快会看到，第 22 条军规远不限于这个例子。

N.2.4 用 ∂ 还是不用 ∂？缩写影响论证

在我们的多变量微积分之旅中下一个让人迷惑的标记是陌生的符号 ∂。前面我说过课本上用"偏导数"这个术语指称这样的表达式：

$$\frac{d_x m}{dx}\equiv\frac{m(x+dx,\,y)-m(x,\,y)}{dx},\quad \frac{d_y m}{dy}\equiv\frac{m(x,\,y+dy)-m(x,\,y)}{dy},$$

$$(\text{N.13})$$

仔细看这个概念的标准标记会发现另一个第 22 条军规。事情是这样：在这两个式子的上面，你可以看到写 d_x 和 d_y 是多余的。你可能会想可以简化成

$$\frac{dm}{dx}\equiv\frac{m(x+dx,\,y)-m(x,\,y)}{dx},\quad \frac{dm}{dy}\equiv\frac{m(x,\,y+dy)-m(x,\,y)}{dy}\,。$$

$$(\text{N.14})$$

这样也不会混淆，因为两个表达式底下的 dx 和 dy 提醒我们是对 m 的哪个格子做微小的改变：左边是 x 格子，右边是 y 格子。这当然是对的。像式（N.13）那样让 d_x 和 d_y 的下标出现在导数中是多余的。那为什么最初我们要引入这些下标呢？是这样，我们最初引入标记 $d_x m$ 和 $d_y m$ 是因为 dm 在式（N.14）中的两次出现实际上指的是**不同的东西**，你只要比较

两个等式右边的上面就能看出来：在左边我们改变的是第一格，右边我们改变的是第二格。如果永远只处理导数，就没有必要写成 $d_x m$ 和 $d_y m$。只要看导数下面就能明白是在对哪个变量做微小改变。大部分遇到这个标记选择问题的教科书都将式(N.13)写成下面这样：

$$\frac{\partial m}{\partial x} \equiv \frac{m(x+dx,\ y)-m(x,\ y)}{dx},\quad \frac{\partial m}{\partial y} \equiv \frac{m(x,\ y+dy)-m(x,\ y)}{dy}。$$

$$(N.15)$$

比较我们的标记和他们的标记，可以得到

$$\frac{\partial m}{\partial x} \equiv \frac{d_x m}{dx} \qquad 和 \qquad \frac{\partial m}{\partial y} \equiv \frac{d_y m}{dy}。$$

这种不同的写法也有它自己的利弊。好的一面是，它比我用的标记要漂亮得多，并且避免了下标 x 和 y，当我们讨论导数本身时这些是多余的。不好的一面是，这个 ∂ 标记使得简单的无穷小论证更难了。接下来，我们用一个隐藏了简单思想的难看等式来解释为什么。在所有多变量微积分书籍中你都会看到等式

$$dm = \frac{\partial m}{\partial x}dx + \frac{\partial m}{\partial y}dy,\qquad (N.16)$$

我们马上会推导这个等式，但是现在，我们先看看它有多么让人迷惑！这个可怕的等式包含 6 个像无穷小量的符号：dm、∂m、dy、∂y、dx 和 ∂x。注意等式(N.16)并没有什么可以消掉从而化简的东西。疯狂的 ∂x 与我们比较熟悉的 dx 长得不一样，因此不要以为我们可以用底下的 ∂x 消掉 dx。y 也是一样，抵消是非法的，因为符号不一样。

现在虽然我们还没有推导它，但我还是忍不住告诉你等式(N.16)的滑稽秘密：如果正确解释，∂x 和 dx **其实就是同一个东西**！∂y 和 dy 也是一样的。如果觉得这个还不够让人迷糊，我们还可以用这个事实让一些事情更糟糕。用 ∂x 消掉 dx，再用 ∂y 消掉 dy，我们会得到怪异的谬论：

$$dm \overset{?!}{=\!=} \partial m + \partial m。\qquad (N.17)$$

后面我们会看到，这个等式其实是对的。不过，$\partial m + \partial m$ 并**不**等于 $2\partial m$！这并不是说算术定律在这里不成立。其实，在这个迷惑人的标记

的不朽丰碑中，上面等式中这两个 ∂m 其实指的是不同的东西！它们就是我们所说的 $d_x m$ 和 $d_y m$，正是前面选择忽略（当时多余的）下标导致接下来所有这些让人头痛的标记。

为什么要用**单个符号** ∂m 表示两个**不同**的东西（$d_x m$ 和 $d_y m$）而同时又用两个**不同的符号**（∂x 和 dx）表示**同一个东西**呢？理由并不是非常疯狂。这是因为标准教科书通常不用无穷小论证。根据对这些思想通常的表现形式，大部分教科书虽然用到了导数，但**并不**用无穷小。但是对我们来说，对 $d_x m$ 和 $d_y m$ 进行区分的好处是很明显的，因为**它们不是同一个东西！** 课本上通常忽略下标，而他们的选择也有道理：如果我们只谈论导数，不涉及无穷小本身，$d_x m$ 和 $d_y m$ 的下标就**总是**多余的。

总而言之，在使用 ∂ 标记时，我们失去了单变量微积分的 d 标记的精髓：像操作数一样操作无穷小的能力。没有了这个，在推导时抵消它们和重排它们的顺序来进行推导就要困难得多。

N.3 符号游戏够了！我们如何才能画出这个？

N.3.1 多维思维诀窍

人类心智无法直接形象化思维超过三维的事物，但你也不用放弃更高维的数学直觉。构想四维、十维甚至无穷维的空间并不需要魔术般的能力。如果你感觉这有点矛盾，请再读一遍。有一个诀窍，在多变量微积分中我从未听人讲过：绝大多数数学家就是通过（反复）描绘三维空间来构想 n 维空间！

听起来可能有点滑稽，但这是真的。任何课堂上都不会明确教这个，这是无数学生通过观察上一代数学家推理解答问题的过程不断传承下来的。我曾多次向极为聪明的数学家提出高维问题，然后观察他们：想一会儿，意识到自己无法直接通过思维推理出答案，走到黑板前，画出二维或三维对象的二维图形，通过这样，**找到问题的答案！** 我已记不清有多少次见过这种情形，涉及的问题从四维（黎曼几何和广义相对论）到无穷维（泛函分析和量子力学）。

思考二维或三维可能无法帮助我们**形象化**思维 n 维，但肯定能帮助我们对 n 维进行**推理**。能够亲身体验一下这种感觉是最好的。在这一节的下一部分，我们会尝试用三维形象化直觉推导关于 n 维微积分的事实。在下一节，我们会针对双变量机器 $m(x, y)$ 发明公式

$$\mathrm{d}m = \frac{\partial m}{\partial x}\mathrm{d}x + \frac{\partial m}{\partial y}\mathrm{d}y 。 \tag{N.18}$$

这样做之后，我们应当马上就能看出为什么这个表达式更一般的形式，即

$$\mathrm{d}m = \frac{\partial m}{\partial x_1}\mathrm{d}x_1 + \frac{\partial m}{\partial x_2}\mathrm{d}x_2 + \cdots + \frac{\partial m}{\partial x_n}\mathrm{d}x_n , \tag{N.19}$$

对 n 变量的机器 $m(x_1, x_2, \cdots, x_n)$ 成立。在熟悉了这些等式后，同以往一样，我们很快会认识到，一个简单的缩写变化是如何改变一切的。

N.3.2　技巧实践

注意到"二进一出"机器 $m(x, y)$ 能够被图形化为悬浮的（可能弯曲的）面。图 N.1 给出了更详细的解释。

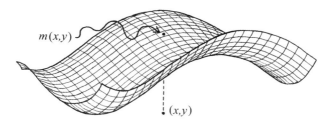

图 N.1　将吞进去两个数吐出来一个数的机器 m 图形化。我们可以将机器吞进去的两个数画作"地面上"的坐标。如果将地面上的点 (x, y) 喂给机器 m，它就会吐出一个数 $m(x, y)$，这个数可以图形化为悬浮在点 (x, y) 上面的图形的"高度"。地面上的每个点都对应一个高度，因此这种机器的图形是一个二维面。

现在我们可以将无穷放大镜的思想用于图 N.1。如果我们在曲面上放大，它看起来就会像是平面。我们想象在图 N.1 的图形上选取任意一点无穷放大，得到的将是图 N.2 中倾斜（但不弯曲）的面。

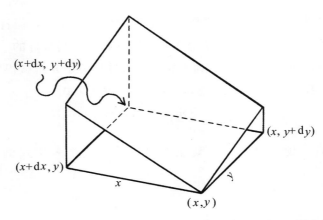

图 N.2　我们在曲面上无穷放大就会得到一个(倾斜的)平面。图中标注了
水平面坐标。

我们曾讨论过偏导数，但如果能够形成类似单一导数的思想就更好，如果你愿意，可以称它为"总导数"。不再将 x 和 y 视为分开的数，而是(暂时)视为单一的对象成分：一个"向量"，写作$(x，y)$。现在我们可以像定义一种新型的导数那样做：从机器 m 开始，喂给它某个**食物**。在这里**食物**是向量$(x，y)$。机器吐出来一个数 $m(x，y)$。然后我们对**食物**做微小的改变，让它增加一个"微小向量"$(dx，dy)$，变成 $m(x+dx，y+dy)$。然后同以往一样，我们观察 m(之后)$-m$(之前)，即[1]

$$dm \equiv m(x+dx，y+dy)-m(x，y)，\tag{N.20}$$

符号 dm 表示当我们将两个输入都改变无穷小量时(x 变成 $x+dx$，y 变成 $y+dy$)m 的图形"高度"的微小变化。这时我们可以绘制曲面放大处的图形。有许多需要标注的地方，所以我把它分成了 3 幅图。下面是我们在 3 幅图中标注的东西。

1. 在图 N.2 中，我只标注了"地面"上的 4 个点，分别是$(x，y)$、$(x+dx，y)$、$(x，y+dy)$和$(x+dx，y+dy)$。

---

[1]　这时通常我们会除以**食物**的微小变化得到某种导数。但这里我们一次改变了所有格子，因为**食物**现在是整个向量。因此要在通常意义上计算导数，我们得说清楚"被向量除"是什么意思。我们现在先不管这个，只看分子：前面定义的 dm。

2. 在图 N.3 中，我标注了图 N.2 中 4 个点的输出或图形的"高度"。这些高度记为 $m(x, y)$、$m(x+\mathrm{d}x, y)$、$m(x, y+\mathrm{d}y)$ 和 $m(x+\mathrm{d}x, y+\mathrm{d}y)$。

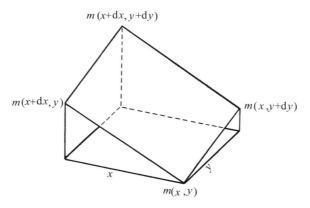

图 N.3　同图 N.2 一样，不过这里标注了垂直坐标。

3. 在图 N.4 中，我标注了高度的微小差异 $\mathrm{d}_x m$ 和 $\mathrm{d}_y m$。回想前者的定义是 $\mathrm{d}_x m \equiv m(x+\mathrm{d}x, y) - m(x, y)$，因此如果把点 (x, y) 当作起始点，则 $\mathrm{d}_x m$ 就是沿 x 方向行走无穷小距离 $\mathrm{d}x$ 后爬升的微小高度差。类似的，从 (x, y) 开始，$\mathrm{d}_y m$ 是沿 y 方向行走无穷小距离 $\mathrm{d}y$ 后爬升的微小高度差。

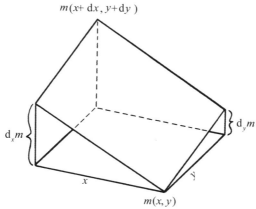

图 N.4　$\mathrm{d}_x m$ 和 $\mathrm{d}_y m$ 的几何意义。

到目前为止我们除了放大和命名，并没做什么事情，但我们已经非常接近推导出熟悉的等式(N.18)和(N.19)！在继续之前，请仔细看一下图 N.2、N.3 和 N.4，确保自己理解了图上标注的所有东西。

现在，由于在书上指点很难，我不得不定义一些名词。我这样定义"左线"：想象从图 N.2 的点$(x，y)$开始，沿着图往左走，沿着 x 轴，直到抵达$(x+\mathrm{d}x，y)$上面的点。这是左线的第一步。完成第一步后，你的高度增加了 $\mathrm{d}_x m$（请搞清楚为什么）。现在开始左线的第二步，想象继续从你现在的位置走到顶部去。这一步你其实是沿着 y 方向，增加的高度为(终点高度)−(起点高度)，或

$$\hat{\mathrm{d}}_y m \equiv m(x+\mathrm{d}x，y+\mathrm{d}y)-m(x+\mathrm{d}x，y)。$$

我在 d 上面加了顶帽子因为我们已经用 $\mathrm{d}_y m$ 表示了 $m(x，y+\mathrm{d}y)-m(x，y)$，帽子提醒我们这两个量不是同一个，或者说它们似乎不是同一个。[①] 左线的净效应是你的高度从 $m(x，y)$ 变成了 $m(x+\mathrm{d}x，y+\mathrm{d}y)$，也就是我们在式(N.20)中说的 $\mathrm{d}m$。因此可以写为

$$\mathrm{d}m = \mathrm{d}_x m + \hat{\mathrm{d}}_y m。 \tag{N.21}$$

虽然没有必要，我们还可以类似地定义"右线"为沿着另一个方向行走的过程，可以得到

$$\mathrm{d}m = \mathrm{d}_y m + \hat{\mathrm{d}}_x m， \tag{N.22}$$

其中 $\hat{\mathrm{d}}_x m \equiv m(x+\mathrm{d}x，y+\mathrm{d}y)-m(x，y+\mathrm{d}y)$。两边都可以走并且得到的结论是一样的，因此我们可以忘掉 $\hat{\mathrm{d}}_x m$。好了，现在是好玩的部分。回想我们是通过同时让两个格子微小变化来定义 $\mathrm{d}m$，因为我们想看看能不能得出"总导数"。注意等式(N.21)和(N.22)**几乎**就是告诉我们"总微分"$\mathrm{d}m$ 与"偏微分"$\mathrm{d}_x m$ 和 $\mathrm{d}_y m$ 的关系。麻烦在于，每个等式都只包含一个熟悉的"无帽子"的偏微分，另一个则是讨厌的 $\hat{\mathrm{d}}$ 微分，不是同一个东西。

真不是同一个吗？由于无穷放大了，我们看到的是平面，因此根据

---

① 我们很快就会意识到 $\mathrm{d}_y m$ 和 $\hat{\mathrm{d}}_y m$ 其实**就是**同一个，但这是因为我们无穷放大了。

图 N.5 描绘的理由，量 $\hat{\mathrm{d}}_x m$ 与 $\mathrm{d}_x m$ 应当是一样的，$\hat{\mathrm{d}}_y m$ 与 $\mathrm{d}_y m$ 也应当一样。因此"戴帽子"的量与对应的无帽子的量其实是一回事。总而言之：

$$\mathrm{d}m = \mathrm{d}_x m + \mathrm{d}_y m。\tag{N.23}$$

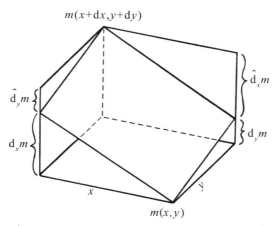

图 N.5　对 $\hat{\mathrm{d}}_x m$ 为什么与 $\mathrm{d}_x m$ 相同和 $\hat{\mathrm{d}}_y m$ 为什么与 $\mathrm{d}_y m$ 相同的解释。

这个等式表述了一个极为简单的事实：无论我们走哪边（左线或右线），**总的高度变化**都是**第一步**的高度变化加上**第二步**的高度变化。这个思想简单得不能再简单了。你可以再读一遍，体会一下它有多简单。几乎什么也没说。现在揭示好玩的地方。这条简单的语句（N.23）与前面说过的吓人语句（N.18）其实是一回事。

要从等式（N.23）推导出吓人的双胞胎语句（N.18），我们所要做的就是乘两次 1，然后转换缩写。我们来试一下。从等式（N.23）开始，我们可以这样做：

$$\mathrm{d}m \xlongequal{(\text{N}.23)} \mathrm{d}_x m + \mathrm{d}_y m = \underbrace{\mathrm{d}_x m\,\frac{\mathrm{d}x}{\mathrm{d}x} + \mathrm{d}_y m\,\frac{\mathrm{d}y}{\mathrm{d}y}}_{\text{乘两次1}} = \underbrace{\frac{\mathrm{d}_x m}{\mathrm{d}x}\,\mathrm{d}x + \frac{\mathrm{d}_y m}{\mathrm{d}y}\,\mathrm{d}y}_{\text{交换一些项}}。$$

现在，只需换成（容易误导但的确漂亮的）偏导数的标准标记就可以得到

$$\mathrm{d}m = \frac{\partial m}{\partial x}\mathrm{d}x + \frac{\partial m}{\partial y}\mathrm{d}y。\tag{N.24}$$

这也就是我们最初要推导的吓人等式（N.18）。回想前面的标记给了等式

(N.18)一种"二者合一和一中有二"的特性：∂x 和 $\mathrm{d}x$ 是同一个量，虽然是用的不同的符号表示，而两个 ∂m 则是**不同**的量，用的又是同一个符号。这样标注简直愚蠢。

下一步，我们可以进行之前提到的逻辑跳跃，通过形象化三维对 n 维进行推理。我们刚才的论证是针对两个输入一个输出的机器。现在假设我们得到了一台 n 个输入一个输出的机器，并想象同时对所有格子做微小改变。同前面一样，我们看 m 的输出的变化：

$$\mathrm{d}m \equiv \underbrace{m(x_1+\mathrm{d}x_1,\ x_2+\mathrm{d}x_2,\ \cdots,\ x_n+\mathrm{d}x_n)}_{\text{之后的输出}} - \underbrace{m(x_1,\ x_2,\ \cdots,\ x_n)}_{\text{之前的输出}},$$

你也可以写成

$$\mathrm{d}m \equiv m(\boldsymbol{v}+\mathrm{d}\boldsymbol{v}) - m(\boldsymbol{v}),$$

其中 $\mathrm{d}\boldsymbol{v}=(\mathrm{d}x_1,\ \mathrm{d}x_2,\ \cdots,\ \mathrm{d}x_n)$。如果在任意点 $(x_1,\ x_2,\ \cdots,\ x_n)$ 无穷放大 m 的图形，我们应当会"看见" n 维的平行格盒子类的东西，就像我们在前面看到的二维格，虽然我们画不出来。因此，同前面一样，这时应当有

$$\mathrm{d}m = \mathrm{d}_1 m + \mathrm{d}_2 m + \cdots + \mathrm{d}_n m, \tag{N.25}$$

这里我们用了 $\mathrm{d}_1 m$ 而不是 $\mathrm{d}_{x_1} m$ 以避免标记繁杂。它说的是我们画不出来的这个空间中两点之间的总高差等于各项高差的累加。沿 x_1 方向行走微小量 $\mathrm{d}x_1$ 有一个高差 $\mathrm{d}_1 m$；沿 x_2 方向行走微小量 $\mathrm{d}x_2$ 有一个高差 $\mathrm{d}_2 m$；如此继续。总量是各步之和——这就是等式(N.25)所说的内容，虽然我们无法画出它所说的，我们还是有信心它是对的，因为我们理解了发明等式(N.23)时的基本思路。

好了！等式(N.25)就是我们想要推导的结果，因此我们基本成功了。不过，如果定义一些新的缩写，我们就能推导出在所有多变量微积分课本中都有的一个公式。根据前面同样的逻辑，我们可以将上面等式中的每一项乘以 1，交换相乘的顺序，然后换成标准标记，得到

$$\mathrm{d}m = \frac{\partial m}{\partial x_1}\mathrm{d}x_1 + \frac{\partial m}{\partial x_2}\mathrm{d}x_2 + \cdots + \frac{\partial m}{\partial x_n}\mathrm{d}x_n \text{。} \tag{N.26}$$

假装我们是课本，我们还可以这样重写。我们定义两个向量 $\boldsymbol{v}$ 和 $\boldsymbol{w}$ 的"点乘"为将两个向量绑到一起得到一个数的操作，做法是这样：

$$\boldsymbol{v} \cdot \boldsymbol{w} \equiv v_1 w_1 + v_2 w_2 + \cdots + v_n w_n,$$

也就是将向量逐格相乘，然后将结果加总。有了这个之后，如果我们定义缩写

$$\mathrm{d}\boldsymbol{x} \equiv (\mathrm{d} x_1,\ \mathrm{d} x_2,\ \cdots,\ \mathrm{d} x_n) \quad 和 \quad \nabla m \equiv \left(\frac{\partial m}{\partial x_1},\ \frac{\partial m}{\partial x_2},\ \cdots,\ \frac{\partial m}{\partial x_n} \right),$$

则可以将等式（N.26）重新写为：

$$\mathrm{d}m = (\nabla m) \cdot \mathrm{d}\boldsymbol{x},$$

因此这个包含向量的全偏导数以及无穷小向量和点乘的看起来很炫的语句其实告诉我们的还是与前面类似的事实。行进过程中总的高度变化很简单：第一步的高度变化，加上第二步的高度变化，如此继续，直到第 n 步。

N.4　就这些？

N.4.1　不

在多变量微积分的世界中还有许多可以做的，但基本没有基础性的新思想了。导数还是导数，虽然它们可以被写成各种不同的样子。积分还是积分，虽然在教科书上你可以同时看见多个它们——用 $\iiint$ 代替熟悉的 $\int$ ——其实就是一次性使用三次原来的 $\int$ 思想。因此与其在这个不熟悉（其实很熟悉）的世界里继续发掘一切可能的事物，不如去领略无穷的狂野：无穷维空间的微积分。在无穷维微积分中，还是有一种强烈的感觉，里面所有那些吓人的新概念其实还是戴了不同帽子的熟悉的旧概念。但是，无穷狂野还是给人相当不同的感觉，这种感觉源自机器和向量的完美统一。统一的思想使得无穷维微积分相对于有限维微积分的美丽、优雅和实用性都提升了一大截。从思想上（如果说不总是从历史上）来说，这个向量和机器的统一产生出大批概念，包括傅里叶分析、拉格朗日力学、函数空间的概念、概率论中的最大熵形式化，以及人类对自然本质最深刻的洞察——量子力学的表达语言。我们会在整合之后的一小段对

话中讨论这个基本思想——

(数学溜达到了这一章。)

数学：这些是什么？为什么……什么……你们俩又背着我创造了更多的我？

(尴尬的沉默。)

作者：哦……不是？

(数学环顾了一下四周。)

数学：你做的???

作者：算是吧。

数学：为什么不告诉我？我会——

作者：抱歉，不过这一章还远没有结束呢。我的意思是说，对这个主题还有**很多**可以说的，而且现在写下的这些至少有一半要重写。对这个主题的处理真的不是很公平——

数学：那就完成这一章！

作者：你愿意等我们完成？

数学：我没有太多时间。还要多久？

作者：嗯，本来还要蛮久，不过……嗯……实际上，我们已经说得够久的了。我马上就写整合，然后我们就结束这一章。

数学：快写。

(数学在未知位置等了 $\lambda P + (1-\lambda)P^{C}$。)[1]

作者：好的，马上……

N.5　整合

我们花点时间提醒一下自己这一章做了些什么。

---

[1]　(其中 $\lambda \in [0, 1]$ 且 $P \equiv$ 耐心。)

1. 我们从对话开始，作者坦白他感觉自己对这个主题不是很公平。不过，这一章还是为我们前往要去的地方架设了一座桥梁。

2. 这使得我们进入了多变量微积分的概念源头之旅，在那里——

数学：多变量微积分是什么？

读者：嘿，你不能来这里。

作者：是的，数学。你还想不想让我们结束这一章？

数学：我要你回答我。多变量微积分是什么？这是你们趁我不在的时候发明的我的新部分？

作者：要么你趁我们完工的这段时间去读一下这一章？

数学：……好吧。

（数学开始往回翻读这一章。）

作者：就像我说的，我们游览了多变量微积分的概念源头，我们看到它的许多定义都源自从旧思想建立新思想的渴望。

3. 我们尝试对形为 $m(x) \equiv (f(x), g(x))$ 的机器进行了求导，做法和单变量微积分是一样的。结果我们困住了，但我们发现如果将列表的相加定义为逐格相加就能脱困：$(a, b) + (A, B) = (a+A, b+B)$。脱困之后，我们又被困住了。为了再次脱困，我们将数与列表相乘定义为逐格相乘：

$$c \cdot (x, y) = (cx, cy)。$$

作了这两个选择后，我们发现

$$\frac{\mathrm{d}}{\mathrm{d}x}(f(x), g(x)) = \left(\frac{\mathrm{d}}{\mathrm{d}x}f(x), \frac{\mathrm{d}}{\mathrm{d}x}g(x)\right)。$$

这表明新的"一进二出"机器只需对每一格应用熟悉的单变量微积分就可以求导。

4. 对于"一进 n 出"机器

$$m(x) \equiv (f_1(x), f_2(x), \cdots, f_n(x)),$$

我们发现也有相似的做法。

5. 因此，我们发现计算导数的所有锤子都可以适用于这个新的多变量世界。

6. 我们发现相似的做法对积分也成立。即

$$\int_a^b (f(x), g(x)) \mathrm{d}x = \left(\int_a^b f(x) \mathrm{d}x, \int_a^b g(x) \mathrm{d}x \right)。$$

同前面一样，只需对每一格执行单变量微积分的类似操作就可以。

7. 因此，我们发现计算积分的反锤子都可以应用于这个新的多变量世界。

8. 然后我们转向了"二进一出"机器。我们发现可以定义两个不同的导数，每个输入格子一个。课本上称它们为"偏导数"。这些偏导数其实又是单变量微积分。例如，相对于 x 的偏导数就是假装除 x 之外的所有变量都为常数，然后以熟悉的方式计算导数得到的东西。

9. 我们发现相似的做法对"n 进一出"机器也成立。

10. 应用无穷放大镜和一些简单的图形化推理，我们推导出了公式

$$\mathrm{d}m = \frac{\partial m}{\partial x} \mathrm{d}x + \frac{\partial m}{\partial y} \mathrm{d}y$$

以及它的 n 维推广

$$\mathrm{d}m = \frac{\partial m}{\partial x_1} \mathrm{d}x_1 + \frac{\partial m}{\partial x_2} \mathrm{d}x_2 + \cdots + \frac{\partial m}{\partial x_n} \mathrm{d}x_n。$$

11. 在这一章，每当我们遇到一个新的思想，我们就会发现它根本不是新思想，而只不过是旧思想的延伸，再加上一些偶然的无足轻重的变化使得一切有意义。

作者：好了，数学。你心情好点没有？

（数学还在读着这一章，没有听到作者。）

作者：数学！

数学：啊！你吓到我了。

作者：我写"完"这一章了。其实我对它不是很满意。太可怕了。看到那些符号了吗？不管怎样，我们做完了。你感觉理解了这一章没有？

数学：嗯，我只大概浏览了一遍。你们看我理解得对不对：我们同以往一样做微积分，但是现在我们的积分和求导是作用于古怪的新型机器，比如吃进去一个数吐出来一个向量，或者吃进去一个向量吐出来一个数之类的？

读者：对的。基本就是这些。没什么新东西。

数学：如果我没理解错的话，这些"向量"本身也是机器，对吗？

作者：什么？不对！好吧，等一下。我们要对整合进行结尾了，这次似乎久了一点。你们俩跟着我跳到下一个插曲去。

（作者用力关上门，离开了这一章。）

插曲 N：
误解　解读　重解

误解

作者：我没听清。上一句。再说一遍？

读者：我什么也没说。

作者：不是说你。数学。你再说一遍？

（神秘的沉默。）

数学：我说，"如果我没理解错的话，这些'向量'本身也是机器，对吗？"……难道我误解了什么？

作者：我想是的。不过别担心，这个概念的确难以理解。向量本身完全不同于机器。它就是一列数字。比如向量 $v \equiv (3，7，4)$ 就是一列数字，我们可以将它看作三维空间中的一个点。这个点相对于原点的位置是沿 x 轴 3 个单位，沿 y 轴 7 个单位，沿 z 轴 4 个单位。

数学：是的，因此向量就是机器。

读者：???

作者：不不不。为什么你还这么说？

数学：我不知道。我肯定是误解了什么。请再解释一遍。

作者：向量 $v \equiv (3，7，4)$ 与函数完全不同……呃，我的意思是机器。它只是 3 个数。我们可以从几何的角度去理解，也可以不这样理解。但

334

是就像我说的，它只是 3 项组成的列表，我们可以把这些项写作 $v_1 \equiv 3$，$v_2 \equiv 7$，$v_3 \equiv 4$。

数学：我理解了你的意思，但我不知道你有没有理解我的意思。我们还是可以随心所欲进行缩写，对吗？

作者：当然。这可以说是"数学"中唯一的"定律"：事物的定义仅取决于同态······呃，我的意思是，重新缩写。

数学：因此假设我想用不同的缩写来谈论这个向量。本来这样写：

$$v_1 \equiv 3，v_2 \equiv 7，v_3 \equiv 4；$$

现在这样写：

$$v(1) \equiv 3，v(2) \equiv 7，v(3) \equiv 4。$$

除了缩写改变了，假设我的向量同你的向量的性质是一模一样的。我们可以加，可以与数相乘，等等。然后······

作者：(睁大眼睛)等一下······我感觉这个**真的**很重要。让我们新开一节。

重解

作者：(对数学说)请继续！

数学：噢，我想我刚才迷糊了。我来不及细看这一章。我错误地将向量

$$\boldsymbol{v} \equiv (v_1，v_2，v_3) \equiv (3，7，4)$$

理解成了机器，喂给它 1 会吐出 $v(1) \equiv 3$，喂给它 2 会吐出 $v(2) \equiv 7$，喂给它 3 会吐出 $v(3) \equiv 4$。要是这样，这会是一种很好玩的机器，因为通常我们的机器可以吞进去任何数，这种新机器 v 只能吞进去 1，2 或 3，因此它的可能食物集是集合 $\{1，2，3\}$ 而不是连续的数集。我想这就是为什么我会迷糊。

作者：等一下，我认为你**没有**迷糊。你的论证意味着我们**必须**承认向量也可以视为特殊的机器类型。如果我们不承认这一点，我们就只能承认我们不能随心所欲地缩写，因为你的论证需要的只是一个微不足道

的重新缩写。

读者：也就是说数学**没有**迷糊？

作者：是的。而且我认为同样的论证反过来也成立。可以说必须成立。整个论证只不过就是一个小小的缩写变化。因此，不仅向量可以视为机器，机器也可以视为向量。

数学：什么意思？

作者：是这样，以 $m(x) \equiv x^2$ 这样的机器为例。如果愿意的话，我们可以将它视为一列数字。我的意思是，不是一格两格三格这样下去的一列，而是连续的无穷格子的向量，每格一个数。

读者：哦！我想我明白了。这样 $m(x) \equiv x^2$ 就可以视为数字 9 位于标记为 3 的格子的向量，因为 $m(3) \equiv 9$。格子必须用整数标记吗？

作者：我不认为必须。例如 $m\left(\frac{1}{2}\right) = \frac{1}{4}$，$m(\sharp) = \sharp^2$，因此 m 在标记 $\frac{1}{2}$ 的格子里有 $\frac{1}{4}$，在标记 $\sharp$ 的格子里有 $\sharp^2$。

数学：就像我将 v_i 变成 $v(i)$ 一样，我们反过来也可以将 $m(3) = 9$ 写成 $m_3 = 9$？

作者：当然可以！我们并没有真的在**做**什么。这只不过就是改变标记。

数学：但这两种缩写可以互换只可能是因为这两个概念需要的描述信息的类型是一样的。

作者：我想是的。我的意思是，没理由认为只能写成 $m(x) \equiv x^2$ 不能写成 $m_x \equiv x^2$。

数学：因此向量就是机器，机器就是向量？

作者：必须是这样！毕竟，这两个概念的性质是一模一样的。我们只是一开始没有意识到。我们将有 n 个格子的向量视为 n 维空间中的点，因此我们形成了**适合这种解读**的缩写。现在虽然这些缩写没有什么**错**，它们却没有明显体现出向量其实就是一种机器，反过来也是一样。这两个概念**在逻辑**上是等同的，只不过我们采用的标记使得它们没有在**心理**上等同，因此我们错过了这两种思想背后的统一性！

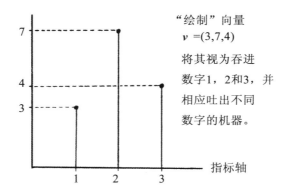

"绘制"向量
$v = (3, 7, 4)$
将其视为吞进
数字1，2和3，并
相应吐出不同
数字的机器。

指标轴

图 N.1　到目前为止，我们都是将$(3，7，4)$这样的向量视为三维空间中的点。不过我们也可以将其视为机器。这台机器并不是什么都吃：它除了 1，2 和 3，其他的都不能吃。这样描绘向量的优点在于，一旦超出了三维，我们的图形化能力还可以保留。绘制十七维只需要绘制高度不等的十七条垂线就可以了。绘制无穷维空间中的一个点只需要在普通的二维中绘制普通"函数"的一幅普通的"图"就可以了。

　　数学：但它们到底是什么呢？是机器其实是向量，还是向量其实是机器？

　　作者：我不认为必须二选一。这些东西并没有隐藏什么能够欺骗我们的本质。这个东西是我们自己发明的。并没有什么看起来像向量其实是机器的东西，反过来也一样。

　　读者：但这是不是太随意了？我的意思是，像 $m(x) \equiv x^2$ 这样的机器看起来就像机器，虽然我们可以把它视为向量。难道你认为它既是机器也是向量？

　　作者：当然！而且如果我们不愿意承认这一点，我们就前后不一致。因为最初，我们的世界中唯一的数学"定律"就是：**我们可以随心所欲地缩写**。这意味着我们定义事物时只能根据它们的性质而不是它们是什么。并且**这个**肯定也是数学家都如此热衷于用公理定义他们研究的对象的原因。在每一个数学分支，他们最初选择定义的方式其实一直都是受这个秘密的潜定律驱动：数学对象不是符号。我们研究的不仅仅是纸上的这些弯扭符号。如果没有哪个特别的缩写选择是神圣的，那么自然而然公

337

理方法和与之有关的一切就都是"定义仅取决于同态"！**只能**是这样。如果不是这样，我们就违背了数学的唯一律法：我们不得不认为，某些缩写集具有内在的特殊性。

读者：嘿，嗯，你在说大话，我有个问题。既然 $(3，7，4)$ 这样的向量可以视为三维空间中的点……既然 n 维向量可以视为 n 维空间中的点……那我们能不能将 $m(x)\equiv x^2$ 这样的机器视为"无穷维空间中的点"？

作者：我认为可以。

数学：那就太漂亮了！我们能为此专写一章吗？

作者：当然！我们必须搞清楚它。

读者：我们一直以来做的不就是这个吗？

作者：啊哈！我想是的。这很有意思！来吧，我们继续！

······

（作者意识到了什么，陷入了沉默。

在其他人跳进下一章的时候，

他决定留在后面重温一下这个插曲。）

······

作者：······

读者：······嗨！

作者：（吓了一跳）哦！我还以为你走了。你不会也是来重温这个吧？

读者：不是。怎么啦？

作者：没什么。

读者：说真的，有什么问题吗？

作者：没有没有，没问题······只是刚才打断了······

读者：打断了什么？

作者：嗯，只是······下一章没有对话了······后面也没有其他章节了······所以，我意识到······我不知道还能不能，你知道的······再······见到你。

读者：哦。

作者：是的。

读者：干嘛不增加一个最后章节呢？

作者：我有这个打算。不是真正的一章或插曲。更像是……插章。不过，我对这个的感觉相当怪异。谁知道到时候会怎么样呢。而且不管怎样，里面也不会有数学。那些都在第 $\aleph$ 章，也就是下一章。因此我意识到……就算我们还能再见一次面……以后也没机会了。数学。那将是我们最后一次。

读者：哦……我明白了。

作者：我直到写完这个插曲……才意识到。

读者：你不是还在写吗？

作者：不是。我这么做只是为了和你聊天。这不是为这本书写的。

读者：什么？为什么？

作者：我不想改变那一节的氛围。你……他们……解读都是错的。有时候你不得不隐瞒一些东西。

读者：对谁隐瞒？

作者：对你！为了这本书！为了叙述得好。

读者：那你为什么又要……你知道的……披露这些呢？

（作者叹气。）

作者：等这本书结束了我会非常想念你的。

第ℵ章
无穷荒野的无穷魅力

ℵ.1　虚空的惊人统一

不同的物理学思想描述的已知理论得出的所有预测可能都是等价的，因此在科学上是没有区别的。然而，当以它们为基础探索未知时，它们在心理上并不等同。不同的观点揭示了不同的可能修正方式，因此当人们在探索未知时，以它们为基础提出的假说并不相同。

——费曼（Richard Feynman），

《诺贝尔奖演讲》(*Nobel Prize Lecture*)

数学并不是在平整的公路上谨慎驾驶，而是奇异的荒野之旅，在这里探险者经常会迷失方向。对历史学家来说，严格性是一个信号，表明这里的地图已经绘制好，真正的探险者已经往别处去了。

——安格林（W. S. Anglin），

《数学与历史》(*Mathematics and History*)

8.1.1　认真对待类比

在前面的插曲中，我们注意到了向量和机器的直接关联。在这一章，我们将认真对待这种关联，并在无穷维空间发展微积分——这个领域通常被称为"变分法"。在第 N 章我们看到，多变量微积分就是根据与单变量微积分一样的简单概念构建的。这里也是一样——变分法的符号操作基本还是和前面一样的——但这里还是有一种与单变量或多变量微积分很不一样的感觉。这个不一样的感觉是前面的插曲中我们认识到的向量和机器的统一所导致的。概念的统一让我们可以在对任何给定公式的两种不同解读之间来回切换，从而变分法的所有公式都可以视为在说两件不同的事情。这给了我们可以往前推进的两层直觉。

这本书到目前为止都不是采用传统方法。利用无穷小，我们尽量避开了极限；我们经常发明自己的术语；我们"反着"讲授这门课，从微积分开始，然后再用它来发明通常被认为是"预备知识"的主题，我们摈弃了以修饰和打磨过的形式呈现数学论证的标准做法，那种做法虽然很优雅，却遮蔽了发现它们的思维过程。

数学：我们试图阐明为什么

作者：只有在未知的特定死胡同中游荡，

数学：并遇到特定的迷惑，才能有特定的发现。

作者：因此没有迷惑

数学：就不会有理解。不过，

作者：虽然这本书到目前都很不传统，最后这一章却会更不传统。虽然变分法背后的思想很美也很简单，传统的讲授方式却没有体现出这种美和简单。在数学课和教科书上讲授变分法的标准方法过于谨慎和形式化（就连相对不那么形式化的应用数学课程也是如此），以至于变分法和学生更熟悉的微积分之间的精确类比几乎从没有清晰展现过。这些思想的标准讲法虽然逻辑正确，谨慎的态度也可以理解，却是教学的噩梦，彻底迷失在"检验函数""分布""广义函数""线性泛函""弱导数""变分"等精巧的概念之中。所有这些精巧的概念就其本身来说都是美丽的思想，却比人们掌握背后的思想所需的要复杂得多。我会尽我所能以最简单的方式解释变分法，并在每一步澄清它与我们已知的东西的直接类比。同以往一样，新思想和旧思想之间的类似不是偶然的，这是旧思想为创新者构建新思想提供了原材料的直接结果。

ℵ.1.2 幸运眷顾勇者！

目前我们还不知道微积分的那些熟悉的操作在应用于无穷维时能不能继续有效。也许不再适用。不过，要检验一项推广是否有意义，以及总是有意义，就要看它能不能做到我们想要的，在整本书中一直都是这样。对于我们的直觉能够认识到正确答案的简单情形，在大多数时候，"我们想要的"都与我们的直觉一致。因此我们可以自信地宣称，不管我们将要做的事情有没有意义，还是值得冒险。我们直接掷出骰子，勇往直前。

ℵ.2 进入荒野

ℵ.2.1 为类比建立词典

既然决定严肃对待机器与向量的类比，我们就建立一个词典，让这个类比更加精确。这样我们就能更方便地在关于向量的语句和关于机器的语句之间来回转换，并帮助我们搞清楚在这个无穷维的新世界怎么做微积分。下面的方框就是我们的词典，其中每个"定义"由两行组成。第一行的一对是用词语描述的向量/机器类比的特定部分的描述，第二行则是用符号表述相同的东西。符号"⟺"表示"在向量/机器的类比中左边和右边的东西是一对"。这个词典并不完整，在这一章后面部分我们会看到更多统一机器和向量的途径。不过，这个词典完整描述了我们到目前为止的思想，即机器和向量可以视为更广义的概念的两个特例。准备，词典！

词典说明

（用词语描述的）关于向量的事情⟺（用词语描述的）关于机器的事情

（用符号描述的）关于向量的事情⟺（用符号描述的）关于机器的事情

词典

向量⟺机器

$$\boldsymbol{x}\Leftrightarrow f$$

向量的索引⟺机器的输入

$$i\Leftrightarrow x$$

向量在某个索引处的成分⟺机器在某个输入下的输出

$$x_i\Leftrightarrow f(x)$$

吃向量的机器⟺吃机器的机器

$$F(\boldsymbol{x})\Leftrightarrow F[f(x)]$$

求和⟺积分

$$\sum_{i=1}^{n}x_i\Leftrightarrow\int_a^b f(x)\mathrm{d}x$$

ℵ.2.2　数学中的同类相食

通过严肃对待机器和向量的类比，我们建立了上面的词典，这样我们就可以将关于向量的陈述转换为关于机器的陈述。但是在建立词典时我们写下了一对不是很熟悉的符号，比如 $F[f(x)]$。[①] 我们应该先问清楚我们研究的是什么对象。多数多变量微积分研究的是吞进去一个向量 $\boldsymbol{x}$ 吐出来一个数 $F(\boldsymbol{x})$ 的机器。因此，认真对待向量/机器的类比意味着在变分法中，我们研究的是吞进去整台机器 $f(x)$ 吐出来一个数 $F[f(x)]$ 的

[①]　澄清一下，我们在写 $F[f(x)]$ 时之所以用方括号是因为(1)$F(f(x))$ 标记中的括号比较多，(2)写成 $F(f(x))$ 可能显得机器 f 和 F 好像处于相同的抽象层面。虽然它们都是机器，虽然 $F[f(x)]$ 中的方括号与圆括号起到的作用是一样的，标记的稍许差别还是能提醒我们 f 是吞进去一个数吐出来一个数的机器，而 F 则是吞进去整个机器吐出来一个数的机器。这是一个重要区别：虽然像 f 这样的普通函数也可以出现在像 $f(g(x))$ 这样的项中，机器 f 还是只吞进去一个数(g 在输入 x 时的输出)，而 F 则是真正吞进去整台机器。F 会捕食同类，f 不会。

机器。这种吞食同类的机器通常称为"泛函"，其实我们已经见过几种泛函，虽然我们当时没有这样看待它们。例如，

$$积分\big[f(x)\big] \equiv \int_a^b f(x)\,\mathrm{d}x$$

本身就可以视为一台机器，即吞进去整台机器 $f(x)$ 吐出来一个数——$x=a$ 和 $x=b$ 之间 $f(x)$ 的图形下的面积——的"大机器"。将不同的机器喂给同类相食机器"积分"会得到不同的数。

另一个我们已经遇到过的例子是所谓的"弧长泛函"。在第 6 章末尾，我们证明了积分

$$弧长\big[f(x)\big] \equiv \int_a^b \sqrt{1+f'(x)^2}\,\mathrm{d}x$$

可以视为一台吞食整台机器 $f(x)$ 吐出来一个数——$x=a$ 和 $x=b$ 之间 $f(x)$ 的图形的长度——的大机器。

还有一个泛函的例子是所谓的机器 f 的"范"。"范"其实就是将 f 解读为无穷维空间的向量时 f 的"长度"的精致说法。对长度的这种解读与前面的弧长解读无关。它其实是通过推广熟悉的向量长度概念——受捷径公式启发——来定义无穷维中的"长度"概念。我们还没有见过这种特殊的同类相食机器，先花点时间搞清楚这种思想的来源，将有助于更好地理解在新的无穷维世界中所使用的推理方式。

ℵ.2.3 在无穷荒野中度量长度

在插曲 1 中，我们发明了捷径公式，也就是勾股定理。首先，注意我们可以将这个公式解读为关于二维向量的事实。向量 $v \equiv (x, y)$ 的 x 和 y 成分就是长度，并且它们相互垂直，所以向量的长度是

$$长度[v] \equiv l = \sqrt{x^2+y^2}\,。$$

现在的问题是三维、四维是不是也有类似的公式。由于二维向量的长度公式中有很多 2（即每个成分都取 2 次幂之后求和，然后整个取 $\frac{1}{2}$ 次幂），我们可能会认为这个与向量所处的维度（2）有关，整个公式的指数（也与 2

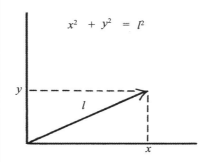

图 8.1　捷径公式告诉我们向量 $v \equiv (x, y)$ 的长度为 $l \equiv \sqrt{x^2 + y^2}$。这将启发我们定义无穷荒野中的长度。

有关)不是出于巧合。因此我们可能会猜测三维向量 $v \equiv (x, y, z)$ 的长度公式是

$$\text{长度}[v] \overset{???}{=\!=\!=} (x^3 + y^3 + z^3)^{\frac{1}{3}}。$$

我们确实可以选择这种度量，[①] 但如果我们想让这个度量与我们的日常语言相符，就不能这样选择。虽然我们可以这样做，可以发明任何我们想要的东西，长度却有每个人无需数学就能懂的独立的日常意义，因此**如果我们想让"长度"的意义符合日常观念，三维或四维或 n 维向量的长度就不是我们可以任性发明的东西，而是我们必须去发现**的东西。因为目前我们仅有的用来解决这个问题的原材料就是二维的捷径公式，因此有必要问一下我们能不能用这个公式去发现相应的更高维的未知公式，并最终将其扩展到新的无穷维荒野。

如图 8.2 所示，的确有可能根据二维版本的捷径公式建立三维的捷径公式。这个论证表明三维向量 $v \equiv (x, y, z)$ 的长度是

$$\text{长度}[v] = \sqrt{x^2 + y^2 + z^2}。$$

现在，反复应用二维版，我们就能建立类似的 n 维捷径公式。显然它有

---

① 数学家也的确这样做了。这种度量长度的方式称为"三阶范数"。将其作为长度定义是完全合理的，不过它与三维空间没有特别的关联，它与我们日常的长度意义也不相符，因此在这里我们不关注它。

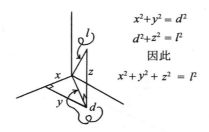

图ℵ.2　两次应用捷径公式就能建立原公式的三维版本。这幅图表明三维向量
$\boldsymbol{v}\equiv(x,\ y,\ z)$ 的长度是 $l\equiv\sqrt{x^2+y^2+z^2}$ 。

相同的形式：n 维向量 $\boldsymbol{x}\equiv(x_1,\ x_2,\ \cdots,\ x_n)$ 的长度是

$$长度[\boldsymbol{x}]=\sqrt{x_1^2+x_2^2+\cdots+x_n^2}\ 。 \tag{ℵ.1}$$

现在如果我们认真对待机器和向量的类比，就应当能定义机器的"长度"
或"大小"，只需将机器解读为具有无穷多格子的向量就行了。这样我们
就可以得到无穷维空间的某种"捷径公式"，在这个意义上，它将是一个
关于无穷维几何的陈述。这听起来好像挺复杂，但其表面上的复杂主要
是我们用来描述这个思想的词汇的错，比如"无穷维空间"之类的。虽然
语言看似复杂，背后的思想却极为简单。我们只需照着词典推广公式
(ℵ.1)就可以了。也就是说：如果我们将机器视为向量，则式(ℵ.1)告诉我
们的是，机器的"长度"应当这样计算：(1)取每一格的平方，(2)都加到
一起，(3)在整个式子上面放一个平方根符号。即：

$$长度[f(x)]=\sqrt{\int_a^b f(x)^2\mathrm{d}x}\ 。 \tag{ℵ.2}$$

依葫芦画瓢推广捷径公式后，我们就可以谈论所有那些让自己显得很聪
明的东西了，比如"将函数 f 视为无穷维空间中的向量时，长度就是积分
$f(x)^2$ 的平方根"。而且我们也确切知道这种形式的语句是什么意思，虽
然我们压根画不出自己所说的东西！投机取巧，对吗？我们怎么知道这
是对的？嗯，同以往一样，如果我们想让无穷维空间的性质类似我们熟
悉的有穷维空间，就只能将无穷荒野的长度**定义**为式(ℵ.2)。到目前为止
我们从事的还不是标准数学而是前数学，因此前面的论证不存在对和错。

这只是用数学概念基于一个显然的理由论证了我们在一开始对无穷维长度的具体定义的选择。

现在我们定义了机器的"长度"的概念，我们可以谈论比如"什么什么机器是无穷小"。也就是说，现在我们可以在无穷荒野中谈论大小了，我们可以探索一下如何发明无穷维微积分的思想了！

ℵ.3　发明同类相食微积分

ℵ.3.1　同以往一样，循旧立新

我们最关注的不是对象的本质，而是它们的性质。这是数学中永恒的真理，我们从一开始就认识了这条原则。的确有许多可能的面积或斜率定义，与我们采用的定义性质不一样。那些定义可能比我们的定义要复杂得多，研究起来也困难得多。但是，我们的定义的性质符合我们的需要，因为我们要求它们这样，也因此我们可以只关注它们。虚空中有无穷多种机器，其中大多数都比我们在第 5 章研究的 4 种类型的机器复杂得多，但我们选择研究这 4 类特殊的机器是因为我们确切知道关于它们可以说些什么。我们也知道我们关于它们的说法是准确无疑的，因为我们就是根据它们的性质来定义它们的。

这里我们面对的是同样的原则，只不过有了不同的伪装。抛开教科书的条条框框，我们应该怎样定义吃进去整台机器吐出来数的机器的导数，才能对它们执行我们原先可以执行的相同操作呢？课本上的习惯做法是**先**定义一些要谈论的函数（就好像那是驱动数学创造的首要关切），然后再往下推演结果。我们不想忍耐这种做法，宁愿采取相反的途径。我们将采用前数学的方式来**推导**无穷维微积分的定义，保持我们所谈论的函数的具体位置为未知，**迫使**这些新的对象——不管它们可能是什么——性质像我们熟悉的微积分一样符合我们的要求，然后再向前推进。最重要的也许是，在这个新的世界里"导数"的意义到底是什么，我们应

当要求导数还是可以视为一个无穷小量除以另一个无穷小量。只有这样才能将到目前为止我们在这本书中发展的微积分知识带进这个野性的荒野。至于到底是什么对象遵循这样的操作，以及如何用集合论的语言描述这些对象，那都是以后的事情，可以留给对这些工作感兴趣的人完成。一旦尘埃落定，如果最后发现研究的对象与最初预想的不一样，那也只能接受。我们不关心本质。

因此，假设我们得到了一台同类相食机器，意思是吃进去整台机器 $f(x)$ 吐出来一个数 $F[f(x)]$ 的机器。在多变量微积分中我们定义了偏导数：从机器 $F(x)$ 开始，对 x 的一个格子做无穷小变化，其他格子保持不变，然后观察变化之前和之后输出的差异，并除以输入在之前和之后的差异。本着循旧立新的精神，我们可以用一模一样的方式定义无穷荒野的导数。

给定同类相食机器 F，我们有无穷多个可以变化的"格子"。对吃向量的机器，这些格子标记为 x_1，x_2，$\cdots$，x_n。现在，对吃整台机器的机器，这些格子标记为 $f(0)$，$f(0.001)$，$f(3)$，$f(796.5)$，等等。我们无法具体列出每个格子，但每个数 x 都对应一个。对于向量 x，x_3 标记位于第三个格子的数，现在符号 $f(x)$ 标记的则是位于机器 f 的第 x 个格子的数。据此，我们开始定义同类相食机器的"偏导数"。

首先缩写：

$$\delta F[f(x)] \equiv F[f(x) + \delta f(x)] - F[f(x)]。 \tag{\aleph.3}$$

在解释其意义之前，有必要强调的是，不用 d 而用怪异的符号 δ **不是**为了迷惑你，而是为了让你能看出标准教科书上喜欢用的符号所表达的**思想**其实是多么简单，与单变量微积分是多么相似。如果 δ 吓到了你，本着对数学的爱，请把我写的符号划掉，重新写成 d。无论用哪种符号，这些等式表达的都是相同的内容。

好了。在上面的等式中，符号 $\delta f(x)$ 表示一台无穷小机器，就好像 dx 在单变量微积分中表示一个无穷小的数一样。之所以说这台机器是"无穷小"，依据的是我们在式 $(\aleph.2)$ 中对机器"长度"或"大小"的定义，这个定义是受捷径公式启发。如果根据这个定义机器的长度为无穷小量，就说它是"无穷小机器"。关键在于，同单变量微积分一样，$\delta f(x)$ 中的 f 与 $f(x)$ 中的 f 不是一回事。[①]

对于标记还有一点：$F[f(x)]$ 写成 $F[f]$ 可能更正确，因为它不是依赖于某个具体的 x 值，而是整台机器 f。不过，根据我的经验，从长远来看用 $F[f(x)]$ 更不容易混淆。因此，当我们需要说明相对于哪个具体的格子求导时，除了 x 我们还需要另一个字母。我们不会用 y 之类的，这容易让人联想到"垂直"，而是用 $\bar{x}$。x 上面的波浪线是说"这是一个不同于 x 的符号，它们指的可能是也可能不是相同的点"。仅此而已。好了，有了这些之后，根据我们的词典，我们可以定义 F 相对于特定格子 $f(\bar{x})$ 的导数为

$$\frac{\delta F[f(x)]}{\delta f(\bar{x})},$$

其中 $\delta F[f(x)]$ 的定义同等式(N.3)中一样，$\delta f(\bar{x})$ 就是某台不相关的无穷小机器 δf（我们让它的具体形式保持未知，就像我们最初对变量的处理一样）在喂进去输入 $\bar{x}$ 时的输出。我们用实际例子来说明一下。假设我们有一台特定的同类相食机器

$$F[f(x)] \equiv \int_a^b f(x)^2 \, \mathrm{d}x,$$

则根据前面的定义，

$$\delta F[f(x)] \equiv F[f(x) + \delta f(x)] - F[f(x)]$$

$$\equiv \left(\int_a^b [f(x) + \delta f(x)]^2 \, \mathrm{d}x \right) - \left(\int_a^b f(x)^2 \, \mathrm{d}x \right)$$

---

① 这一点需要解释一下：在单变量微积分中，标记 $x + \mathrm{d}x$ 指的是 x 加上一个**无关的**无穷小量。写"$x + \mathrm{d}x$"时我们写了四个符号：(1) x，(2) $+$，(3) d，(4) x。我们知道第 (1) 个 x 与组成第二项"$\mathrm{d}x$"的第 (4) 个 x **毫无关联**。单变量微积分中的标记 $\mathrm{d}x$ 不是对数 x **做某种操作**得到的东西；它就是一个（不相关的）无穷小量。虽然我们已经知道这个，在理解等式(N.3)中的缩写时还是有必要强调这一点。然而，令人迷惑的是，在许多数学领域中，d(**某物**)中的 d **确实**指的是作用于跟在后面的(**某物**)的操作，而且变分法课本中也经常这样使用 δ，以表示他们所说的"变分"。现在先不用担心这个。后面我们还会遇到这个思想。

$$= \left\{ \int_a^b \left[f(x)^2 + 2f(x)\delta f(x) + (\delta f(x))^2 \right] dx \right\} - \left(\int_a^b f(x)^2 dx \right)$$

$$= \int_a^b \left[f(x)^2 + 2f(x)\delta f(x) + (\delta f(x))^2 - f(x)^2 \right] dx$$

$$= \int_a^b \left[2f(x)\delta f(x) + (\delta f(x))^2 \right] dx \, 。$$

因此直接除以 $\delta f(\tilde{x})$，得到

$$\frac{\delta F[f(x)]}{\delta f(\tilde{x})}$$

$$= \frac{1}{\delta f(\tilde{x})} \int_a^b \left[2f(x)\delta f(x) + (\delta f(x))^2 \right] dx$$

$$= \int_a^b \left[2f(x)\frac{\delta f(x)}{\delta f(\tilde{x})} + \delta f(x)\frac{\delta f(x)}{\delta f(\tilde{x})} \right] dx \, 。$$

ℵ.3.2　无穷前数学，第 1 部分：他们从未讨论过的一种可能

到这里好像进行不下去了，因为我们不清楚符号

$$\frac{\delta f(x)}{\delta f(\tilde{x})}$$

指的是什么。不过这个东西是我们自己发明的，因此与其问"下一步该怎么办？"不如问一下，"我们**想要** $F[f(x)]$ 的导数是什么？"如果觉得这像是反向推理，再想一下！请记住在这本书中我们是在做什么。将以前熟悉的概念推广到狂野奇异的领域时，总是需要进行选择。要选择的是：用原来的概念的哪些方面来建构更一般的新概念？这里，我们很快会看到，要选择的其实是我们想让导数

$$\frac{\delta}{\delta f(\tilde{x})} \int_a^b f(x)^2 dx$$

等于 $2f(\tilde{x})$ 还是 $2f(\tilde{x})dx$。接下来我们就会看到为什么。回到前面的计算，我们停下来是因为我们还没有明确

$$\frac{\delta f(x)}{\delta f(\tilde{x})}$$

是什么意义。如果我们不说清楚想怎样定义不同的"向量格子" $f(x)$ 和

$f(\bar{x})$ 相对于对方的泛函导数，就无法进一步定义同类相食机器 $F[f(x)]$ 的泛函导数。也许我们的词典能帮上忙。回想一下在单变量微积分中，我们有

$$\frac{\partial x_i}{\partial x_j}=\begin{cases}1,\ \text{当}\ i=j\ \text{时；}\\0,\ \text{当}\ i\neq j\ \text{时。}\end{cases} \tag{ℵ.4}$$

这其实说的是不同变量 x_1，x_2，$\cdots$，x_n 可以视为"相互垂直的方向"，因此沿着其中一个前进的时候不会改变在其他方向上的位置，就好比朝东或朝西走不会改变沿南北轴的位置一样。由于我们可以按自己的意愿进行推广，因此可以选择定义

$$\frac{\delta f(x)}{\delta f(\bar{x})}\underset{\text{这样如何?}}{}\begin{cases}1,\ \text{当}\ x=\bar{x}\ \text{时；}\\0,\ \text{当}\ x\neq\bar{x}\ \text{时。}\end{cases} \tag{ℵ.5}$$

如果这样选择，我们就能继续推进，前面的泛函导数就会变成

$$\frac{\delta F[f(x)]}{\delta f(\bar{x})}$$

$$=\int_a^b\left[2f(x)\frac{\delta f(x)}{\delta f(\bar{x})}+\delta f(x)\frac{\delta f(x)}{\delta f(\bar{x})}\right]\mathrm{d}x$$

$$\xlongequal{(ℵ.5)}2f(\bar{x})\mathrm{d}x+\delta f(\bar{x})\mathrm{d}x。$$

注意每一项都包含 $\mathrm{d}x$，因此每一项都是无穷小。但是，第二项是两个无穷小相乘，所以要无穷小于第一项。因此，有了这个定义，我们可以说

$$\frac{\delta F[f(x)]}{\delta f(\bar{x})}=2f(\bar{x})\mathrm{d}x。$$

这个说的是式(ℵ.5)作出的选择使得所有泛函导数都是无穷小。从直观上来说，为什么是这样呢？在多变量微积分中，式(N.4)作出的选择，即

$$\frac{\partial x_i}{\partial x_j}=\begin{cases}1,\ \text{当}\ i=j\ \text{时；}\\0,\ \text{当}\ i\neq j\ \text{时。}\end{cases}$$

使得偏导数一般为普通的数，不会是无穷小或无穷大的数。例如，在多变量微积分中，

$$\frac{\partial}{\partial x_k}\sum_{i=1}^n x_i^2 \tag{ℵ.6}$$

$$=\frac{\partial}{\partial x_k}(x_1^2+\cdots+x_k^2+\cdots+x_n^2)$$

$$=0+\cdots+0+2x_k+0+\cdots+0$$
$$=2x_k。$$

注意取导数后并没有 $\mathrm{d}x$ 之类的无穷小量附在后面。为什么这里在做出式(ℵ.5)的选择后，我们会得到如下结果呢？

$$\frac{\delta}{\delta f(\bar{x})}\int_a^b f(x)^2\mathrm{d}x=2f(\bar{x})\mathrm{d}x \tag{ℵ.7}$$

这两个式子是如此类似，以至于很难明白为什么会一个得出正常的数另一个得出无穷小。其实，我们可以再次无视标准教科书的谨慎，直接得出答案。式(ℵ.6)的求和是对有限大小事物的求和，因此毫不奇怪我们得到有限大小的导数。而式(ℵ.7)的积分是对**无穷小**事物的求和，它是无穷薄的矩形面积的求和，其中每一个都类似 $f($**某个数**$)\mathrm{d}x$，而 $f($**某个数**$)$ 是 3 或 7 或 52 这样的普通数，$\mathrm{d}x$ 则是"无穷小"量。因此，像式(ℵ.5)那样定义"偏泛函导数"——这样做是因为我们想尽量像式(ℵ.4)那样定义它们——最终导致了我们的泛函导数成为无穷小量。

直观上来说这是对的。如果我们将机器图形**在某一点**的高度改变**无穷小量**，机器图形下的面积会改变多少呢？答案肯定会附有两个无穷小量：原矩形的无穷**小宽度**（来自 $\mathrm{d}x$）和**高度**的无穷小变化（来自 $\delta f(x)$）。因此，如果我们选择像式(ℵ.5)那样定义"偏泛函导数"，整个面积的**变化率**附有一个无穷小量就说得通了，因为计算导数时除以 $\delta f(\bar{x})$ 会抵消两个无穷小中的一个。

ℵ.3.3　无穷前数学，第 2 部分：更性感的定义

能不能用其他定义替代式(ℵ.5)，让我们的泛函导数是普通的有限大小的数呢？要回答这个问题，我们得回到定义 $\frac{\delta f(x)}{\delta f(\bar{x})}$ 的式(ℵ.5)之前的讨论。如果我们想将泛函导数定义为能确保简单的同类相食机器的导数是 $2f(\bar{x})$ 这样，而不是 $2f(\bar{x})\mathrm{d}x$。我们必须怎么做呢？之前的选择给我们留下了不想要 $\mathrm{d}x$，因此要使得泛函导数是有限大小的数，最笨（或者说最简单）的办法就是用下面这个定义：

$$\frac{\delta f(x)}{\delta f(\bar{x})} \underline{\text{这样如何？}} \begin{cases} \dfrac{1}{\mathrm{d}x}, & \text{当 } x = \bar{x}; \\[2mm] 0, & \text{当 } x \neq \bar{x}. \end{cases} \tag{ℵ.8}$$

我们来看一下这个选择会给我们什么。接着前面的，我们有

$$\frac{\delta F[f(x)]}{\delta f(\bar{x})}$$

$$= \int_a^b \left[2f(x) \frac{\delta f(x)}{\delta f(\bar{x})} + \delta f(x) \frac{\delta f(x)}{\delta f(\bar{x})} \right] \mathrm{d}x$$

$$\overset{(\text{N.8})}{=\!=\!=\!=} 2f(\bar{x}) \frac{1}{\mathrm{d}x} \mathrm{d}x + \delta f(\bar{x}) \frac{1}{\mathrm{d}x} \mathrm{d}x$$

$$= 2f(\bar{x}) + \delta f(\bar{x}).$$

同前面一样，$\delta f(\bar{x})$ 项要无穷小于 $2f(\bar{x})$ 项，因此我们可以直接写成

$$\frac{\delta F[f(x)]}{\delta f(\bar{x})} \overset{(\text{N.8})}{=\!=\!=\!=} 2f(\bar{x}).$$

棒极了！这正是我们想要的有限大小答案。这也并不让人意外，我们注意到将量 $\dfrac{\delta f(x)}{\delta f(\bar{x})}$ 定义为**无穷大**可以抵消积分本身是大量无穷小之和所起的作用。

ℵ.3.4　在 $d \to \partial \to \delta$ 的变化中再增加两个 δ

这样我们就找到了能得出有限大小答案的泛函导数定义。考虑过各种可能的定义的推论后，我们对单变量、多变量和无穷维微积分之间的关系以及为什么后者是这样有了更清晰的认识。例如，如果我们选择式 (ℵ.8) 的定义，就不难看出下面等式之间的相似性，虽然标记从 d 变成了 ∂ 又变成了 δ，从什么都没有变成了 $\sum$ 又变成了 $\int$：

$$\frac{\mathrm{d}}{\mathrm{d}x} x^2 = 2x, \tag{ℵ.9}$$

$$\frac{\partial}{\partial x_k} \sum_{i=1}^n x_i^2 = 2x_k, \tag{ℵ.10}$$

$$\frac{\delta}{\delta f(\bar{x})} \int_a^b f(x)^2 \, \mathrm{d}x = 2f(\bar{x}). \tag{ℵ.11}$$

如果我们不对所有变量求和，只是对某个特定的平方项求导，同样的相似性依然成立。很快我们就会看到这一点，但我们需要先讨论一下传统标记的两个互锁项。之前，我们曾将 $\frac{\partial x_i}{\partial x_k}$ 定义为在下标相同时为 1，不同时为 0。课本上称这个为"克罗内克 δ 函数"，听起来很炫，记为

$$\delta_{ij} = \begin{cases} 1, & \text{当 } i = j \text{ 时；} \\ 0, & \text{当 } i \neq j \text{ 时。} \end{cases} \tag{$\aleph$.12}$$

虽然"克罗内克"这个名字可能让人联想到某个关押最危险罪犯的小岛监狱，它的思想其实却很简单。注意让人混淆的标记神奇地相遇了，符号 δ_{ij} 与无穷维微积分中替代 d 和 ∂ 的 δ 没有关联。

我们还将 $\frac{\delta f(x)}{\delta f(\bar{x})}$ 定义为 x 和 $\bar{x}$ 相等时为 $\frac{1}{\mathrm{d}x}$，不等时为 0。你不会觉得奇怪，课本上为这个也取了好笑的名字。课本上称这个为"狄拉克 δ 函数"，这个术语不怎么好，不过我们还是会容忍它，因为它是以一个极为古怪而杰出的家伙的名字命名的。虽然课本上通常不这样写，狄拉克 δ 函数还是可以定义为：

$$\delta(x) = \begin{cases} \dfrac{1}{\mathrm{d}x}, & \text{当 } x = 0 \text{ 时；} \\ 0, & \text{当 } x \neq 0 \text{ 时。} \end{cases} \tag{$\aleph$.13}$$

我们可以将这个函数视为几乎处处为零，除了 $x = 0$ 之外，在这一点可以将其视为"无穷高的尖峰"。我们可以将上面的定义表示为稍微复杂一点但与克罗内克 δ 函数的类比更清晰的形式：

$$\delta(x - \bar{x}) = \begin{cases} \dfrac{1}{\mathrm{d}x}, & \text{当 } x = \bar{x} \text{ 时；} \\ 0, & \text{当 } x \neq \bar{x} \text{ 时。} \end{cases} \tag{$\aleph$.14}$$

现在可以看出来这个与克罗内克 δ 函数完全类似，在其中：(1)两者的 δ 符号的描述都有两个"变量"，(2)当这两个变量不相等时，两个 δ 符号都等于 0，(3)当两个变量相等时，δ 符号的取值将使得多变量微积分与变分法有相同的性质。最后这句话可能不是很清楚，我们用一个例子来说明一下。

在式($\aleph$.9)、($\aleph$.10)和($\aleph$.11)中，我们展示了 3 种微积分的相似性：单

变量、多变量和同类相食（你愿意的话也可以称之为"变分"或"泛函"之类的）。利用这些新的 δ 符号，我们可以用另一种方式展现这种相似性，而不用对所有项求和。论证过程与我们在第 3 章发明重新缩写锤子（"链式法则"）几乎是一样的，我们得到

$$\frac{\partial}{\partial x_k}x_i^2=\left(\frac{\partial x_i}{\partial x_k}\right)\left(\frac{\partial}{\partial x_i}x_i^2\right)=2x_i\delta_{ik}$$

和

$$\frac{\delta}{\delta f(\bar{x})}f(x)^2=\left(\frac{\delta f(x)}{\delta f(\bar{x})}\right)\left(\frac{\delta}{\delta f(x)}f(x)^2\right)=2f(x)\delta(x-\bar{x})。$$

因此，用这两个新版的 δ 符号（克罗内克和狄拉克，在上面两个等式的右边，与左边泛函导数的 δ 符号没有关联……明白了为什么我抱怨标准标记吗？搞得我写出这样的句子！），我们可以用另一种方式揭示这 3 种微积分的相似性：

$$\frac{\mathrm{d}}{\mathrm{d}x}x^2=2x，$$

$$\frac{\partial}{\partial x_k}x_i^2=2x_i\delta_{ik}，$$

$$\frac{\delta}{\delta f(\bar{x})}f(x)^2=2f(x)\delta(x-\bar{x})。$$

看明白是怎样相似的吗？当然，出于各种历史和文化的复杂原因，数学家（以及他们写的数学书）通常都不会这样讲授变分法。下一节我们会简要说一下这门课的形式化以及讲授方式中一些更令人讨厌的方面。

ℵ.4　无穷维微积分的教学缺陷

ℵ.4.1　对积分泛函的难解偏好

在这门课的传统讲法中，并不经常澄清同类相食微积分与多变量微积分的相似之处，更不要说单变量微积分。例如，在变分法中，计算泛函导数的具体例子通常关注于所谓的"积分泛函"——即类似这样的同类相食机器：

$$F\big[f(x)\big]\equiv\int_a^b[\text{涉及 }f(x)\text{ 及其导数的东西}]\mathrm{d}x \text{。}$$

我们已经见过的一些"积分泛函"的例子，包括积分本身，

$$\text{积分}\big[f(x)\big]\equiv\int_a^b f(x)\mathrm{d}x\,\text{；}$$

弧长泛函，即 f 的**图形**的长度，

$$\text{弧长}\big[f(x)\big]\equiv\int_a^b\sqrt{1+f'(x)^2}\,\mathrm{d}x\,\text{，}$$

以及"范数"，即将 f 解读为无穷维空间的向量的长度。前面说过这个"长度"与前面的弧长没有关联，是将向量"长度"的概念推广到无穷维。这会得到：

$$\text{长度}\big[f(x)\big]\equiv\sqrt{\int_a^b f(x)^2\mathrm{d}x}\ \text{。}$$

课本上通常将这个写为 $\|f(x)\|$ 或 $\|f\|$ 而不是长度 $\big[f(x)\big]$，但意思是一样的。现在，基于这个背景，（我打赌）大部分人在第一次接触这门课时都会有一个问题，但我从没见过有哪本书解释过：为什么同类相食微积分几乎无一例外都关注"积分泛函"，而不是不一定要写成积分形式的更广义的泛函？学生有疑惑是对的，因为原因其实相当微妙。

的确，来自实际问题的泛函例子大部分**是**积分泛函，但是同类相食微积分**教学**之所以不愿意用更广义的例子来向初学者展示同类相食微积分与多变量微积分的相似性是出于其他原因。首先，注意在所有积分泛函中，无论何种形式，$f(x)$ 中的 x 都表现为"约束变量"。用几个例子解释一下是什么意思，以及为什么这个有影响。考虑积分泛函

$$F\big[f(x)\big]\equiv\int_a^b f(x)^2\mathrm{d}x\,\text{，}$$

根据我们的词典和前面的讨论，它在多变量微积分中对应于

$$F(\boldsymbol{x})\equiv\sum_{i=1}^n x_i^2\,\text{。}$$

我们已经看到，通过适当选取泛函导数的定义，我们能将多变量微积分中的表达式推广为同类相食微积分中的类似表达式，在这个例子中是将

$$\frac{\partial F(\boldsymbol{x})}{\partial x_k}=\frac{\partial}{\partial x_k}\sum_{i=1}^n x_i^2=2x_k$$

推广为

$$\frac{\delta F[f(x)]}{\delta f(\bar{x})}=\frac{\delta}{\delta f(\bar{x})}\int_a^b f(x)^2\,\mathrm{d}x=2f(\bar{x})。$$

在课本中，很少用简单具体的例子来澄清这两种计算之间的直接关联，但这不是这里的重点。重点是：为什么经常是**积分**泛函？为什么这门课的教材在举例时很少给出形为

$$\frac{\delta}{\delta f(\bar{x})}\big[f(x)^4-3f(x)^2+7f(2)\big]$$

这种涉及泛函导数而不是积分的表达式？就算这样的例子在应用中不重要，它们对于教学却相当重要，因此值得问一问为什么它们在变分法教科书中如此稀少。利用我们的词典，可以发现与上面这个多变量微积分的表达式对应的是

$$\frac{\partial}{\partial x_k}(x_i^4-3x_i^2+7x_2)$$

索引 i 是"自由的"，或未定的，不是出现在（比如）求和中，那样将所有可能值加起来时它的具体值是无关紧要的。由于 i 是未定的，对前面的偏导数的计算就必须考虑两种可能：要么 i 等于 k，要么不等于。利用上一节介绍的"克罗内克 δ 函数"的标记，我们可以同时符号性地考虑两种可能，写为

$$\frac{\partial}{\partial x_k}(x_i^4-3x_i^2+7x_2)=(4x_i^3-6x_i)\delta_{ik}+7\delta_{2k}。\qquad(8.15)$$

式 (8.15) 这样的表达式在多变量微积分的引论部分经常出现。但是将上面例子转换为同类相食微积分语言的类似表达式却基本不会出现在标准教科书中。转换后我们得到

$$\frac{\delta}{\delta f(\bar{x})}\big[f(x)^4-3f(x)^2+7f(2)\big]=\big[4f(x)^3-6f(x)\big]\delta(x-\bar{x})+7\delta(2-\bar{x})。$$

虽然让 x 保持未定在这里似乎没什么意义，但却很难不注意到上面的例子中变分法与单变量和多变量微积分中做法的直接类比。然而，像这样具有重要教学价值的"没用"例子在这门课的标准教法中很少展现。那为什么这样的例子在数学课本中很少展现呢？我想至少有如下一个原因。如果我们计算 $f(x)^3$ 相对于 $f(\bar{x})$ 之类的泛函导数，会得到启发性的表达

式 $3f(x)^2\delta(x-\bar{x})$，则要么 x 不同于 $\bar{x}$，这时整个表达式为 0，要么 $x=\bar{x}$，这时表达式等于

$$3f(x)^2\delta(0) \tag{ℵ.16}$$

我相信，这就是数学课本中通常不给出这样简单的例子的原因。多变量微积分的对应例子会给我们一个干净的有限大小的表达式，而变分法的例子中则附带有"无穷小"的数 $\delta(0)$，而根据许多数学课本的传统，这不被认为是一个有意义的表达式。而如果目标是给出这些概念在实数系中最优雅的"严格"形式化，将狄拉克 δ 函数禁锢在积分中的做法如此普遍就不难理解了，但这样却不利于对同类相食微积分的概念理解。根据我自己的经验，物理专业研究生对变分法的具体计算的熟悉程度远不如大部分数学专业的研究生。这是可以理解的，大部分数学家不想让涉及狄拉克 δ 函数的表达式出现在积分外面，而涉及"积分泛函"的类似表达式则被认为是洁净的。要明白为什么，想一下我们可以将 $\delta(0)$ 视为 $1/\mathrm{d}x$。因此，只要将上面的表达式都放到积分中，所有"无穷小"就都消失了。将上面的式子放到积分中（并假定 $\bar{x}$ 位于 a 和 b 之间），我们得到

$$\frac{\delta}{\delta f(\bar{x})}\int_a^b f(x)^3\,\mathrm{d}x$$

$$=\int_a^b \frac{\delta}{\delta f(\bar{x})}f(x)^3\,\mathrm{d}x$$

$$=\int_a^b 3f(x)^2\delta(x-\bar{x})\,\mathrm{d}x$$

$$=3f(\bar{x})^2\delta(0)\,\mathrm{d}x$$

$$=3f(\bar{x})^2, \tag{ℵ.17}$$

最后的两步彻底犯了忌。不过，就当删掉论证中涉及 $\delta(0)$ 的那一行，直接给出最后的结果。如果这样做，与原来的计算相比，或者与式（ℵ.16）相比，多数数学家会觉得这样更舒服，式（ℵ.16）涉及 $\delta(0)$ 是因为在没有积分保护的情况下取了泛函导数。我认为，这就是你通常会看到变分法教材和课程如此关注"积分泛函"的原因。只要我们限于积分泛函，所有泛函导数给出的表达式就可以避免思考 $\delta(0)$ 之类的东西。我必须强调的是数学家们在课程和教材中呈现同类相食微积分的方式在逻辑上没有任何

不对的地方。但是，由于牺牲掉了上面这种简单例子所能给予的"啊哈！"领悟时刻，我认为这种标准呈现方式在教学上是极不正确的。

说了这么多之后，我应当花点时间替标准教材辩护一下。在许多方面，我们假想的数学家的偏好都很有意义。$\delta(0)$ 这样的东西在实数系中很难定义，因此在将这一章的思想形式化时面临一个真正艰难的选择：

1. 坚持实数系，在将 δ 函数（和相关的对象）形式化时，不说 $\delta(0)$ 之类的，而代之以"测度""分布"或"检验函数空间的线性泛函"之类的说法。

2. 离开舒适的实数系，进入超实数系之类的东西，在其中无穷大和无穷小量被严肃对待。

如果目标是为这一章的概念发展出具有主流数学文化认可的严格性的形式理论，第一种选择就是更好的选择。那么我在这一章所批评的做法就不应当受到责难。如果我们的目标都是这个，标准做法就是达到这个目标的完美做法。

好了，在上面的讨论中，我们遇到了到这本书中一贯以来核心的前数学主题：更关注创造数学概念的思维过程，而不是这些数学概念可能衍生的大量推论。每个数学概念都存在不同的可能定义，泛函导数也不例外。虽然任何讨论最终都必须选择其中一个定义才能往下推导定理和构造证明，但只有探讨过不同候选定义的相对优缺点之后，我们最终才能透过打磨过的数学概念的形式化，理解最初推动这些发现的非正式的不受拘束的推理。

ℵ.4.2　古怪的语法习惯

虽然有式(ℵ.9)—(ℵ.11)之间的相似性，大部分变分法的教材在计算泛函导数时采用的却是相当不同的舞步。即便应用数学和理论物理的课本也是如此，在这里严格性的标准应当和纯数学很不一样，使得这种奇怪的舞步显得很不合适。请尝试多看一会后面的例子，但如果觉得迷惑也不要担心。它们的舞步是这样的：考虑如下形式的积分泛函

$$F[f(x)] \equiv \int_a^b M[f(x)]\mathrm{d}x,$$

然后它们定义

$$\delta F \equiv F\big[f(x)+\delta f(x)\big]-F\big[f(x)\big]$$

$$\equiv \int_a^b M\big[f(x)+\delta f(x)\big]-M\big[f(x)\big]\mathrm{d}x \text{。} \qquad (\aleph.18)$$

到这里他们通常会说，"用 $\delta f(x)$ 的幂展开 $M\big[f(x)+\delta f(x)\big]$"，得到类似这样的东西

$$M\big[f(x)+\delta f(x)\big]=M\big[f(x)\big]+\frac{\delta M\big[f(x)\big]}{\delta f(x)}\delta f(x)+O(\delta f(x)^2),$$

其中 $O(\delta f(x)^2)$ 表示"取决于 $\delta f(x)$ 的 2 次或更高次幂的东西"。然后他们将上面的展开代入式 $(\aleph.18)$，并忽略 $O(\delta f(x)^2)$ 中隐藏的所谓"高阶项"得到

$$\delta F \equiv \int_a^b \frac{\delta M\big[f(x)\big]}{\delta f(x)}\delta f(x)\mathrm{d}x,$$

而泛函导数则**定义**为积分**内部**的量，即 $\frac{\delta M\big[f(x)\big]}{\delta f(x)}$。注意这个答案与我们前面得到的**完全**一致，但上面的讨论有几个地方与我们熟悉的单变量和多变量微积分很不一样。首先，我们假想的这个虚拟课本用了某种类似怀旧装置的东西来展开 $M\big[f(x)+\delta f(x)\big]$ 项。这使得展开的 $M\big[f(x)\big]$ 项与 $-M\big[f(x)\big]$ 项抵消了。然后高阶项被神秘地去掉了。这么做的理由是如果我们将 $\delta f(x)$ 视为无穷小函数，类似于单变量微积分的 $\mathrm{d}x$，则 $(\delta f(x))^2$ 就应当无穷小于 $\delta f(x)$，因此有理由忽略它，以及所有高于 2 次幂的项。另外，注意到定义泛函导数的这个讨论开始时并**不是**寻找什么可以被合理称为泛函 F 的导数的东西，而是寻找导数的上半部分，这就是说，只是寻找 δF 项。然后在计算 δF 的过程中刚好出现在积分内部的某个东西被直接**定义**为泛函导数，却没有给出任何这样做的理由，或者积分内部的这个神秘项为什么值得被称为导数。这个古怪的论证的确得出了与我们前面的讨论相同的答案，但是相当绕圈子和让人迷惑。

　　就我自己的经验来说，我从外围观察了变分法很久，每当在课本或黑板上看到它的时候，心里就想，"喔！真复杂，"而其实每个理解基本微积分的人已经掌握了 90% 理解变分法所需的东西。只不过是(1)标记的不同，和(2)课本上通常用来计算泛函导数的不同舞步使得它**看起来**像是截然不同的领域，来自非常陌生的思想。

当然，上面这些思想在课本中有多种等价的形式化，但就像我们之前多次讨论的，逻辑等价远远不意味着心理等同。甚至在正式讲授之前，只需反复强调所有这些吓人的"新"东西与学生已经熟悉的"旧"东西有多相似，就可以消除许多困惑。至少我一直以来的感觉是这样。如果你厌倦了听我一次又一次说同样的东西……很好！现在尝试回忆一下在读其他课本时的反复抱怨，这些也许就会更有意义一点。

ℵ.5　无穷奖池：让我们的思想为我们服务

ℵ.5.1　通过重新发明已知来检验我们的发明

> 面对美的这种颤栗感，在数学之美的驱使下进行探索，并在自然中找到确切的应证，这种不可思议的事实说服了我，认为美才是人类心智最深刻的关切。
>
> ——钱德拉塞卡（Subrahmanyan Chandrasekhar），
>
> 《真理与美》
>
> （*Truth and Beauty*：*Aesthetics and Motiuations in Science*）

对单变量、多变量微积分与同类相食微积分的相似性谈论了这么多，还是有一个问题没有回答。我们选择的定义使得同类相食微积分的导数计算仍然与以前类似。我们迫使同类相食微积分的导数的性质与单变量和多变量微积分足够类似，这样我们在计算导数的时候就不用学习任何新的东西。我们只是将标记从 ∂ 和 d 改成了 δ，我们还写出了 $\dfrac{\delta}{\delta f(\bar{x})}\displaystyle\int_a^b f(x)^2\,\mathrm{d}x = 2f(\bar{x})$ 这类看似很高深的等式，而这其实就是对等式 $\dfrac{\mathrm{d}}{\mathrm{d}x}x^2 = 2x$ 的推广和伪装。

但是，到目前为止还是不清楚具有这种性质的简单定义导数能不能保留其他性质。我们能在多大程度上认真看待新思想和旧思想之间的这种相似性？例如，在单变量和多变量微积分中，我们可以通过求出机器导数为零的点来寻找机器的平点①。但是现在我们所有的等式都在两种不同的解读之间摇摆不定：一种将机器视为可以在二维中绘制的熟悉的曲线。另一种将机器视为"有无穷多个格子的向量"。因此，如果我们从一个同类相食机器开始，比如

$$F[f(x)]\equiv\int_a^b f(x)^2\mathrm{d}x,$$

然后对"向量"$f(x)$的所有格子令其泛函导数为 0（即，对所有 $\bar{x}$），这时也还是完全不清楚这个过程最后的结果是不是在某种意义上使得泛函取最大或最小的位置。用我们一直以来使用的技术计算泛函导数**并不**必然就意味着"导数等于 0"仍然是"平点"。

基于一贯的做法，我们不会去翻阅课本看"导数等于 0"是不是仍然意味着"平点"。我也不能直接说"是的，就是这样。让我们接受这个事实。"因此，如果我们想搞清楚是否在某种有用的意义上"导数等于 0"仍然意味着"平点"，我们就应当采取一直以来的做法：检验一些简单的情形，看我们的新思想能否给出期望的结果。

首先，让我们看一下上面这台熟悉的同类相食机器，即

$$F[f(x)]\equiv\int_a^b f(x)^2\mathrm{d}x,$$

由于 $f(x)^2$ 从不为负，因此很显然没有哪台机器 f 能使得 $F[f(x)]$ 为负。而且，唯一能使 $F[f(x)]$ 等于 0 的机器 f 是 $f(x)\equiv0$。从图形的角度来思考这个积分，如果 $f(x)$ 存在非零值，无论正负，则在一段小区间内所有点都有 $f(x)^2$ 为正，因此面积就会大于 0，从而使得 $F[f(x)]$ 大于 0。因此从直观上可以看出，在由所有机器组成的空间中（管他什么意思）机器 $f(x)\equiv0$ 会使得 $F[f(x)]$ 取最小值。因此，在我们新的同类相食微积分中，如果"导数等于 0"仍然意味着"平点"，对于这种情形如果我们还做原来的优化，数学给出来的答案就应当是 $f(x)\equiv0$。② 我们来试一

---

① 即课本上的行话说的局部极大值、局部极小值、鞍点。
② "优化"一词指的是我们熟悉的寻找平点的过程，即令导数等于 0，然后求出能使得条件成立的点。

下。如我们所知，F 的泛函导数是

$$\frac{\delta}{\delta f(\bar{x})} \int_a^b f(x)^2 \mathrm{d}x = 2f(\bar{x})。$$

令下面的式子对所有 $\bar{x}$ 格子成立

$$0 \overset{\text{须}}{=\!=} \frac{\delta F[f(x)]}{\delta f(\bar{x})} = 2f(\bar{x})，\text{对所有 } \bar{x}，$$

这其实说的就是对所有 $\bar{x}$ 有，$f(\bar{x})=0$。因此 f 始终为 0，与我们事先预计的相符。很好！我们再用一个简单的例子检验一下新思想的有效性。在第 6 章末尾，我们证明了机器图形的弧长——即在 a 和 b 之间的长度——可以写为

$$L[f(x)] \equiv \int_a^b \sqrt{1+f'(x)^2}\, \mathrm{d}x。$$

我们通过放大机器的图形，应用捷径公式，然后又缩回来，将微小长度相加证明了这一点。

　　我们从直观上就能知道两点之间的最小距离是直线，用我们的高能新机器来证明这一点没什么意义。不过我们可以用这个来检验同类相食微积分技术的有效性。背后的理由与前面是一样的：如果我们的同类相食微积分技术的确能如我们所预期的那样，那么对于这种情形，"导数等于 0"方法给出的使 $L[f(x)]$ 取最小值的答案就应当是直线。如果答案不是这样，我们就知道这个定义的性质并不符合我们的要求。

　　另一方面，如果这个过程**的确**给出了语句"f 是直线"，就能让我们更加确信同类相食微积分处于正确的轨道上，而且对于我们事先不知道答案的情形可能也会继续有效。我们来试一下。取上面定义的 $L[f(x)]$ 的泛函导数，如下：

$$\frac{\delta L[f(x)]}{\delta f(\bar{x})} \equiv \frac{\delta}{\delta f(\bar{x})} \int_a^b \sqrt{1 + f'(x)^2}\, dx$$

$$= \int_a^b \overbrace{\frac{\delta}{\delta f(\bar{x})} \sqrt{1 + f'(x)^2}}^{\text{将导数放到"求和"内部}}\, dx$$

$$\equiv \int_a^b \frac{\delta}{\delta f(\bar{x})} \overbrace{(1 + f'(x)^2)^{\frac{1}{2}}}^{\text{改变缩写}}\, dx$$

$$= \int_a^b \frac{1}{2}(1 + f'(x)^2)^{-\frac{1}{2}} \overbrace{\frac{\delta}{\delta f(\bar{x})}(1 + f'(x)^2)}^{\text{就是外表很炫的单变量微积分！看出来没？}}\, dx$$

$$= \int_a^b \frac{1}{2}(1 + f'(x)^2)^{-\frac{1}{2}} \frac{\delta f'(x)}{\delta f(\bar{x})} \overbrace{\frac{\delta}{\delta f'(x)}(1 + f'(x)^2)}^{\text{就是乘1}}\, dx$$

$$= \int_a^b \frac{1}{2}(1 + f'(x)^2)^{-\frac{1}{2}} \frac{\delta f'(x)}{\delta f(\bar{x})} \overbrace{(0 + 2f'(x))}^{\substack{\text{就是外表很炫的单变量} \\ \text{微积分！看出来没？}}}\, dx$$

$$= \int_a^b \overbrace{\frac{f'(x)}{\sqrt{1 + f'(x)^2}} \frac{\delta f'(x)}{\delta f(\bar{x})}}^{\text{消掉2}}\, dx \, 。 \tag{ℵ.19}$$

然后怎么办？

ℵ.5.2 数学强加的题外话

> 没有不断的语言滥用就不会有任何发现、任何进步。
>
> ——费耶阿本德(Paul Feyerabend)，
>
> 《反对方法》(*Against Method*)

现在，我们似乎已经陷入了僵局，我说的"僵局"的意思是：

$$?!?!?! \quad \xrightarrow{?!?!?!?} \quad \frac{\delta f'(x)}{\delta f(\bar{x})} \quad \xleftarrow{?!?!?!?} \quad ?!?!?!$$

我们不知道 $\frac{\delta f'(x)}{\delta f(\bar{x})}$ 是什么。同以往一样，当我们的符号体操得出了我们不理解的表达式，可以回到稿纸上，问一下一切在最开始时的意义是什么。回想一下在求导数的时候，我们总是在找类似这样的东西：

$$\frac{\mathrm{d}(机器)}{\mathrm{d}(食物)}$$

也就是说，从吃某个(**食物**)的机器 M 开始。在这里，(**食物**)是整台机器 $f(x)$。然后我们对(**食物**)做微小改变，从(**食物**)变成(**食物**)＋d(**食物**)，然后我们观察两种情形下机器反应的差别，即 $\mathrm{d}M \equiv M[$**食物**＋d(**食物**)$] - M[$**食物**$]$，导数就是输出的变化 $\mathrm{d}M$ 除以输入的变化 d(**食物**)。我们到底如何才能用这个思想求出下面这个

$$\frac{\delta f'(x)}{\delta f(\tilde{x})}$$

呢？嗯，根据一直以来的解读，下面的部分，$\delta f(\tilde{x})$，就是(**食物**)的变化：δf 是我们加到原来的函数 f 上的无穷小函数，目的是确定 $L[f(x)]$ 的反应会如何变化。$\tilde{x}$ 让我们知道哪里改变了，f 是我们在某点改变了值的函数的名称，δ 只不过是告诉我们改变为无穷小的愚蠢标记。

这样我们就明确了改变的是什么：我们是对函数 f 做微小改变。这是说的 $\frac{\delta f'(x)}{\delta f(\tilde{x})}$ 的下面。那么上面部分呢，$\delta f'(x)$？嗯，再次用开始时同样的解读，这就是对 $f(\tilde{x})$ 做微小改变导致的 $f(x)$ 的微小改变。关键是这个：我们改变了函数 $f(x)$ 一点点，它的导数当然也就会改变一点点。但是，我们不是在对 $f(x)$ 和 $f'(x)$ 做两个独立的改变。$f'(x)$ 的任何变化都来自我们对 $f(x)$ 所做的事情。由于 $\delta f'(x)$ 只不过是"我们对 $f(x)$ 做的微小改变导致的 $f'(x)$ 的变化"的缩写，因此我们可以写成：

$$\delta f'(x) = (\delta f(x))',$$

其中 $\delta f(x)$ 是任意"微小的函数"。如果不明白，可以这样理解：奇怪的符号 $\delta f'(x)$ 其实应当写作 $\delta[f'(x)]$ 以提醒我们它表示的是我们对 $f(x)$ 做的改变导致的 $f'(x)$ 的变化。因此，我们可以得到

$$\delta f'(x) \equiv \delta[f'(x)]$$
$$\equiv [改变之后的导数] - [改变之前的导数]$$
$$\equiv [f(x) + \delta f(x)]' - [f(x)]'$$
$$= [f(x)]' + [\delta f(x)]' - [f(x)]'$$
$$= [\delta f(x)]',$$

也就是说

$$\delta\left[f'(x)\right]\equiv\left[\delta f(x)\right]',$$

因此我们可以把撇号放到泛函导数的外面。我们做这些的目的是想知道如何处理 $\dfrac{\delta f'(x)}{\delta f(\bar{x})}$，利用上面的等式可以得到

$$\frac{\delta f'(x)}{\delta f(\bar{x})}=\frac{\left[\delta f(x)\right]'}{\delta f(\bar{x})},$$

而这里的撇号指的是"相对于 x 的导数"，而 $\delta f(\bar{x})$ 相对于 x 不变，因为 $\bar{x}$ 指的是某个特定的格子，因此我们可以进一步得到

$$\frac{\delta f'(x)}{\delta f(\bar{x})}=\frac{\mathrm{d}}{\mathrm{d}x}\left(\frac{\delta f(x)}{\delta f(\bar{x})}\right)。$$

最后，$\dfrac{\delta f(x)}{\delta f(\bar{x})}$ 就是我们在前面介绍的"狄拉克 δ 函数"，这个函数处处为 0，除了在 $x=\bar{x}$ 处有一个无穷高的尖峰。因此我们就得到了非常离奇的等式

$$\frac{\delta f'(x)}{\delta f(\bar{x})}=\frac{\mathrm{d}}{\mathrm{d}x}\delta(x-\bar{x})。$$

……现在怎么办呢？！

ℵ.5.3　打破僵局

> 严格只是没什么可做的了的另一种说法。
>
> ——来自珍妮丝·贾普林(Janis Joplin)的
> 《我与布尔巴基·麦吉》(*Me and Bourbaki McGee*)[①]

在逐渐深入无穷荒野的过程中，突然冒出来了等式

$$\frac{\delta f'(x)}{\delta f(\bar{x})}=\frac{\mathrm{d}}{\mathrm{d}x}\delta(x-\bar{x}),$$

现在还完全不清楚这是什么意思。狄拉克 δ 函数的导数到底是什么？$\delta(x)$ 函数本身定义为除了 $x=0$ 之外处处为 0。因此 $\delta(x-\bar{x})$ 项除了 $x=$

[①]　好吧，并没有这首歌。不过应当尽可能提供引用出处，因此如果你在寻找上面这句并不存在的歌词的出处，请引用第一手来源：这本书的第 366 页。

$\bar{x}$ 之外处处为 0。但 $\delta(0)$ 不是一个普通的数。在定义 δ 函数时，我们发现 $\delta(0)$ 可以视为 $\dfrac{1}{\mathrm{d}x}$，其中 $\mathrm{d}x$ 为无穷小，这使得 $\delta(x)$ "干掉了积分"，即 $\int_a^b f(x)\,\delta(x-\bar{x})\mathrm{d}x = f(\bar{x})$，当然前提是 $\bar{x}$ 位于 a 和 b 之间。这当然很好，但我们怎么确定一个无穷高无穷薄的尖峰的导数呢?! 这个突然冒出来的表达式好像没什么意义。不过我们已经深入荒野，不能就此放弃。数学是我们的。我们自己创造的数学。因此让我们勇往向前，作出如下声明：

我们完全不知道 $\dfrac{\mathrm{d}}{\mathrm{d}x}\delta(x-\bar{x})$ 是什么，因此就选定定义它为能遵循我们所知的关于导数的一切的任何东西，尤其是求导锤子和积分反锤子。

如果我们选择这样做，我们就不用知道 $\delta(x)$ 的导数是什么，但我们得知道它有什么性质：熟悉的情境! 让我们来试试看能得到什么。这个令人困惑的探索始自我们被式(ℵ.19)难住时。我们被难住是因为我们不知道怎么处理 $\dfrac{\delta f'(x)}{\delta f(\bar{x})}$。但是我们证明了无论它是什么，都可以视为 $\delta(x)$ 函数的导数，因此

$$\frac{\delta f'(x)}{\delta f(\bar{x})} = \frac{\mathrm{d}}{\mathrm{d}x}\delta(x-\bar{x})$$

由此我们可以接着式(ℵ.19)得到

$$\frac{\delta L[f(x)]}{\delta f(\bar{x})} = \int_a^b \frac{f'(x)}{\sqrt{1+f'(x)^2}}\left(\frac{\mathrm{d}}{\mathrm{d}x}\delta(x-\bar{x})\right)\mathrm{d}x。 \qquad (ℵ.20)$$

这个东西的右边看上去很复杂，但它具有形式

$$\int_a^b M(x)\left(\frac{\mathrm{d}}{\mathrm{d}x}\delta(x-\bar{x})\right)\mathrm{d}x, \qquad (ℵ.21)$$

如果我们能处理这个有点吓人的一般形式，我们就能继续。怎么做呢? 好吧，就由我们来决定! 我们定义 δ 函数的导数为遵循锤子和反锤子的某种东西，因此根据定义我们可以应用这些。说具体点，如果我们能将式(ℵ.21)中的求导从 δ 移到 M 前面就好了，因为我们知道怎么处理 δ 函

数，它会干掉包含它的积分。我们想移动求导，幸运地是我们有做这个的工具：第 6 章的相乘反锤子。将其应用于式(ℵ.21)得到下面这一大堆好玩的东西：

$$\int_a^b M(x)\left(\frac{\mathrm{d}}{\mathrm{d}x}\delta(x-\bar{x})\right)\mathrm{d}x = \left[M(x)\delta(x-\bar{x})\right]_a^b - \int_a^b \left(\frac{\mathrm{d}}{\mathrm{d}x}M(x)\right)\delta(x-\bar{x})\mathrm{d}x .$$

$$(ℵ.22)$$

右边的第一项就是 0，除非 $\bar{x}=a$ 或 $\bar{x}=b$，因此我们假设 $\bar{x}$ 不是端点 a 或 b 中的一个，这样我们就可以继续。拿掉那一项之后，我们得到

$$\int_a^b M(x)\left(\frac{\mathrm{d}}{\mathrm{d}x}\delta(x-\bar{x})\right)\mathrm{d}x$$

$$= -\int_a^b \underbrace{\left(\frac{\mathrm{d}}{\mathrm{d}x}M(x)\right)}_{\text{这是}M'(x)}\delta(x-\bar{x})\mathrm{d}x$$

$$= -M'(\bar{x}) .$$

$$(ℵ.23)$$

漂亮！这样我们就知道了 δ 函数的导数对积分内部的任意函数起什么作用，

$$\int_a^b M(x)\delta'(x-\bar{x})\mathrm{d}x = -M'(\bar{x}) .$$

$$(ℵ.24)$$

注意这个与原来的 δ 函数本身的定义的性质有多相似，也是以稍微不同的方式干掉积分：

$$\int_a^b M(x)\delta(x-\bar{x})\mathrm{d}x = M(\bar{x}) .$$

$$(ℵ.25)$$

发现了 δ 函数出现在积分内部时的作用后，我们可以回到式(ℵ.20)继续。可以得到：

$$\frac{\delta L[f(x)]}{\delta f(\bar{x})} \int_a^b \frac{f'(x)}{\sqrt{1+f'(x)^2}}\left(\frac{\mathrm{d}}{\mathrm{d}x}\delta(x-\bar{x})\right)\mathrm{d}x$$

$$(ℵ.26)$$

$$\overset{(ℵ.24)}{=\!=\!=\!=} -\frac{\mathrm{d}}{\mathrm{d}x}\left[\frac{f'(x)}{\sqrt{1+f'(x)^2}}\right], \quad \text{最后将 } x=\bar{x} \text{ 代入。}$$

幸运地是，根据我们最初的目标，我们不用实际计算这个可怕的导数。我们想知道的是将弧长泛函的导数设为 0(从而求出哪些函数是函数空间中的"平点")是否能得出我们从直观上已经知道的结果：即两点间的最短路径是直线。为此，我们将上面的整个式子设为 0，这样我们实际得到

的是

$$0 \overset{须}{=} \frac{\mathrm{d}}{\mathrm{d}x}\left[\frac{f'(x)}{\sqrt{1+f'(x)^2}}\right], \text{最后将 } x = \bar{x} \text{ 代入。}$$

因此我们要求上面的等式对所有可能点 $\bar{x}$ 都成立。但上面的等式就是某个东西的导数,而如果某个东西的导数在所有点 $\bar{x}$ 都为 0,那这个东西肯定是常数。因此,我们得到

$$\frac{f'(x)}{\sqrt{1+f'(x)^2}} = c \text{。}$$

现在不知道该怎么做了,不过也许我们可以做一些符号体操,我们可以提取出 $f'(x)$。对上面的等式两边取平方,将分母移到右边得到

$$[f'(x)]^2 = c^2(1+[f'(x)]^2) = c^2 + c^2[f'(x)]^2 \text{。}$$

这告诉我们

$$[f'(x)]^2(1-c^2) = c^2 \text{,}$$

因此,

$$f'(x) = \frac{c}{\sqrt{1-c^2}} \text{。}$$

而如果 c 只是一个我们不知道的数,$\dfrac{c}{\sqrt{1-c^2}}$ 也是一个我们不知道的数,因此我们可以重新缩写,将整个东西称为 a。这样就得到

$$f'(x) = a \text{。}$$

啊哈!f 的导数是常数!这表明 f 是直线。也就是说(我们现在可以说一些真正神奇的东西了),在我们的无穷维函数空间中使得弧长泛函最小的点就是直线。为了庆祝,我们将这个尽量写得专业一点,配得上我们现在的兴奋之情:

$$!!! \text{ 是! 的} !!! \qquad f(x) = ax + b \qquad !!! \text{ 是! 的} !!!$$

提醒一下自己为什么我们这么关心这个,这个结果之所以让人兴奋不是因为我们推导出了两点之间的最短距离是直线。这个我们无需数学就能知道。这个结果让人兴奋是因为它让我们更加自信我们在这一章发明的同类相食微积分处在正确的轨道上,而且,它确实**有用**。只需一些简单的运算,除了少许标记变化,与单变量微积分的运算基本一致,我

们就能有效地在整个无穷维的函数空间搜索某些具有特定性质的函数，在这个例子中的性质是最小化弧长泛函。

在某种意义上，我们符号化地"考虑"了两点之间可能路径组成的大得难以想象的空间，并找到了两点之间的最短路径。这个结果是我们自己发明数学之旅的一个非常重要的里程碑。它标志着我们获得了一个新的超能力：对无穷维空间进行有效推理的能力。利用这一章的方法，只需一个泛函，我们就有可能找到使得它最大或最小的函数。

我们的旅程已经走了很远。我们从加和乘攀登到了无穷维微积分，我想是时候告一段落了。让我们总结一下这一章做的事情，再在下一插曲放松一下。我们该去哪儿？海滩？我们可以称之为"插曲ℵ：堆沙子城堡"之类的。或者我们可以回到书的前面，将一堆句子的顺序打乱，迷惑在读那些章节的过去的我们，再看看现在我们**还**会不会迷惑。如果你读了哪条语句后感到迷惑……也许这就是原因。说真的，你想去哪儿？我还从没让你决定过插曲去哪儿？你不用马上做决定。还有整合没写。但无论做什么，请放松自己，并且最重要地是，一定要远离学校。我们有资格这么干。

ℵ.6　整合

这一章我们做了一大堆有意思的事情，包括：

1. 利用向量和机器的类似，我们将微积分扩展到了吃进去整台机器吐出来一个数的"同类相食"机器。

2. 由于函数可以视为具有无穷多个格子的向量，我们可以将这个新的同类相食微积分视为无穷维空间中的微积分。

3. 我们证明了同类相食微积分的运算与单变量和多变量微积分本质上是一样的。

4. 我们用新的同类相食微积分重新发明了我们已知的一些东西，例如两点之间的最短路径是直线，验证了同类相食微积分的可行性。这使得我们更加自信我们在这一章发明的奇怪的无穷维微积分的性质的确符合我们的期望。

　　5. 整个这一章我们都继续了这本书贯穿始终的讨论：所有层面的数学毫无例外，背后的思想都极为简单，它们表面上的晦涩难懂不是来自这些思想本身，而是因为糟糕的标记、晦涩的术语，以及反着来的或马虎的阐释。我不能保证说这本书的每位读者会发现这本书的阐释就一定"好于"或"不如"那些标准教科书，但这个论断是没有问题的。你在读这本书的过程中体验到的任何难解的迷惑只会是因为我的阐释有问题或我的表述太笨拙，不会是背后的数学思想本身的错。总而言之，我们的社会普遍缺乏对数学的理解和欣赏不是数学的错，而是数学教育的错——

　　数学：我想我已经受够了。

　　作者：嗯……我还在兴头上——

　　数学：在前面的 370 页我一直在听你抱怨数学教育，但你还是什么都没做！停止抱怨！开始行动！

8.3　行胜于言

　　数学：这样好多了。就像我说的。你每一章都在抱怨"数学教科书"和"数学课程"。

　　读者：但你直到第 3 章才出现——

　　数学：不要光耍嘴皮子！你把我们写进了各种场景，除了那些你似乎最关心变化的地方。我遇到了人格化的计算机，令人紧张的沉默的元实体，还有什么证明酒吧，而我却还没见到有哪个数学教室在大量制造对我的误解！数学教育是那么的不如意，帮倒忙，我们干嘛不停止闲逛做些什么？

　　作者：我 …… 好吧 …… 我的意思是，我写这本书就已经帮了一点——

　　数学：别找借口了！如果你不做，我去做！

　　　　　　（数学猛地拉着角色们离开了这一章进入下一章。）

章曲 Ω：
无为有处有还无

现在过来和我在一起。我们可以有许多好玩的事情。有东西需要装满，有东西需要腾空，有东西需要拿走，有东西需要放回，有东西需要拿起，有东西需要放下，另外我们还要削铅笔，挖洞，敲钉，盖章，还有很多很多事情。为什么，如果你留在这里，你就再也不用思考——只需很少的练习你也会成为习惯的怪兽。

——可怕的小事，诺顿·贾斯特（Nortotl Juster）的
《幻象天堂》（*The Phantom Tollbooth*）中的角色

烧掉数学课堂

数学：成了！我们到了。

（未经他们同意，读者和作者发现数学抓着书脊，将他们三个推到了一个数学课堂的中央。教室墙上贴着教育海报，一些似乎是数学，还有一些则展示着海滩风景或野生动物，下面是一些励志标语。学生们围坐在试验桌前。桌上有水槽、天平、煤气喷灯以及许多玻璃试管，所有这些都是依据最近一致通过的要求教育有更多"动手"的国会法案布设的。虽然国会官僚们对这项法案的通过自我感觉很好，这些仪器上却更多的是积灰而不是手指印，因为这些仪器在获得对科学和数学的普适性原理

的理解过程中所扮演的角色并不像那些官僚们通过他们喜欢的卡通节目所了解的那样重要。不过这个跑题了……回到正题，我们的三位角色位于数学课堂的中央。一开始，老师和学生都没有注意到这些新来的访客。）

教师：好了，同学们。我们复习一下正弦和余弦。$\frac{\pi}{3}$ 的正弦是多少？

……

课堂：（沉默）

……

教师：好吧，同学们，记得三角符号吗？

……

课堂：（沉默）

……

教师：你们应该知道。我们刚做了 30—60—90 度三角形的练习：$\sin\left(\frac{\pi}{3}\right)$ 是……

……

课堂：（沉默）

……

教师：对了，$\sin\left(\frac{\pi}{3}\right)$ 是 $\frac{\sqrt{3}}{2}$。记得下周小测验之前要掌握单位圆。好了，那么正割是——

数学：嗯哼。

（老师和同学们终于注意到了站在教室中央的三个角色。）

教师：你们是什么人？我没看到你们进来。

数学：我们是谁不重要。你认为你在干什么？

教师：……我在……教……数——

数学：我就是数学！

教师：……什么？

数学：朋友们！同学们！不要听这位平庸教育的宣教者的说教！她在向你们幼小的心灵灌输对我无拘无束本性的误解。请加入我——

教师：(愤怒)你在说什么！我不管你认为你是谁，但是在你谴责我之前，我想听一下你认为我哪里做错了！

数学：(偃旗息鼓了)哦。嗯……好吧……是这样……为什么你要用"正弦"和"余弦"这些词，不用其他的？对这些概念没有比这更糟糕的名字——

教师：你说得对。这些名词**的确**可怕。

作者：啊?!

读者：啊?!

数学：啊?! 那你为什么还——

教师：学生们要知道这些名词才能通过标准考试。

数学：那为什么我们不改变标准考试？

教师：(不屑地笑)哦，对了。你说你叫什么名字？

数学：数学。

教师：数学，你可能了解一些数学，但你完全不了解教育系统。要想改变标准考试不是容易的事情。教育委员会颁布了许多政策。

数学："教育委员会"是干什么的？我们去找他！

教师：是一群人，不是一个人。而且我不认为他们会听你的。他们也改变不了什么。他们都是好人，大部分是……大部分时间……同其他行业一样。

数学：那是谁的错？

教师：我认为不是谁的错。你看，我爱教学，所以我选择当数学老师。但我不像以前那样有激情了。这个系统会出问题，而当它被修复时大部分学生可能都不会注意到。公共教育的目的是对所有人的素质教育。意图很好。但结果却成了……这样。

数学：为什么你要忍耐这些？为什么你不去改变它？

教师：如果每晚把时间花在改变教育的宏大乌托邦计划，我会很累。我还要照顾家人。

数学：但是……如果不是谁的错，我该怎么办呢？我已经孤独和被误解了那么久了。我无处安身。我回不去虚空。求你了……肯定能做些什么。我会帮忙的。我们该怎么做？

教师：如果你都不知道，我又怎么知道？

数学：干嘛不……同学们？你们干嘛不拒绝上课？

······

课堂：（沉默）

······

数学：没有你们的合作这个系统无法存活。让我们抛弃它！

······

课堂：（沉默）

······

数学：我是说真的！所有人都走，现在！如果你们还在意自己的心灵，请离开这里，永远不要回来！

（课堂保持着沉默，大家窃窃私语着流行文化，没什么人
意识到发生了不同寻常的事情……）

数学：（垂头丧气）不……不应当是这样……

（数学坐了下来，保持着一种未定义的沉默。
（不……打破这些。沉默令人沮丧。
（当然，不是沉默本身……
（你知道我的意思。））））

数学：好吧……你们不关心自己的心智？那就这样吧！

（数学从旁边的桌子上抓起一盏积满灰尘的煤气喷灯。）

数学：如果你们还要命的话……

（数学把煤气喷灯对准
教室墙上厚厚的励志海报，
海报很快烧了起来。）

375

数学：快跑！

读者：嘿，真把教室烧了。

(在火烧起来的时候,
三个模糊的熟悉身影进入教室, 喊道:
……住手。)
我必须做点什么。

元干扰

元作者：不不不, 你不能真把数学课堂烧掉。开玩笑也不行。这会造成很坏的示范。而且, 纵火也是重罪。你有没有读前言?

数学：什么? 你们是谁?

元作者：我是写这本书的人。

元读者：我是读这本书的人。

作者：等一下, 我认为是我在写这本书!

元作者：好吧, 我想是你在写, 在某种意义上。但不是在通常意义上。这说起来很复杂。

作者：什么?!

元作者：哦, 得了吧, 你不会认为这本书中的一切都是你写的吧, 对吗?

作者：当然——

元作者：实际上, 等一下, 在你回答之前, 我得说一些东西。

(火势继续蔓延。)

元作者：好了, 我回来了。请继续。

作者：我忘了刚才在说什么。

元作者：我刚才说, "哦, 得了吧, 你不会认为这本书中的一切都是你写的吧, 对吗?"

作者：当然是我写的!

元作者：那些对话呢？

作者：怎么啦？

元作者：难道你没注意到？不止一次，在你、读者和数学"发明"某种东西后，紧跟着下一节就会谈论背景并且抱怨对这个主题的标准讲授法。

作者：那又怎么了？

元作者：如果是你和你的朋友在几分钟前刚刚"发明"了这些，谈论这些主题的通常讲授方法又有何意义？

作者：哦……喔……我想是没有意义。不过当时这并没有对我们造成什么困扰。

读者：对我造成了困扰！我已经困扰了好几百页了！

元读者：（对读者说）嗨，你不知道我有没有困扰。不要把你的话强加于我。

读者：（指着作者）那是他干的！

作者：（指着元作者）不是我，是**他**！

元作者：（对元读者说）**是我，抱歉**。

> （所有人
> 都糊涂了……
> 只有火，
> 还在燃烧着，
> 一如既往地自信……）

数学：（对第三个闯入者说）嘿！你是斯蒂夫的助理！

元数学：……

元作者：它不怎么说话。你应该记得吧？

数学：我当然记得！但是……我……你们仨不能就这样闯进来干扰我们做的事情！

元作者：但如果你在学校纵火的话，我们就得干涉了。

数学：但这是一个假想的学校！

元作者：我知道，还是会造成不好的示范。为了这本书，我不得不让大家摆脱这个不愉快的场景，让我们解决这个问题吧。现在我们可以采取容易的办法或者难的办法。

数学：容易的办法是什么？

元作者：你可以自己灭火。

数学：才不呢！我不会花力气拯救这栋楼或是它背后的教育系统的！其实是你在一直抱怨教育系统，你应当理解的。

元作者：我当然理解，但是这会造成不好的示范——我们是不是又绕回去了？

数学：我不管！我不会去救火的。

元作者：那好吧，我想我们只能采取难的办法了。

数学：难的办法是什么？

元作者：我会把你纵火的这部分删掉。

读者：喔……你能做到？

元作者：我不知道，我还没这么干过。

作者：好像有点危险。

元作者：（手指放到删除键上）怎么呢？

作者：你知道……因果关系。

元作者：因果关系？

作者：不是，**因果**关系。我的意思是，最初是这场火导致你和元读者还有元数学闯入这里，因此如果你从开始起火的那一节删掉，那我们又怎么会进入导致你删除它的情节——

元作者：（眼睛转了转）听着，"作者"，不是你在写这本书，我建议你最好让写这本书的人来做决定。这样才对。因果性只对弱……

这本书

（元作者删掉了导致他删掉这场火的这场火。）

（什么也没发生……差不多就好像没人来过……）

感到疲惫

读者：你累不？

元作者：我？

读者：是啊。

元作者：为什么这么问？

读者：这一节的标题是这么写的。

元作者：哦。我的错。编排很繁琐。我们回头再说（

删掉火

读者：成功了吗？

元作者：什么？

读者：删掉那场火。

元作者：是的……

读者：（往回翻了几页）我想它还在那里。

元作者：没有。

读者：不是这本书？

元作者：定义火。

（一阵奇异的沉默。）

读者：你总是说我们该如何选择自己的定义。你来定义。

元作者：我必须说它至少有两种定义。

读者：在一种意义上没有了？

元作者：至少一种。也许两种。

读者：（又往回翻）我不这么认为。它还在那里。

元作者：不用担心。你怎么样？

读者：我怎么样？不好说。你怎么样？

元作者：我们来看看……（

尝试的感觉

元作者：我尝试了一些东西。

读者：什么东西？

元作者：在这本书中。不起作用。

读者：在这本书中？你尝试了什么？

元作者：然后我又尝试了其他的。

读者：其他的什么？

元作者：火。

读者：前面那场火？

元作者：不，不是那场。我会解释的。我们再深入一点（

删除合作

元作者：当人们合作于［**当前这个标题**］（

数据的坏味道

元作者：……它导致了火灾，以及元预兆热量。

读者："元预兆"？

元作者：就是（

删除元虚空

读者：你到底在说些什么???

元作者：保密。你会知道的（

元作者的暧昧

读者：你能停下来解释一下吗？

元作者：不能。

（一阵不妥协的沉默。）

元作者：这是唯一一次我不能……（

······

元作者：不……最后的话应当……还

······

还是不让你知道

）

元作者：同我一起上去吧。

（元作者改变了语气。）

元作者：感谢你走了这么远。我在插曲 N 向你隐瞒了一些东西。不多。其实是一个小……礼物。其他地方可能也藏了东西。不能保证。再上一层。

）

元作者：书基本已经结束了。

读者：怎么结束？

元作者：是这样，我在 3 年前写这本书时有 3 种结束场景。以相反的顺序，大概是这样，我们为数学找到了新家。这是最后一种。之前一种是校园火灾场景。再往前是名为元虚空的某种东西……（元作者确认了一下我们在正确的层）喔，这个相当不错！

读者：什么？

元作者：别介意。后面我会解释。总而言之，元虚空是一团乱麻。基本上是整整 4 页费解的大写字母。除了角色的交谈。故事不是很好，但适合用来藏东西。那里就是我们现在该在的地方。再往上一层。

）

元作者：记得在前言中，我说这本书的主旨是彻底呈现，无论是数学还是其他的？

读者：记得？

元作者：为什么这么说？为什么彻底呈现？为什么在一本数学书中这样说？这似乎是随口说的，对吗？

读者：我认为还是有点这么回事。

元作者：前数学呢？不仅仅是"数学"还有"数学是如何创造的"？为

381

什么强调这些？为什么聚焦于可能曾占据发明者头脑的那些**想法**？

读者：可能是不错的学习方式。

元作者：当然，但是不仅如此！就像现在。我的意思是，如果就为了这些，干嘛要有对话呢？干嘛卖关子？干嘛要有这些？以及现在这些？

读者：卖什么关子？

元作者：这本书中疯狂的一节。就在"两朵乌云"后面。与编辑有关。还有被难住的感觉。那是很个人化的一节。如果是单纯的数学书，就不会放入这种东西。再往上一层。

）

元作者：本来还有一节，名为合作曲。就在第 1 幕的末尾。真正的第二次对话。它是由已经写完了这本书的那一个作者写的。他在编辑。把整本书过最后一遍，说再见。那是在长时间远离后再次见到你创造的东西，意识到其中有多少缺陷的那种痛苦。始终，彻底呈现，自始至终。这也是最后一次，作者不得不跟你说再见……再往上一层。

）

元作者：这些章节，都是非常实验性的，但是我在写它们的时候却感到非常**真实**。所以我尝试了。想看看我能不能做到。在课本中，在它不属于的地方，有一句话帮助我一路走过来。大卫·华莱士（Dayid Foster Wallace）说："今天的文化环境之所以有毒是因为它使得尝试变得如此可怕。真正好的工作可能来自你展现自我的意愿，将自己的精神和情感展现出来，冒着显得自己平庸、浮夸、幼稚、不入流、愚蠢的风险……甚至就我写下这些的时候，我都担心这些话印出来后会显得很愚蠢。"再往上一层。

）

元作者：它们是这本书中的火。我删掉的火。从未存在的火。但没有了它们……我们就到不了这里。它们是 N 级楼梯。再往上一层……

）

元作者：喔……我们到了……这是写起来很有意思的一节。我想我会称它为"这本书"。彻底呈现：这是模式。放开它吧，我在这里等着。

在这本书中，你不在的时候，有好一会儿。应该有。现在……太阳又升起来了。我精疲力尽了。我有两天没休息了。我向一切发誓。我真的有吗？也许这是模式的一部分。也许都……

读者：你还没有回答你的问题。

元作者：什么问题。

读者：前面。你问的那个。

元作者：你是说"为什么聚焦于数学创造？或导致它的思维过程？为什么彻底呈现？为什么谈论那些原来的章节？是什么将这本书所有的双关语联系到一起？"

读者：是的。

元作者：啊哈！我有一个问题。"彻底呈现"只是它的一种委婉说法。

读者：什么问题？

元作者：不健康地着迷于：

元评论

> 一旦我们认识并拥抱我们的毛病，我们就有了力量。那就是我们变得危险的时刻。
>
> ——约翰·沃特斯（John Waters），
> 《垃圾的教皇》（*The Pope of Trash*）

元作者：这个！这一节的标题！我是认真的，看这个。这本书有三个角色，名为作者、读者和数学。如果这还不够的话，看另外那三个傻瓜！他们是这三个角色的元版本：对每个角色 C 有一个元 C！这是一种毛病！哦，顺道说一下。你知道我们在寻找家吗？为数学找的？

读者：是的……

元作者：就是这里！这本书！还能是哪里？我们在这本书里为数学建造了一个家，这样它就有真正的归宿了。毛病更多！就是这个使得这本书无中生有：我自己不健康地着迷于说："嘿，看看我们正在做的这个奇怪事情！"我喜欢这样。它损害了我写学术论文的能力。它损害了我在不尝试谈论它们的情况下遵循社会规范的能力。它基本损害了我做一切事情的能力！但这一次，在这本书中，这是美德而不是缺点。这一次，这个主题——解释数学——说的是"嘿，来到幕布的后面"确实有用！在这里"忘掉所有规则"是"好的教学法"。为什么仅限于数学？只有这里是这样？在哪里人们都**想要**"让我们不要隐瞒任何东西"！这是无处不在的**冲动**。我们**渴望**这些，在我们的日常生活中。忘掉礼貌、遵从、距离和规则。它们只会让我们**孤独**。所有人都一样。"水是什么？"就是这样！**这就是**这本书的目的。百无禁忌。让我们建造更好的。彻底呈现。让我们一起看接下来会有什么……

但是在数学之外……在这本书之外……这是一个问题。这是毛病。这是我的瘾……无法抗拒……

读者：那就不要抗拒！

元作者：你当真？没有界限？

读者：没有！是的！

元作者：完美的回应！我的意思是这样：我**憎恨**不知道你真实的意思。因此我不得不**这样**做。但即便不知道，我也还是知道一点，一些。我感谢你走了这么远。到现在还没有停止阅读。根据定义，你在这里。这对数学怎么样？有帮助，知道你在这里，无论什么时候。现在我们的生活已经因你改变了许多。现在，我的意思是，就在你读书的当下。但是只要我还在写，你就会一直在这里。现在**就在**这本书中我在的地方。同一句话，这很怪异？看看吧！就算这样，你从没放弃。我欠你一个拥抱，N 个，上帝。也许是冰激凌或比萨或啤酒。"何时"是一个问题。"何地"也是一个。可能到时候我不在你在的地方。因此布置作业：去写一本书。我想听你说。这本书不一定是本真正的书。我们这本是，我的意思是说，将会是。但是上帝，去写吧，无论是什么。一幅画、一封邮件，或是一大堆沙子。还有**感谢你**让这个写作变得如此有趣。没有你在场我结束不了……我想念你，读者……一直想念……依然想念……

读者：我不知道该说什么……

元作者：那其实是我的错……但是谢谢你。

读者：那么……然后呢？

元作者：我不知道。我们去看看……

）

术　语

　　这一节是我们在这本书中使用的非标准术语和标准术语的相互翻译。这不是这本书中使用的所有数学术语的列表，只包含了我捏造的那些。

从我们的术语到标准术语

同类相食微积分

　　课本上称为"变分法"，在第ℵ章介绍的。它指的是将微积分工具应用于课本上所说的"泛函"（参见词条"同类相食机器"）。

同类相食机器

　　课本上称为"泛函"，在第ℵ章介绍的。它指的是吞食整台机器吐出来一个数的"大机器"，不同于 $f(x) \equiv x^2$ 这类较简单的吞食一个数吐出来一个数的机器。例如，下面是三个同类相食机器的例子：

$$积分[f(x)] \equiv \int_a^b f(x)\,\mathrm{d}x\,;$$

$$弧长[f(x)] \equiv \int_a^b \sqrt{1 + f'(x)^2}\,\mathrm{d}x\,;$$

$$长度[f(x)] \equiv \sqrt{\int_a^b f(x)^2\,\mathrm{d}x}\,。$$

第一个例子是吞食机器 $f(x)$ 吐出来它在 $x=a$ 和 $x=b$ 之间的图形下的面积的同类相食机器。第二个例子是吞食机器 $f(x)$ 吐出来它在 $x=a$ 和 $x=b$ 之间的图形的长度的同类相食机器。第三个是吞食机器 $f(x)$，将机器视为无穷多格子组成的向量（即无穷维空间中的一个点），吐出来向量"长度"的同类相食机器。第三个例子的"长度"不是 f 的图形的长度，而是将捷径公式推广用于无穷维（更详细的讨论参见第 N 章）。

捷径公式

课本上称为"勾股定理"（对这个公式为何成立的一个简单图形解释，参见开始的插曲 1）。这个公式也是课本上所说的"三角恒等式"的来源。例如，由于正弦和余弦就是指长度为 1 的斜线的垂直和水平长度（参见词条 V 和 H），因此捷径公式告诉我们

$$（垂直长度）^2＋（水平长度）^2＝（总长度）^2。$$

这可以简写为

$$\sin^2(x)+\cos^2(x)=1。$$

课本上会给源自上面等式的其他"三角恒等式"起多余的名字。例如，如果将上面等式的两边除以 $\cos^2(x)$，可以得到

$$\frac{\sin^2(x)}{\cos^2(x)}+1=\frac{1}{\cos(x)^2}。$$

教科书会用 $\tan(x)$ 表示 $\dfrac{\sin(x)}{\cos(x)}$，用 $\sec(x)$ 表示 $\dfrac{1}{\cos(x)}$，这就会变成

$$\tan^2(x)+1=\sec^2(x)。$$

因此这个所谓的"三角恒等式"其实就是捷径公式，其实就是把 V 和 H 的简单组合用各种晦涩的名称隐藏起来。

H

课本上称为"余弦"。我们用这个词表示"水平（Horizontal）"。相对于水平轴倾斜角度为 α 的单位长度直线的水平长度为 $\cos(\alpha)$，我们称之为 $H(\alpha)$。参见 V，即课本上说的"正弦"。

倒立

课本上称为"倒数"。例如，3 的倒立是 $\dfrac{1}{3}$。我们不经常使用这个词。

不过数学家也不经常用"倒数"。也许两者都可以不要。

无穷放大镜

这个词在标准课本中没有直接的对应，虽然它与**局部线性**和**极限**的概念有关。无穷放大镜是一个假想的工具，我们可以用它来无穷放大任何东西。它被用来推动微积分的核心思想：将弯曲的东西无穷放大，看起来就会像是直的。通过想象这个无穷放大的过程，我们可以将涉及弯曲东西的问题化简为涉及微小的直东西的问题，从而可以用更简单的方法解决。详细讨论见第 2 章。

机器

课本上称为"函数"。在整本书中都有使用。

撕东西显然律

出于好玩取的名字，不常用。课本上称为"分配律"。它将加和乘关联到一起，说的是对于任何数 a、b 和 c，以下式子成立：

$$a(b+c)=ab+ac,$$
$$(b+c)a=ba+ca。$$

由于乘的顺序无关紧要，因此有 $ab=ba$ 和 $ac=ca$，因此当 a 和 b 都是数时上面的两行是等同的（不过如果 a 和 b 表示更抽象的对象，它们可能不等同，后面会简要解释）。我们之所以称之为撕东西显然律，是因为如果将 $a(b+c)$ 视为长为 a 宽为 $b+c$ 的矩形的面积，分配律就可以解释为如果将矩形撕成两半，面积不变。这个术语主要在第 1 章用。

虽然我们在书中没有深入讨论抽象代数，我们还是可以在更广义的背景下定义"分配律"。一般来说，分配律是一个将两个二元操作以某种方式结合到一起的命题。什么是二元操作？是这样，给定两个对象[①] a 和 b，二元操作是将两个对象绑定到一起得到第三个对象 $a \bigstar b$ 的一种抽象

[①] 这些"对象"可以是数，也可以是其他东西，例如矩阵（书中没有深入讨论）或函数。

方式。在抽象代数中，如果以下两条语句对所有对象 a、b 和 c 都成立，我们就说二元操作★对另一个二元操作◇可"分配"：
$$a \bigstar (b \diamondsuit c) = (a \bigstar b) \diamondsuit (a \bigstar c),$$
$$(b \diamondsuit c) \bigstar a = (b \bigstar a) \diamondsuit (c \bigstar a)。$$
注意其与前面更熟悉的针对数的版本的相似性。在历史上，针对数的版本被先发现，然后才推广到更广义和更怪异的条件。

怀旧装置

课本上称为"泰勒级数"和"麦克劳林级数"。

加乘机器

课本上称为"多项式"。我们取这个名字是因为它们是可以只用加和乘就能描述的机器。加乘机器定义为具有如下形式的任何机器
$$m(x) \equiv \#_0 + \#_1 x + \#_2 x^2 + \cdots + \#_n x^n,$$
其中符号 $\#_i$ 表示固定的数。

捷径

课本上称为"弦"。参见"捷径公式"。

T

课本上称为"正切（Tangent）"，在插曲 6"干掉$\#$"有用到。教科书用缩写 $\tan(x)$ 表示 $\dfrac{\sin(x)}{\cos(x)}$，也就是我们说的 $\dfrac{V}{H}$。参见词条 V 和 H，也即课本上的"正弦"和"余弦"。

V

课本上称为"正弦"。我们用这个名字表示"垂直（Vertical）"。这样用是因为角度为 α 的倾斜直线垂直长度为 $\sin(\alpha)$，也就是我们说的 $V(\alpha)$。参见词条 H，也即课本上的"余弦"。

Λ

课本上称为"反正弦",记为 $\arcsin(x)$ 或 $\sin^{-1}(x)$,在插曲 6"干掉♯"有用到。我们用这个名称是因为希腊字母 Λ 看起来像倒过来的 V,而我们用 V 表示课本上说的"正弦"(参见词条 V)。对所有 x,机器 Λ 的定义满足

$$V(\Lambda(x))=x \qquad 和 \qquad \Lambda(V(x))=x。$$

不过这台机器不是对所有 x 都有无歧义的定义,因为 V 重复自身(用数学行话来说,不是"一一对应")。例如,用标准符号 π 表示我们在书中说的♯,对所有正整数和负整数 n,都有 $V(n\pi)=0$。因此,与 $\Lambda(0)$ 对应的数不是唯一的,因为任何 $n\pi$(例如 -2π、$-\pi$、0、π、2π,等等)都是同等合法的选择。一个常见的传统是将 $\Lambda(x)$ 不是定义为 $V(x)$ 的反函数,而是局限于一个小的实数子集的 $V(x)$ 的"反函数"或"相反机器"。例如,如果 $-\frac{\pi}{2}\leqslant x\leqslant\frac{\pi}{2}$,则机器 $V(x)$ 不会重复自身;不同输入会得到不同输出。也就是说,对于 $-\frac{\pi}{2}$ 和 $\frac{\pi}{2}$ 之间的所有数 x 和 y,如果 $x\neq y$,则 $V(x)\neq V(y)$。因此,Λ 通常定义为机器 V 的这个受限版本的"反函数"或"相反机器"。不过这是相当无趣的技术细节。我们发现除了极少数情形,在这本书的大多数背景下没有必要讨论"反函数"。

$\perp$

在插曲 6"干掉♯"中有用到,课本上称为"反正切",通常记为 $\arctan(x)$ 或 $\tan^{-1}(x)$。我们取这个名字是因为符号 $\perp$ 看起来像倒过来的 T,而我们是用 T 表示课本上说的"正切"(参见词条 T)。机器 $\perp$ 定义为满足

$$T(\perp(x))=x \qquad 和 \qquad \perp(T(x))=x。$$

♯

课本上称为 π。第 4 章第 1 节有它的定义,以及为什么我们不采用标准标记的讨论。简而言之:我们称之为♯是提醒我们自己它是一个我们**根**

据其性质定义的数，并且在我们知道其具体数值之前就能从概念上利用它（在插曲 6"干掉♯"中我们最终算出了它的具体数值）。因为大部分读者都很熟悉符号 π，称这个概念为 π 会让我们容易忘记——在我们旅程的大多数时候——我们其实并不"知道"这个数约等于 3.14。

从标准术语到我们的术语

反正弦：Λ。同见 V（正弦）。

反正切：$\perp$。同见 T（正切）。

变分法：同类相食微积分。

余弦：H。

分配律：撕东西显然律。

函数：机器。

泛函：同类相食机器。

弦：捷径。

π：♯

多项式：加乘机器。

勾股定理：捷径公式。

倒数：倒立。

正弦：V。

正切：T。

泰勒级数：怀旧装置。

图书在版编目（CIP）数据

烧掉数学书：重新发明数学/（美）杰森·威尔克斯著；唐璐译. —长沙：湖南科学技术出版社，2020.9（2024.1重印）

书名原文：Burn Math Class and Reinvent Mathematics for Yourself

ISBN 978 - 7 - 5710 - 0407 - 1

Ⅰ. ①烧… Ⅱ. ①杰… ②唐… Ⅲ. ①数学—普及读物 Ⅳ. ①01 - 49

中国版本图书馆 CIP 数据核字（2019）第 269966 号

湖南科学技术出版社独家获得本书简体中文版中国大陆出版发行权

著作权合同登记号：18 - 2015 - 058

SHAODIAO SHUXUESHU：CHONGXIN FAMING SHUXUE

烧掉数学书：重新发明数学

著　　者：（美）杰森·威尔克斯

译　　者：唐　璐

出 版 人：潘晓山

策划编辑：吴　炜　李　蓓　杨　波　孙桂均

责任编辑：吴　炜

出版发行：湖南科学技术出版社

社　　址：长沙市芙蓉中路一段416号泊富国际金融中心

网　　址：http：//www.hnstp.com

湖南科学技术出版社天猫旗舰店网址：
　　　　　http：//hnkjcbs.tmall.com

印　　刷：湖南省众鑫印务有限公司

厂　　址：长沙县榔梨街道梨江大道20号

邮　　编：410100

版　　次：2020 年 9 月第 1 版

印　　次：2024 年 1 月第 7 次印刷

开　　本：710mm×1000mm　1/16

印　　张：26.5

字　　数：360 千字

书　　号：ISBN 978 - 7 - 5710 - 0407 - 1

定　　价：98.00 元

（版权所有·翻印必究）